煤炭高等教育“十四五”规划教材

煤基固废资源化利用技术与原理

葛涛　万祥龙　蔡川川　主编

中国矿业大学出版社
·徐州·

内容简介

本书通过跟踪国内外煤基固废资源化利用的最新进展，以资源化利用的基本原理和工业化生产技术两个方面为侧重点对煤基固废进行系统整理、编写。内容主要包括：煤基固废的产生和理化性质，煤矸石、粉煤灰、煤气化渣、煤液化渣、煤焦化渣及脱硫石膏的绿色化、精细化综合利用技术与原理，煤基固废资源化利用新技术、工艺及发展趋势。

本书可用作高等院校材料、矿业、环境类专业的教材，也可作为其他专业素质教育课程的教学用书，并可供工程技术人员、管理人员及相关领域的从业人员参考。

图书在版编目(CIP)数据

煤基固废资源化利用技术与原理 / 葛涛，万祥龙，蔡川川主编. — 徐州 ：中国矿业大学出版社，2024.11

ISBN 978-7-5646-5968-4

Ⅰ. ①煤… Ⅱ. ①葛… ②万… ③蔡… Ⅲ. ①煤炭工业—废物综合利用 Ⅳ. ①X752

中国国家版本馆 CIP 数据核字(2023)第 185655 号

书　　名　煤基固废资源化利用技术与原理

主　　编　葛　涛　万祥龙　蔡川川

责任编辑　褚建萍

出版发行　中国矿业大学出版社有限责任公司

（江苏省徐州市解放南路　邮编 221008）

营销热线　(0516)83885370　83884103

出版服务　(0516)83995789　83884920

网　　址　http://www.cumtp.com　**E-mail**：cumtpvip@cumtp.com

印　　刷　苏州市古得堡数码印刷有限公司

开　　本　787 mm×1092 mm　1/16　**印张** 10.5　**字数** 269 千字

版次印次　2024 年 11 月第 1 版　2024 年 11 月第 1 次印刷

定　　价　47.00 元

（图书出现印装质量问题，本社负责调换）

前　言

中国是世界上最大的煤炭生产国和消费国，煤炭行业高质量发展是我国能源安全新战略的重要组成部分。尽管近年来煤炭消费占比逐渐降低，但到2023年，中国的煤炭消费量仍达到48亿t。同时，煤基固废的累计堆存量已达到数百亿吨，并以每年新增15亿t的速度持续增长。

煤基固废是煤炭资源在开采、加工、燃烧和利用等过程中产生的附属产物，主要包括煤矸石、粉煤灰、煤化工渣和脱硫石膏等。煤矸石是夹在煤层中的岩石，是采煤和选煤过程中排出的固体废物。目前，我国约有2 600座矸石山，积存量约为41亿t，占地面积约1 200万m^2。煤矸石已成为我国最大量的工业固体废弃物，其占工业固体废弃物总量的四分之一。粉煤灰是从煤燃烧后的烟气中捕集的细灰，是燃煤电厂排出的主要固体废物。2023年，我国粉煤灰产量达到8.99亿t左右，同比增长6.14%，其中，燃煤电厂产生的粉煤灰占比约85%。煤化工渣主要是煤气化后产生的炉渣及随煤气带出的物质，年产量超过7 000万t。脱硫石膏主要来自燃煤电厂等工业生产过程中烟气脱硫技术产生的副产品，目前年产量约为4 300万t。

2021年3月，国家发展和改革委员会联合九部门发文提出，到2025年，新增大宗固废的综合利用率要达到60%，同时存量大宗固废要有序减少。煤基固废属于最普通和典型的大宗固废，因此，妥善解决好煤基固废的处置问题对未来能源和环境的可持续发展具有重要意义。

基于此背景，本书内容覆盖了煤矸石、粉煤灰、煤化工渣、脱硫石膏资源化利用的技术、设备及原理。全书共分9章。第1章是对煤基固废的概述；第2章主要介绍煤基固废分离分选技术、设备及发展趋势；第3章讨论煤矸石资源化利用的技术原理与工艺；第4至第6章介绍粉煤灰在建筑、化工及农业领域的资源化利用；第7章阐述煤化工渣的资源化利用；第8至第9章介绍脱硫石膏的资源化利用途径。本书具有较强的针对性和技术性，适合高等院校无机非金属材料科学与工程、资源循环科学与工程、环境科学与工程、矿物加工工程及相关专业师生参考，同时也适合矿物加工利用和固体废物综合利用等领域的工程技术人员阅读。

本书由葛涛、万祥龙、蔡川川担任主编，李建军担任副主编。具体编写分工如下：前言、第1章、第7章、第8章、第9章由葛涛编写，第2章、第3章由蔡川川编写，第4章、第5章、第6章由万祥龙编写，第1章的部分资料由李建军提供。全书最后由葛涛统稿、定稿，万祥龙、蔡川川负责校核。

本书得到了安徽理工大学教材建设项目的支持与资助。在本书编写过程中，参考和引用了该领域的部分专著、教材和论文等文献，在此向所有引文的作者表示诚挚的感谢！

限于作者水平，本书难免有错误、遗漏之处，敬请广大读者批评指正。

编　者

2024年8月

目　　录

第1章　绪　　论

煤炭作为世界主要能源之一，在人类能源结构和社会进程中占有极其重要的地位。2022年，世界煤炭产量和消费量分别超过88亿t和80亿t，中国是世界上最大的煤炭生产国和消费国，2022年煤炭产量为45.6亿t，占世界总产量的50%以上，消费量与产量基本持平。我国煤炭消费比重从2014年的65.8%下降到2022年的56.2%。尽管煤炭在能源消费总量中的占比不断下降，但考虑到可再生能源短期内难以大规模替代传统化石能源，煤炭仍将是我国能源供应的“压舱石”和“稳定器”。近年来，我国能源消费总量及煤炭消费占比如图1-1所示。

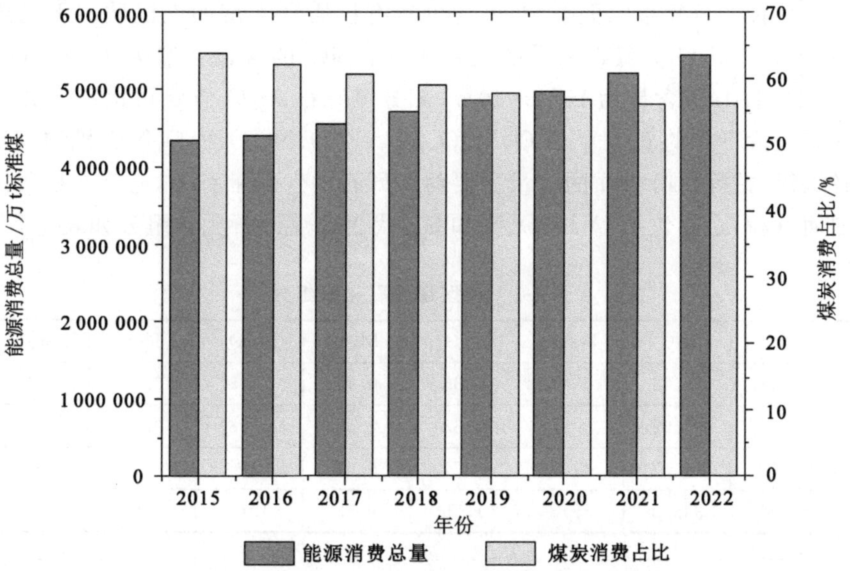

图1-1　我国能源消费总量及煤炭消费占比

1.1　煤基固废概述

煤基固废是煤炭资源在开采、加工、燃烧、利用等过程中的附属产物，主要包括煤矸石、粉煤灰、煤化工渣、脱硫石膏等。

1.1.1　煤矸石

1. 煤矸石的来源

煤矸石是夹在煤层中的岩石，是采煤和选煤过程中排出的固体废物，是一种在成煤过程中与煤层伴生的含碳量较低、比煤坚硬的黑灰色岩石。聚煤盆地沉降运动的变化，引起植物遗体堆积速度和沼泽水面上升速度之间出现“不足补偿”，如果沼泽水面上升速度大于植物遗体堆积速度，造成沼泽水面加深；而沼泽的环境变化，引起泥炭作用减弱或停止，低含碳泥层或泥沙层沉积下来，并在其后的地质作用下，形成了煤层的顶板、底板或煤层中间的炭质泥岩或其他成分的岩层。从狭义上讲，煤炭开采时夹带出来的炭质泥岩、炭质砂岩叫作煤矸石；从广义上讲，煤矸石是煤矿建井和生产过程中排出来的一种混杂岩体，它包括煤矿在井巷掘进时排出的矸石、露天煤矿开采时剥离的矸石和分选加工过程中排出的矸石。

煤炭开采、分选加工的过程中，必然产生大量煤矸石，这是长期困扰煤矿环保的老问题，其数量占原煤产量的15%～20%，在部分中小型煤矿，该比例超过30%。按照2022年煤炭生产和分选加工总量测算，一年产生的煤矸石总量就超过8亿t。据统计，我国煤矿现有矸石山约1 600座，积存量约为30亿t，占地面积约5 000万m^2。目前，我国煤矸石年排放量超过400万t的有东北地区、内蒙古、山东、河北、陕西、山西、安徽、河南、新疆等。煤矸石已成为我国数量最多的工业固体废弃物，其数量占我国工业固体废弃物总量的四分之一。

2. 煤矸石的组成及性质

煤矸石是一种十分复杂的混合物，内含少量有机质和丰富的无机质。无机质包括水和矿物质，其中SiO_2、Al_2O_3为其矿物质的主要成分。SiO_2的含量一般为40%～60%，但也有极少达80%以上；Al_2O_3含量为15%～40%，部分煤矸石Al_2O_3含量可达40%以上。另外煤矸石中还含有数量不等的Fe_2O_3、CaO、MgO、SO_3、K_2O、Na_2O、P_2O_3等无机物以及微量的稀有金属，如钛、钒、钴等。有机质的含量主要与煤矸石的含煤量有关，通常有机质的含量随含煤量的增加而升高，主要包括C、H、O、N和S。代表性煤矸石化学组分如表1-1所示。

表1-1　典型煤矸石化学组分

单位：%

	SiO_2	Al_2O_3	Fe_2O_3	CaO	MgO	K_2O	TiO_2	Na_2O	其他
煤矸石1	44.78	39.05	0.45	0.66	0.44	0.15	0.05	0.10	14.32
煤矸石2	46.35	37.62	0.53	0.33	0.09	0.08	0.98	0.03	13.99
煤矸石3	50.72	44.17	1.88	0.71	0.51	—	—	—	2.01
煤矸石4	57.19	33.53	3.72	1.55	0.53	1.18	0.81	0.81	0.68

矿物组成上，煤矸石是由炭质页岩、炭质砂岩、页岩、黏土等组成的混合物，其中的碳、氢、氧是燃烧时产生热量的元素。不同地区的煤矸石由不同种类的矿物组成，其含量相差较大，一般煤矸石主要由高岭土、石英、蒙脱石、长石、伊利石、石灰石、硫化铁、氧化铝等组成。煤矸石中的金属组分含量偏低，一般不具回收价值。

1.1.2　粉煤灰

1. 粉煤灰的来源

随着我国现代化进程的加速，能源问题成为关系到国家命脉的大事。其中煤炭一直是我国的主要能源之一，据报道，2022年全国发电量中火电占到了69.8%。在火力发电过程中，煤粉在炉膛中呈悬浮状态燃烧，燃煤中的绝大部分可燃物都能在炉内烧尽，一些未燃尽的炭和不燃物混杂在高温烟气中。由于不燃物受到高温作用而部分熔融，同时由于表面张力的作用，形成大量细小的球形颗粒。在锅炉尾部引风机的抽气作用下，含有大量灰粉的烟气流向炉尾。随着烟气温度的降低，一部分熔融的细粒因受到一定程度的急冷呈玻璃体状态，从而具有较高的潜在活性。在引风机将烟气排入大气之前，上述这些细小的球形颗粒经过除尘器被分离、收集，所得到的微细颗粒物被称为粉煤灰。

由图 1-2 可知，近年来我国粉煤灰的年排量都在增加，到 2022 年，粉煤灰的总排量达到了 8.46 亿 t。目前，粉煤灰的资源化率在 70%左右，加上历年来积存的粉煤灰，未处理的粉煤灰的总量巨大。

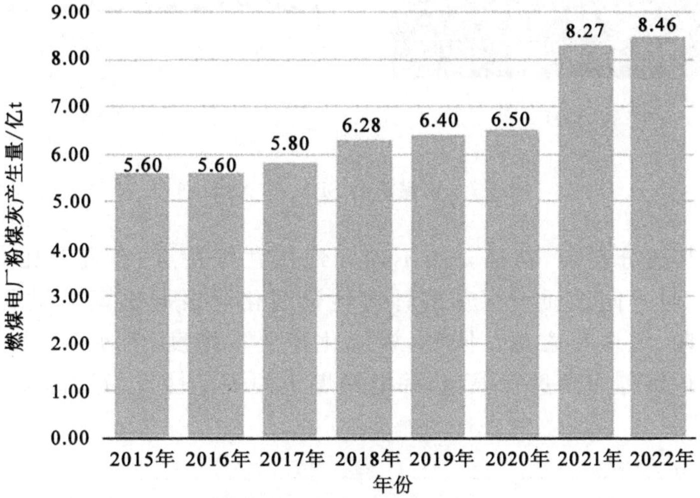

图 1-2　近年来我国粉煤灰的产生量

2. 粉煤灰的组成及性质

粉煤灰是一种具有火山灰性质的混合物，其主要成分是硅、铝、铁、钙、镁的氧化物，由于不同区域的煤炭成分有所差异，所以这些主要成分的含量也存在差异。其典型的化学组分如表 1-2 所示，具有潜在的化学活性。通常硅含量最高，其次是铝，一般以复杂的复盐形式存在，酸溶性较差。铁含量相对较低，一般以氧化物形式存在，具有较好的酸溶性。此外还有未燃尽的炭粒、CaO 和少量的 MgO、Na_2O、K_2O、SO_3 等。粉煤灰中的 SiO_2、Al_2O_3 是粉煤灰火山灰活性的主要成分，其中 Al_2O_3 对降低粉煤灰的熔点有利，使其易形成玻璃微珠，在资源化利用时具有积极的意义。粉煤灰的火山灰活性是潜在的，一般粉煤灰单独与水拌和不具有水硬活性，但在碱激发的条件下，能够生成类似于水泥凝胶的物质，固化成型后具有一定的强度。粉煤灰中的未燃尽炭粒吸水性大、强度低、易风化，不利于粉煤灰的资源化利用。

表 1-2　典型粉煤灰化学组分含量　　单位：%

	含量						
	SiO_2	Al_2O_3	CaO	Fe_2O_3	FeO	MgO	K_2O
粉煤灰 1	45.46	32.76	8.82	4.64	0.85	0.44	0.15
粉煤灰 2	53.12	27.58	7.89	4.53	0.88	0.09	0.08
粉煤灰 3	30.47	47.26	5.10	3.77	0.60	0.97	—
粉煤灰 4	36.83	53.69	2.50	3.08	0.90	0.17	—

由于粉煤灰是在高温烟气道中遇冷凝结形成的，大多数表现出球形微珠，其 SEM 和 XRD 图如图 1-3 所示，粉煤灰矿相主要由莫来石、石英以及大量的非晶态组成。

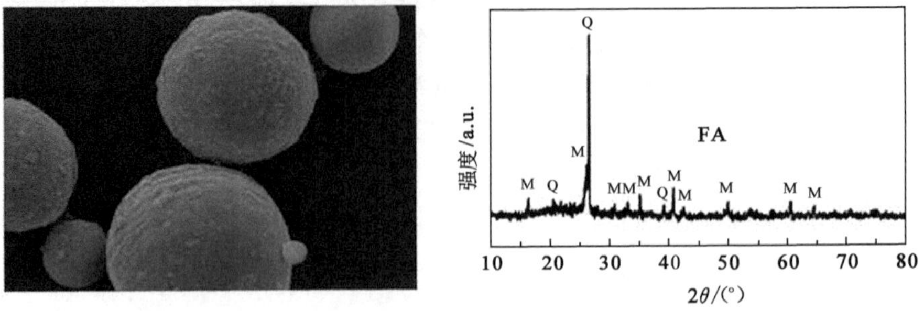

(a) SEM (b) XRD

图 1-3 粉煤灰的 SEM 和 XRD 图

粉煤灰由于其成分复杂、粒径分布不均和地域性等特点，在资源化利用时需要进行分选处理，以实现对不同性质粉煤灰的针对性资源化。根据粉煤灰物理性质的不同，一般可将其分为漂珠、沉珠和磁珠。同时，资源化需要在细度、需水量、烧失量、含水量、三氧化硫和游离氧化钙等方面进行限定，并把粉煤灰的安定性作为资源化利用时的重要参考指标。

3. 粉煤灰的分类方法

依据粉煤灰应用的场合，我国对粉煤灰的等级要求制定了一些标准，如在《粉煤灰混凝土应用技术规范》(GB/T 50146—2014)和《用于水泥和混凝土中的粉煤灰》(GB/T 1596—2017)中对用于混凝土的粉煤灰提出Ⅰ级、Ⅱ级和Ⅲ级三个等级要求，在资源化过程中对粉煤灰进行了限定。在《建材用粉煤灰及煤矸石化学分析方法》(GB/T 27974—2011)中规定了粉煤灰与煤矸石成分测定的标准方法。

根据粉煤灰中游离氧化钙的含量可将其分为低钙灰(F 类)、高钙灰(C 类)和复合灰。通常把 CaO 含量超过 10%的粉煤灰称为 C 类灰，而低于 10%的粉煤灰称为 F 类灰。F 类灰通常由燃烧无烟煤或烟煤所得，C 类灰通常由燃烧褐煤或次烟煤所得。F 类灰具有火山灰性能；C 类灰除具有火山灰性能外，同时显示出较好的胶凝性，因此，F 类灰比 C 类灰使用时的水化热要低。C 类灰本身具有一定的水硬性，可做水泥混合材料；而 F 类灰常做混凝土掺和料。

对 F 类灰与 C 类灰的分类依据主要是游离氧化钙的含量，而在Ⅰ、Ⅱ和Ⅲ级灰中更注重的是粒径的要求。

粉煤灰的细度分级见表 1-3，对于较细的国标Ⅰ级粉煤灰，常与高效减水剂复合，添加到水泥中制备高标号混凝土，广泛应用于不同的领域。细度要求稍低点的国标Ⅱ级粉煤灰适用于配制泵送混凝土、大体积混凝土、抗渗结构混凝土、抗硫酸盐混凝土和抗软水侵蚀混凝土及地下/水下工程混凝土、压浆混凝土和碾压混凝土。而对于相对粗些的国标Ⅲ级粉煤灰，在混凝土中具有混合性好、可泵性强、抗冲击高、抗冻性强等优点。依据不同的等级，粉煤灰可用于不同应用场合的混凝土中。

表 1-3 粉煤灰的细度分级

	Ⅰ级	Ⅱ级	Ⅲ级
细度(45 μm方孔筛筛余)/%	≤12	≤30	≤45
需水量/%	≤95	≤105	≤115
烧失量/%	≤5.0	≤8.0	≤10

按照粉煤灰的成分和微观形貌特征可将其分为低铁质玻璃微珠(空心微珠、实心微珠)、高铁质玻璃微珠(磁珠)、高钙玻璃微珠、不规则多孔玻璃体和未燃尽炭粒等颗粒类型。低铁质玻璃微珠在建筑材料中具有良好的保温性能,因此被广泛应用于保温材料中;高铁质玻璃微珠由于其具有磁性,常被用于电磁屏蔽材料和磁性材料中。

4. 粉煤灰的分选原理

粉煤灰的分选主要基于其物理性质和化学成分。在工业上,根据分离要求和产量,可以选择适当的分级设备进行分选。常用的方法包括风选、湿选、磁选和电选等。

根据粉煤灰的尺寸和性质的不同,可以进行不同等级的分级。例如,根据颗粒尺寸的大小,可以将粉煤灰分为不同的等级;根据密度的不同,可以得到漂珠;根据是否具有磁性,可以得到磁珠。这种基于物理特性的粉煤灰分级方法通常工艺简单,同时对环境污染较小。

通过粉煤灰的分选和资源化利用,可以提高其应用的附加值,减少对自然资源的依赖,同时也有助于环境保护和可持续发展。

(1) 基于粒径不同进行分选

粉煤灰在生成过程中受环境影响的不同,会导致其成为不同粒径的混合物。为了实现粉煤灰的资源化利用,通常需要对其进行分选和控制粒径。

分选是将混合的粉煤灰按照粒径进行分离的过程。通过合适的分选设备,可以将粉煤灰按照粒径大小进行分级,得到符合要求的不同粒径的粉煤灰。这样可以满足不同应用领域对粉煤灰粒径的要求。

在一些应用中,如水泥和混凝土,对粉煤灰的粒径有一定的控制要求。常用的标准是以45 μm筛的筛余量来衡量粉煤灰的粒径分布。根据具体应用的要求,可以对粉煤灰进行分选,使其符合相应的粒径要求,以提高应用效果。

对于一些未能达到标准的粉煤灰,可以采取研磨的方法将其进一步细化。通过研磨处理,可以得到更细的粉煤灰,以满足特定领域的应用需求。

(2) 基于成分差异进行分选

不同区域煤的成分差异会导致粉煤灰的成分有较大的差异,而在电厂中使用不同的炉型也会对粉煤灰的成分产生影响。如对于含铁较多的粉煤灰,可以采用磁选的方法进行处理;对于含有未燃尽炭的粉煤灰,可以采用电选的方法进行除炭处理。

根据粉煤灰成分的差异,选择合适的预处理工艺和设备非常重要。通过分选和预处理,可以得到成分更加纯净的粉煤灰,为后续的资源化过程提供更好的基础。

(3) 基于表界面性质差异进行分选

在粉煤灰中除了漂珠因结构可以浮选之外,还可以利用不同物质的表界面性质差异进行浮选。如粉煤灰中未燃尽的炭大部分是以颗粒形式存在于粉煤灰中的,其表面通常具有疏水亲油性质。利用炭粒与粉煤灰中其他颗粒这一表面特性的差别,在湿法分选工艺中可采用浮选方法将炭粒从粉煤灰中分离出来。对炭粒的分选，也可以采用干法电选的方式。由于炭粒的导电性与其他颗粒存在差异，可以利用电选设备使炭粒表面带电，从而与其他颗粒分开。

1.1.3 煤化工渣

煤化工渣是指煤化工生产过程中排放的颗粒废弃物或固态残渣。煤化工包括煤焦化、煤气化和煤液化等工艺，这些工艺均会产生大量煤基固废，如焦粉、煤焦油渣、煤沥青和煤气化渣等，其中煤气化渣又可根据粒径分为气化粗渣和气化细渣。

1. 煤气化工艺及其固体残渣

煤气化是将煤或半焦在高温常压或是加压环境中与气化剂进行一系列化学反应并生成气体产物的煤转化工艺。在气化过程中，固态的煤料转换成气态合成气，并在反应过程中产生焦油与灰渣等残渣。煤气化的产品主要是煤气，煤气经过加工处理后可得尿素、氨等产品。

目前，根据煤在气化炉中的流体力学行为，煤气化工艺主要分为三大类：第一类是移动床煤气化工艺。具体工艺过程如下：从气化炉顶部加入的块煤与气化炉炉底通入的气化剂逆流接触，进行充分的热交换并发生气化反应，煤在重力作用下在气化炉内向下慢慢移动，使得块煤与气化剂充分接触。气化炉主要有鲁奇炉、间歇固定床气化炉和鲁奇改进气化炉三种。鲁奇炉反应温度高，效率高，但是耗氧低；间歇固定床气化炉操作简单，技术落后，污染重；鲁奇改进气化炉效果最好。移动床煤气化工艺产生的残渣主要有中低温煤焦油和灰渣。

第二类是流化床煤气化工艺。具体工艺过程如下：煤粉由气化炉下部进入气化炉，气化剂则从气化炉底部经分布器进入气化炉，使得煤颗粒在炉内呈沸腾状态并与气化剂进行气化反应。此种工艺可以用在劣质煤的煤气化中，但是气化率和转化率都不高。流化床煤气化过程中产生的残渣主要为粉尘和灰渣。

第三类是气流床煤气化工艺。具体工艺过程如下：极细的原料煤粉与气化剂同时经喷嘴在顶部喷入气化炉内，在高温、高压下发生快速气化反应，产生以 CO 和 H_2 为主要成分的粗煤气，而煤中的矿物质则形成熔渣。此种工艺具有良好的技术指标，污染较小，气化效率高，但对工艺技术水平要求较高。气流床煤气化过程中产生的残渣主要为灰渣。

煤气化工艺流程及产渣节点如图 1-4 所示。

随着现代煤化工的发展，气流床气化工艺逐渐成为煤气化工艺的主流，其中包括干煤粉加压气化工艺和水煤浆加压气化工艺。气流床气化工艺反应温度高(最高温度可达 1 700 ℃)，原料适应性广，可以处理褐煤、烟煤、无烟煤等多种煤种。气流床气化工艺由于反应温度高，且多在高压条件下运行，能够完全裂解和转化为大分子物质，产生的煤气不含酚类、芳烃类物质，气化过程清洁高效，无二次污染；系统碳转化率最高可达 99% 以上。

未来，煤炭气化的发展理念应是高效、环保、高产量和低能耗。长期来看，开发煤气化的清洁能源也是必不可少的。在煤气化过程中，通过改进探测仪器和研发新的工艺路线，可以提高煤化工气化产业的效率和环保性。

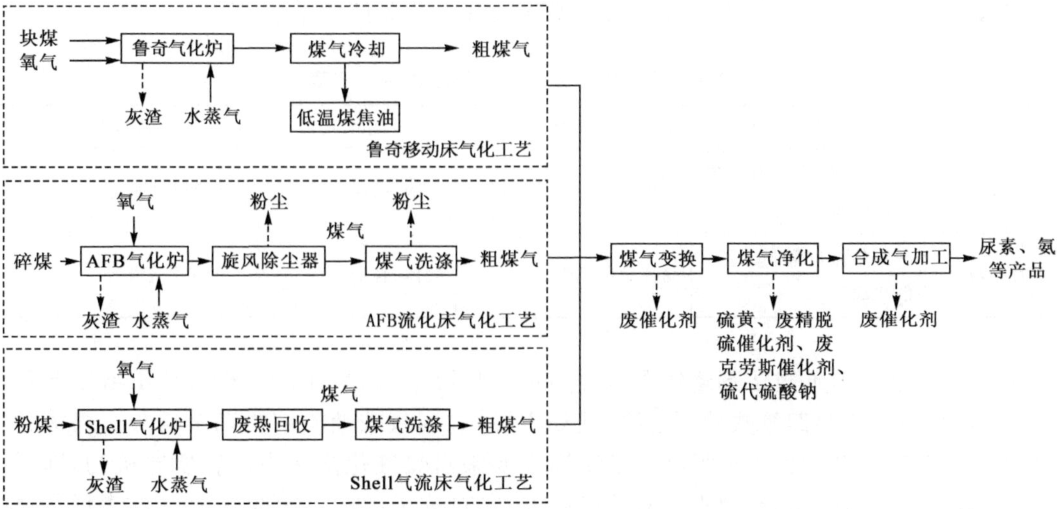

图 1-4 煤气化工艺流程及产渣节点

2. 煤液化工艺及其固体残渣

煤液化是将煤炭在一定温度和压力条件下转化生成化工原材料或化工产品的煤转化工艺。煤炭通过液化可将硫等有害元素以及灰分脱除，得到洁净的二次能源，对优化终端能源结构、解决石油短缺、减少环境污染具有重要的战略意义。根据加工路线的不同，煤的液化方法主要分为煤的直接液化和煤的间接液化两大类。具体工艺流程见图 1-5。

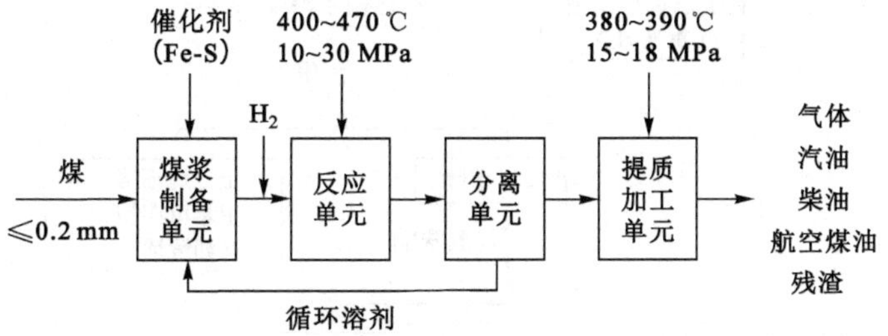

(a) 煤直接液化工艺流程

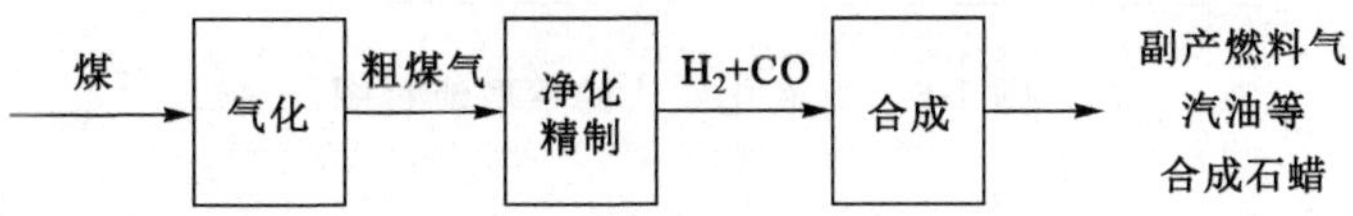

(b) 煤间接液化工艺流程

图 1-5 煤液化工艺流程示意图

煤液化技术可以将煤炭转化为高效清洁的液体燃料，但同时伴随着大量副产物的生成。其中，煤液化残渣是煤液化技术的主要副产物。煤液化残渣由原煤中未反应的有机质、无机物和外加催化剂，在液化过程中由自由基缩聚生成的部分大分子和固体焦，以及与上述物质同时排出装置的部分溶剂和煤液化产物组成，占原煤总量的 30%。煤直接液化过程中产生的残渣主要为液化残渣，而煤间接液化产生的残渣主要为废催化剂。这些残渣的高附加值利用不仅可以降低煤液化过程的生产成本，还可以减少对环境的污染，因此是完善煤液化技术的重要组成部分。具体的液化工艺及主要残渣基本情况见表 1-4。

表 1-4　煤液化工艺及主要残渣基本情况表

工艺名称	产品生产方式	煤种	主要产品	产品的主要残渣
煤间接液化	煤先气化再用气体合成液体产品	褐煤、烟煤、无烟煤等	石脑油、柴油等	废催化剂等
煤直接液化	一定的温度和压力下，催化加氢	高挥发分烟煤	气体、轻油、石脑油等	液化残渣等

煤液化残渣通常通过溶剂逐级萃取分为正己烷可溶物(重质油)、正己烷不溶甲苯可溶物(沥青烯)、甲苯不溶四氢呋喃可溶物(前沥青烯)和四氢呋喃不溶物四个组分。煤液化残渣有机组分分离工艺如图 1-6 所示。重质油主要来自煤液化产物中的轻质有机物，即正己烷的可溶物，含有少量树脂，沸点分布范围较大，相对分子质量一般低于 300；沥青烯主要是指正己烷不溶甲苯可溶物，平均相对分子质量约为 500；前沥青烯为不溶于甲苯但可溶于吡啶或四氢呋喃的一种混合物，具有较大的相对分子质量(一般在 1 000 左右)和较高的杂原子含量；四氢呋喃不溶物指原煤中未反应的有机物、无机物以及加入的催化剂。

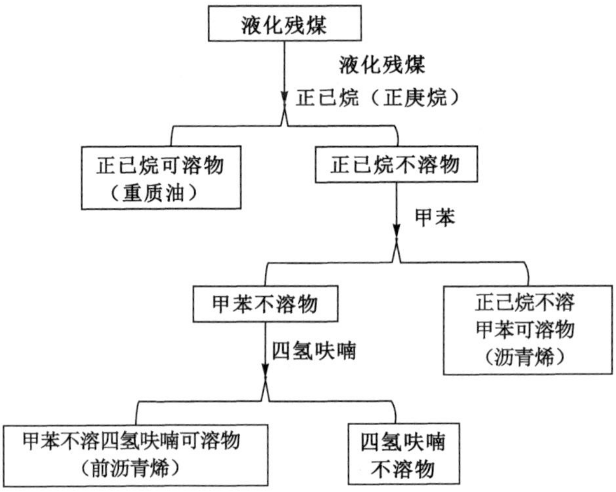

图 1-6　煤液化残渣的萃取流程图

3. 煤焦化工艺及其固体残渣

煤焦化又称煤炭高温干馏，是以炼焦精煤为原料，在焦炉中隔绝空气加热到 950～1 050 ℃，经高温干馏使煤炭碳化生产出焦炭，同时获得焦炉煤气，再通过各种化学工艺对焦炉煤气净化，收集其中的焦油、粗苯等化工产品的一种煤转化工艺。煤焦化工艺流程及产渣节点如图 1-7 所示。其中焦炭是炼焦最重要的产品，主要用于高炉炼铁，少量用作化工原料的制造，如电石、电极等。焦炭的质量直接影响炼铁的质量。传统的煤焦化工艺存在高能耗、高排放和高污染等问题。随着高炉大型化以及高压喷吹技术的发展，对焦炭质量的要求越来越严格，这导致焦炭生产的能耗增加，并且污染物排放问题日益突出。焦化生产过程中会排放大量的气体污染物(VOCs、SO_2、NO_x 等)、液体污染物(焦化废水)和焦化副产品(焦粉、煤焦油、焦油渣、煤沥青等)。实现污染物的超低排放和焦化副产品的综合利用是煤炭焦化行业亟须解决的问题。

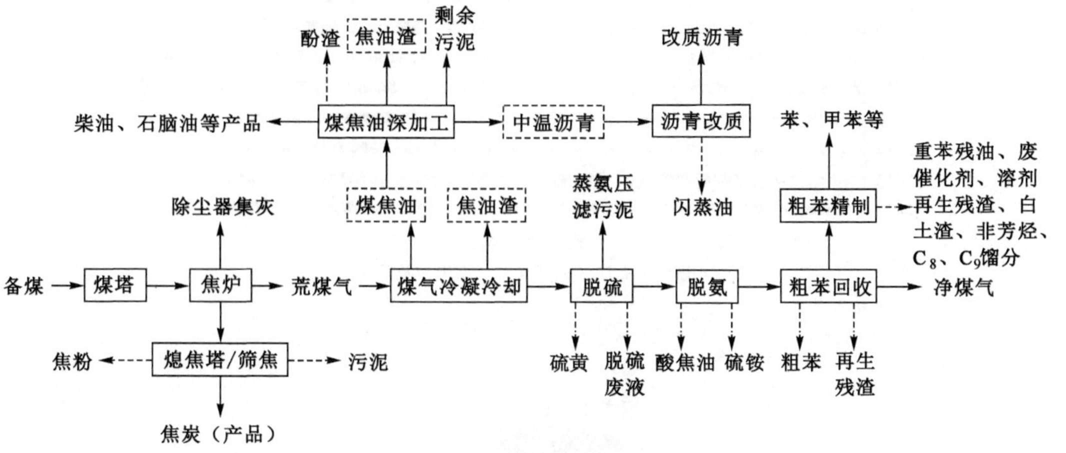

图 1-7　煤焦化工艺流程及产渣节点

煤焦化工艺生产有害物排放源多、排放物种类多,大部分有害物残渣含有多环芳烃和重金属。多环芳烃是一类严重危害环境的污染物,具有致癌性;重金属不能被生物降解,在人体内积累会导致慢性中毒。因此,煤焦化残渣如不合理处置,会对环境造成严重的污染。煤焦化产生的废弃物主要有焦粉、煤焦油、煤沥青、焦油渣以及脱硫废液、酸焦油等各种废渣废液。其中焦粉、煤沥青、焦油渣为固体废弃物,主要固体残渣产生情况见表 1-5。

表 1-5　煤焦化主要固体残渣产生情况

固体残渣名称	产生环节	产生系数/[t/10^4t(焦炭)]	残渣性质
焦粉	焦炭筛分工段	400	小颗粒焦炭
煤沥青	焦油蒸馏	165	三环以上稠环芳烃及高分子树脂类
焦油渣	焦油预处理,冷凝鼓风工段	7.15～10.15	耐火材料渣、煤粒、焦粒、各类芳烃

1.1.4　脱硫石膏

1. 脱硫石膏的来源

在我国的能源结构中,煤炭的使用量占据了很大比例,远远超过 30%的世界平均水平,如图 1-8 所示。其中约有一半的煤炭消费用于电力行业,如图 1-9 所示。我国煤炭燃烧向大气中排放的 SO_2 约占总排放量的 90%,其中约 50%来自燃煤电厂。钢铁企业的 SO_2 排放量仅次于燃煤电力,占全国 SO_2 总排放量的 10%。钢铁工业产生的 SO_2 主要来自炼焦、烧结和动力生产,其中,烧结工序外排 SO_2 所占比例在 65%～93%之间。由人类生产、生活、燃料燃烧而产生并排放到空气中的 SO_2 会造成严重的环境问题,例如酸雨、大气污染等,对人类生存、健康和自然环境造成严重危害。

电力、热力生产和供应业是脱硫石膏产生量最大的行业,如图 1-10 所示。2019 年,其产生量为 1.1 亿 t,占总产量为 83.3%,其次为黑色金属冶炼和压延加工业、有色金属冶

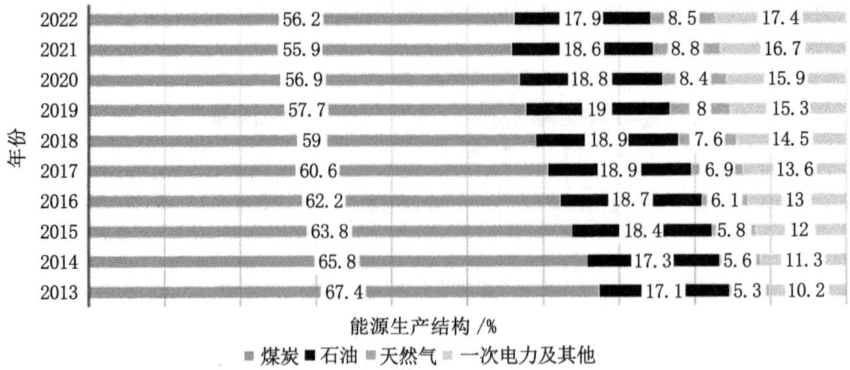

图 1-8　2013—2022 年能源生产结构

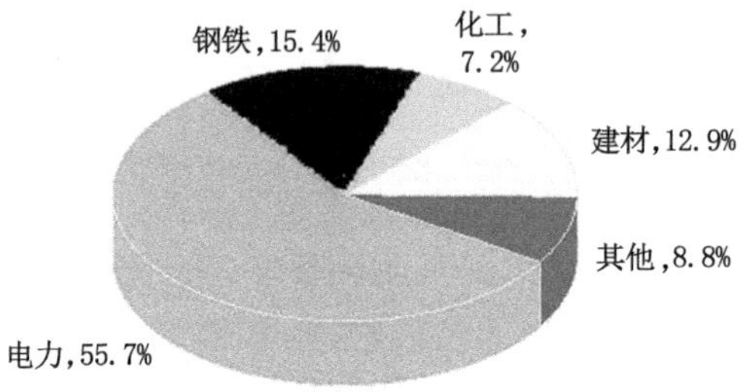

图 1-9　2022 年我国煤炭使用量分布图

炼和压延加工业、化学原料和化学制品制造业，其产生量分别为 783.7 万 t、536.3 万 t 和 455.1 万 t，产生量分别占比 5.8%、4.0%与 3.4%。

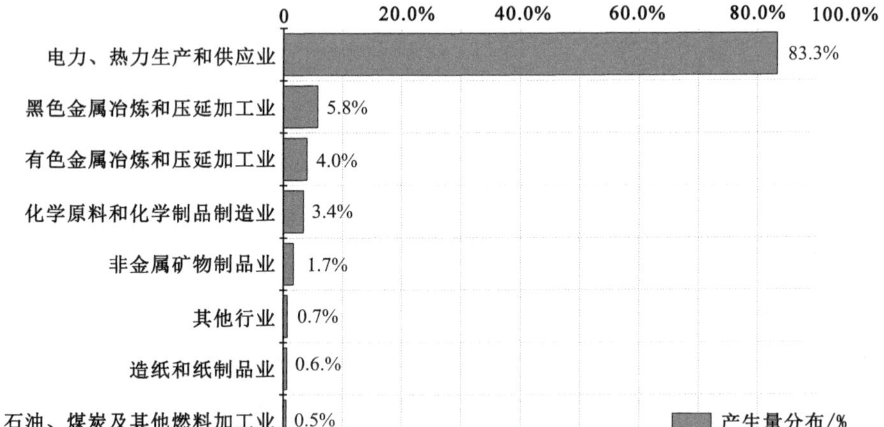

图 1-10　2019 年中国脱硫石膏产生量行业分布图

为了减少 SO_2 排放造成的环境污染，20 世纪 70 年代，日本、美国等发达国家开始对燃煤电厂烟气进行脱硫处理，我国于 21 世纪初要求燃煤电厂必须安装烟气脱硫设备，2012 年发布的《火电厂大气污染物排放标准》(GB 13223—2011)对火电厂 SO_2 等污染物排放提出了更高要求。

烟气脱硫方法按照脱硫剂的种类可分为钙法(也就是使用碳酸钙的方法)、镁法、氨法和有机碱等法,按照工艺特点分为湿法、半干法和干法脱硫。其中湿法脱硫以湿式石灰石/石灰-石膏脱硫为主,除此之外还包括离子液循环吸收法、有机胺法、钢渣石膏法、双碱法、海水法、$Mg(OH)_2$法、氨法-硫酸铵法等;半干法脱硫以循环流化床法为主,包括密相干塔法、SDA 法、ENS 法、LEC 法、NID 法(脱硫除尘一体化技术)和 MEROS 法(高性能烧结废气净化)、喷雾干燥法和电子束照射法等;干法脱硫包括活性炭(焦)吸附法和电子束照射法(EBA)等。

(1) 湿法脱硫工艺

湿法脱硫技术效率高,在国内外的脱硫工艺中占据重要地位。石灰石/石灰-石膏法是一种典型的湿法脱硫工艺,也是目前燃煤电厂脱硫措施中应用最广泛、技术最成熟的烟气脱硫技术,90%以上的烟气脱硫采用石灰石/石灰-石膏湿法,其中,1 t SO_2能产生约 2.7 t 的烟气脱硫石膏。但是,湿法脱硫工艺普遍存在工艺复杂、占地面积大、烟囱雨、设备腐蚀、管路阻塞、副产品品质差等问题。

石灰石/石灰-石膏法工艺系统主要包括:含硫烟气处理系统、SO_2吸收系统、石灰石/石灰浆液制备系统、水循环系统、石膏脱水系统等部分。

烟气处理系统的主要作用是将烟气按照规定的路线排出。烟气进入脱硫系统时,通过两个开启的挡板门,在吸收塔内进行一系列烟气处理。脱硫后的烟气经烟气处理系统输送到烟囱,再排放到大气中。

SO_2吸收系统用来脱除烟气中的 SO_2和烟尘,主要包括吸收塔(脱硫反应区)、石灰石/石灰浆液的输送泵(脱硫主要物质源)和管路疏通(管道冲水清洗)等装置。吸收塔是整个脱硫系统的核心,硫氧化物经石灰石/石灰浆液反应后,利用管道从吸收塔内出来,烟气的吸收工作基本完成。

浆液制备系统包括石灰粉料储存库、制取浆液的水槽、存放甲酸的水槽以及一些特殊液体的液泵(石灰浆液)等。石灰粉的传输过程为:从料仓提取石灰粉料,经过螺杆秤进行配料,然后将配料的石灰粉料送入制浆准备槽中,石灰粉料与水混合搅拌,形成石灰石/石灰浆液,加入甲酸混合均匀后,将混合浆液用泵送入吸收塔,在喷洒过程中与烟气(主要为 SO_2)接触进行反应。

石膏脱水系统由罗茨氧化风机、石膏泵、水力旋流器和真空过滤机等部分组成。在氧化风机的作用下,脱硫浆液与空气充分接触,生成石膏浆液,水力旋流器和真空过滤机的作用是对产物进行脱水处理,使外排固体石膏的含水率降到一个特定比值,并循环利用滤液。

脱硫过程中主要发生的化学反应如下:

① 石灰石溶解

$$CaCO_3 \longrightarrow Ca^{2+} + CO_3^{2-}$$

$$CO_3^{2-} + 2H^+ \longrightarrow CO_2 + H_2O$$

② SO_2的吸收/中和

$$CaSO_3 + H_2SO_3 \longrightarrow Ca(HSO_3)_2$$

③ 强制氧化

$$CaSO_3 + 1/2O_2 \longrightarrow CaSO_4$$

④ 结晶

$$CaSO_4+2H_2O \longrightarrow CaSO_4 \cdot 2H_2O$$

(2) 半干法脱硫工艺

半干法脱硫工艺是利用干燥剂特性或者干燥的消石灰吸收 SO_2 的，最终可能生成 $CaSO_3$、$CaSO_4$、$CaSO_4 \cdot 0.5H_2O$ 和 $CaSO_4 \cdot 2H_2O$ 四种产物。半干法脱硫工艺是指脱硫剂在湿状态下脱硫、在干状态下处理脱硫产物或者在干燥状态下脱硫、在湿状态下处理脱硫产物的烟气脱硫工艺。尤其是湿态脱硫、干态处理脱硫产物的半干法脱硫工艺，既有湿法脱硫反应脱硫效率高、速率快的优点，又有干法脱硫后产物易处理、无污水废酸排出的优势，因此受到广泛关注。典型的半干法脱硫工艺为密相干塔法及循环流化床法，但目前其副产物的处理一直没有得到很好的解决。

近年来，日本研究人员提出了新兴的粉末-颗粒喷动床(PPSB)半干法烟气脱硫工艺。将脱硫剂，如消石灰，制成粉末状并与水混合制成浆料，含二氧化硫的烟气经过预热器进入PPSB，浆料从PPSB的顶部连续喷入床内，与喷动粒子(几百个微米的硅砂)充分混合，借助热烟气，脱硫与干燥同时进行，脱硫反应后的产物以干态粉末形式从分离器中吹出。

(3) 干法脱硫工艺

干法脱硫工艺是利用颗粒状或粉末状的吸收剂，通过高能电子电解、催化反应或吸附等作用除去烟气中 SO_4^{2-} 的烟气脱硫工艺。大部分干法脱硫工艺在脱硫的同时还能脱除烟气中的 NO_x，实现脱硫和脱硝一体化处理。该工艺具有投资少、流程简单、设备不易腐蚀等优点，但吸收剂利用率及脱硫率相对较低。

2. 脱硫石膏的组成及性质

烟气脱硫石膏和天然石膏的物理化学性质和质感均相似，两者具有相同的矿物相和转化形态，见表1-6。其主要化学组成均为 $CaSO_4 \cdot 2H_2O$，见表1-7，且均无放射性，不会危害人体健康。

表1-6 脱硫石膏与天然石膏成分比较

	脱硫石膏	天然石膏
矿物	石膏/石英	石膏/石英/白云石
$CaSO_4 \cdot 2H_2O$ 含量/%	99.6	87.1
水分含量/%	5.55	0.38
不可溶残渣含量/%	0.40	12.9
>250 μm 颗粒含量/%	0.14	100

表1-7 脱硫石膏与天然石膏的主要化学成分 单位：%

名称	$CaSO_4 \cdot 2H_2O$	$CaSO_4 \cdot 1/2H_2O$	$CaSO_4$	MgO	H_2O	SiO_2	Al_2O_3	Fe_2O_3
脱硫石膏	85～90	1.20	5～8	0.86	10～15	1.20	2.8	0.60
天然石膏	70～74	0.50	2～4	3.80	3～4	3.49	1.04	0.30

脱硫石膏的性质受到脱硫工艺、火电厂运作方式、氧化装置和吸收剂种类等因素的影响。传统脱硫工艺中料浆过滤进行水循环时容易夹带难溶性的粉煤灰、未反应完全的石灰

石或累积微量无机元素等。脱硫石膏与天然石膏的区别主要有以下几个方面。

(1) 颜色不同。天然石膏通常为白色或无色，有时因含杂质而成灰色、浅黄色、浅褐色等。脱硫石膏为黄色或者灰白色，黄色是由于烟气脱硫过程中使用的生石灰含有铁类等杂质，而灰色则可能是由于粉煤灰的混入。

(2) 颗粒细度不同。天然石膏由于地质沉积作用，宏观表现为块状，晶体为柱状或纤维状，细度一般在 140 μm 左右。脱硫石膏的形成来源于脱硫工艺中的石灰粉或石灰石粉末，因此其粒度有较大的差异。不同地区、不同工厂产生的脱硫石膏粒径分布有所不同，但总体而言，粒径范围较窄，95%的脱硫石膏粒径分布在 20～80 μm 之间，见表 1-8。

表 1-8 脱硫石膏与天然石膏的粒度

粒度/μm	80	60	50	40	30	20	10	5
天然石膏筛余/%	10.9	4.7	9.5	4.9	14.4	15.5	20.0	12.7
脱硫石膏筛余/%	5.0	15.5	8.3	21.9	31.0	15.7	1.7	0.4

(3) 湿度不同。未经处理的脱硫石膏湿度较大。由于石灰石浆液本身含水率较高以及生成的脱硫石膏品质不够稳定，脱硫石膏脱水效率无法达到理想状态。大多数脱硫石膏的附着水分在 10%～20%。因此，在实际应用中，为了便于运输和防止设备堵塞，需要对脱硫石膏进行干燥处理。

(4) 杂质成分不同。脱硫石膏化学成分与天然石膏相似，但是杂质成分有所不同，脱硫石膏含有较多的 Na^+、Mg^{2+}、Cl^-、F^- 等离子，而天然石膏杂质多为黏土、砂石类矿物杂质。杂质的种类不同主要是因为形成方式不同，脱硫石膏主要是由结晶生成的，而天然石膏主要是通过沉积作用形成的。脱硫石膏的杂质成分与生石灰密切相关，因此不同地区的脱硫石膏杂质成分会有所差异。

(5) 元素含量不同。脱硫石膏含有 Ca、S、F、Cl、As、Se、Hg 等元素。其富含的 Ca、S 等元素能够改善土壤的渗透性与储水能力，有利于植物生长和碱性土壤改良。然而，脱硫石膏中的重金属可能会对作物生长与生态环境造成潜在风险。

3. 脱硫石膏的综合利用现状

2016—2022 年中国脱硫石膏产量、增长率及利用率见图 1-11。2016—2022 年脱硫石膏产量从 0.87 亿 t 增加到 1.4 亿 t。然而，自 2018 年以来，脱硫石膏产量的同比增长率下降至 2.2%，表明产量已经趋于饱和状态。综合利用量从 0.70 亿 t 增长到 1.16 亿 t，利用量同比增长 2.7%。综合利用率从 2016 年至 2019 年逐年下降，尽管从 2020 年开始有所回升，但与发达国家相比仍存在较大差距。例如，德国、日本等国家的脱硫石膏利用率已经达到 100%。

脱硫石膏与天然石膏的成分大致相同，但在一些理化性质上要明显优于天然石膏，如脱硫石膏的粒径更小且更均一，Ca、S 含量以及 $CaSO_4$ 的纯度更好，溶解度更高，成本更低等，被视为天然石膏的良好替代品。此外，脱硫石膏属于再生资源，用脱硫石膏代替天然石膏，不仅可以节约资源，而且还有助于保护环境。

1.1.5 煤基固废的基本材料性质及危害

从材料学角度分析，煤基固废都具备 3 个基本的材料性质，即化学成分与含量、粒径分

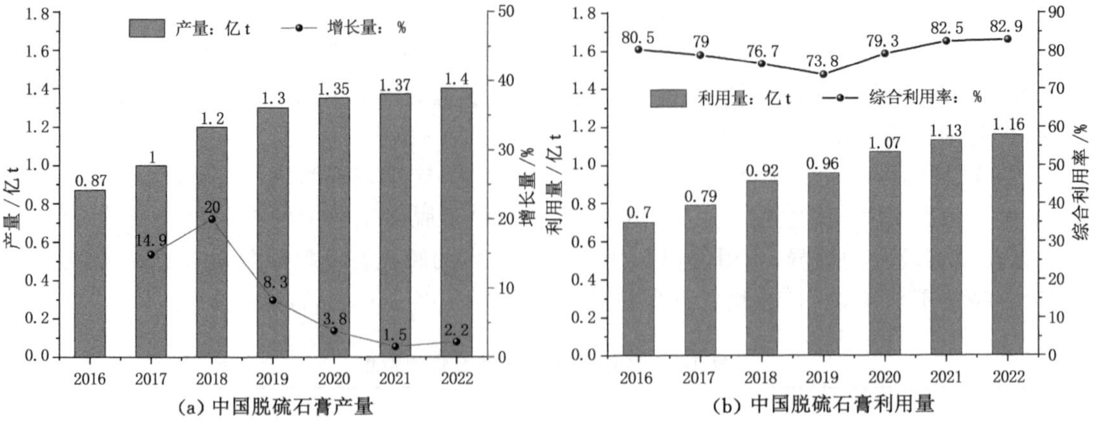

图 1-11　2016—2022 年中国脱硫石膏产量及利用量

布与形貌、矿物组成与含量。

从化学成分方面分析，煤矸石、粉煤灰、煤气化渣主要以硅铝酸盐为主要成分，脱硫石膏以硫酸钙为主要成分。其他煤化工渣如焦粉以碳为主，焦油渣成分较为复杂，主要为苯类、酚类、多环芳烃等，煤沥青主要成分为高度稠合的碳和杂环化合物等。这些固废的含水量因来源不同而有所差异，一般而言，煤化工渣的含水量较高，其次是脱硫石膏，而煤矸石和粉煤灰的含水量较低。

在粒径分布与形貌方面，煤矸石的粒径分布最大，其次是焦粉和气化粗渣，气化细渣、粉煤灰和脱硫石膏的粒径最小。焦油渣和煤沥青为黏稠状块状物。形貌分析中，只有粉煤灰和煤气化渣呈球形，其他为不规则形状。

在矿物组成与含量方面，煤基固废中的无机矿物的玻璃相含量由高到低为煤气化渣、粉煤灰、煤矸石、脱硫石膏。煤化工渣中的焦粉、焦油渣和煤沥青的矿物成分含量较少。

煤基固废的基本材料性质具有较大差异，主要取决于使用的煤炭化学成分、煤炭开采或转化工艺以及环保工艺操作条件等 3 大因素。因此，即使是同一个煤基固废生产单位，在不同生产期间也可能生产出不同性质的煤基固废。煤基固废基本材料性质控制因素如图 1-12 所示。化学成分取决于煤炭化学成分及环保工艺操作条件；物相组成与含量也取决于煤炭化学成分及煤炭开采与转化过程中的温度对矿物相的影响；粒径分布与形貌则取决于煤的预处理、转化工艺及收集系统。只有煤粉炉能产生球形颗粒，而其他均为不规则的颗粒形貌。

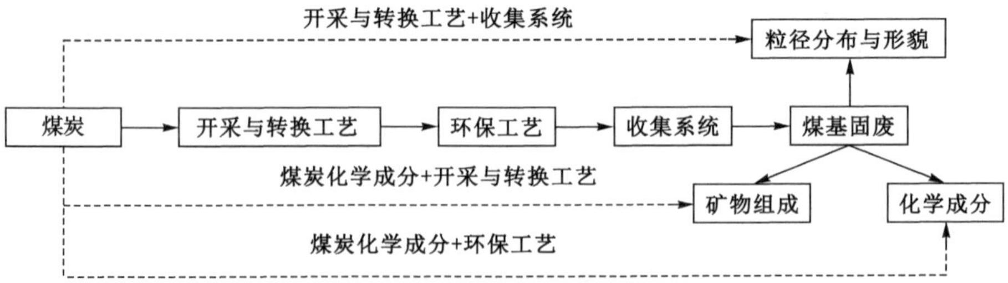

图 1-12　煤基固废基本材料性质控制因素

煤基固废的综合利用有限，通常作为固体废弃物排放到地表堆存，浪费了大量土地资源，同时对大气水体和土壤等造成严重污染。粉煤灰、脱硫石膏等固废在堆放过程中会产生扬尘进而造成大气污染。这些固废经日晒、雨淋、风化分解后会产生大量的酸性水或携带重金属离子的水，对地下水质造成危害，同时外流还会导致地表水污染。煤矸石的堆放容易引发滑坡和泥石流等地质灾害。由于矸石中含有黄铁矿和含碳物质，近 1/3 的煤矸石堆放会发生自燃，并产生有害有毒气体。焦油渣和煤沥青等固废含有有害致癌物，必须对其进行无害化处理。这些煤基固废的不当处置会对人类生存环境造成一定的安全隐患，而且对煤基固废中的特殊资源也是一种浪费。目前，东部及沿海地区已经积累了较多的煤基固废综合利用方式，但这些方式并不能完全适用于煤基固废产量大、产速快、堆积量远高于消耗量的西部地区。西部大型煤电、化工等基地堆积了千万吨级固废，但尚未形成成熟的规模化利用途径。

1.2 煤基固废的资源化利用

1.2.1 煤基固废利用现状

煤基固废由于具有特殊的物化性质和丰富的有用组分，被广泛应用于有用组分提取、高附加值利用、建筑材料、农业和环保等领域。例如，煤矸石、粉煤灰和煤气化渣等可用于地面筑基铺路、地下矿井填充等。焦粉、煤气化渣等高热值固废可作为燃料进行热量回收利用。煤基固废中富含的锂、镓、锗、汞、镍、硒等稀有元素可以被提取。煤基固废还可以用于生产改性高岭土、白炭黑、硫酸铝、结晶氯化铝以及聚合氯化铝等化学品。在环保利用方面，一些研究学者对煤基固废改性后用于水体、土壤和烟气脱硫等领域，如粉煤灰、煤气化渣和脱硫石膏等可用于土壤改良和废水处理。此外，具有较高含碳量的煤化工渣可制备活性炭、电极材料等高附加值材料。

目前我国煤矸石、粉煤灰等煤基固废的综合利用率约为 70%，而发达国家如英国和美国的利用率已经达到了 90%，这说明我国煤基固废利用程度不足，还存在较大提升空间。为了推动工业固废的处理和利用，我国已经出台了一系列相关政策和规划。《中华人民共和国国民经济和社会发展第十四个五年规划和 2035 年远景目标纲要》《关于“十四五”大宗固体废弃物综合利用的指导意见》明确指出，要大力发展工业固废的处理和利用研究，提高工业固废的利用率。工业和信息化部发布的《“十四五”工业绿色发展规划》，对工业固废相关源头管理和治理效率提出了新的目标和规划，明确提出大宗工业固废综合利用率达到 57%、主要再生资源回收利用量达到 4.8 亿 t 的目标。国务院《2030 年前碳达峰行动方案》也强调了工业固废的高效清洁利用在实现碳达峰中的重要作用，鼓励建材企业使用粉煤灰、工业废渣、尾矿渣等作为原料或水泥混合材，并对大宗工业固废的综合利用提出了明确要求。

尽管很多研究学者已经在不同领域对煤基固废的利用做了大量研究，但我国在煤基固废的综合利用率上仍与西方发达国家存在很大差距。目前，煤基固废综合利用研究中，低值化利用研究占据了较大比例，今后需要进一步发展多元化的高值化利用技术，以实现真正的“变废为宝”的效果。

1.2.2 煤基固废资源化发展趋势

1. 煤基固废的研究方向

(1) 充分把握煤基固废本身的性质

煤基固废的性质对利用途径的影响较大，因此，应对其矿物组成、理化性质进行系统研究，因地制宜制定资源化方向，在此基础上进行加工、改性、转化利用。在选择加工利用方案时需要考虑其物理化学性质和环境污染风险，尽量提高煤基固废的利用率，减小对环境的危害。例如，随着矿井填充技术的发展与完善，对利用价值较低的煤矸石进行井下填充是未来发展的趋势。

(2) 拓展煤基固废应用领域

在充分考虑煤基固废性质及其工业应用情况的基础上，探索其在农业、环保、先进材料、生态修复等领域的应用新途径，并将煤基固废与其他材料的复合作为重要发展思路。煤基固废物用作改良土壤和制作肥料，应是今后大力研究和推广的发展方向之一，但要注意煤基固废中携带的过量重金属离子对土壤的二次污染问题。

(3) 大力推进煤基固废高值化利用

煤基固废资源化利用应突破传统应用领域和加工利用途径，形成高附加值产品，延伸煤基固废综合利用产业链，实现对其最大价值的开发利用。例如，在煤基固废中提取高价值元素、将煤基固废加工为化工产品或先进材料等可作为煤基固废物高值化利用的重要方向。

2. 不同煤基固废的资源化利用方向

针对不同煤基固废的产量、堆存量、性质及综合利用情况，合理规划煤基固废的资源化发展，促进煤基固废综合利用产业高质量发展。

(1) 煤矸石的资源化利用

要因地制宜，注重煤矸石的整体规划与资源整合；加大采空区煤矸石回填、煤矸石充填和筑基修路的力度；合理推动煤矸石发电、生产建材、复垦绿化等规模化利用。开展煤矸石多元素、多组分梯级利用，推进煤矸石高值化利用，提取有用矿物元素，重点研发煤矸石生产农业肥料、净水材料、胶结充填专用胶凝材料等高附加值产品。

(2) 粉煤灰的资源化利用

大力发展粉煤灰规模化利用和高附加值化利用，重点解决粉煤灰综合利用区域瓶颈问题。开发应用大掺量粉煤灰混凝土技术，改造提升粉煤灰生产砌块等新型建材的技术水平、产品质量，继续扩大粉煤灰在建材领域的应用规模。持续推动粉煤灰有用组分提取及农业领域应用。加强精细化、高科技化产品的研发，推广粉煤灰分离提取高附加值产品，推动高铝粉煤灰提取氧化铝及其配套项目建设。积极培育市场和专业化企业，大幅提高粉煤灰的规模化应用比例。逐步淘汰粉煤灰湿排，强化粉煤灰安全堆存管理。

(3) 煤化工渣的资源化利用

推动煤化工渣中的焦油渣、煤沥青等有害废渣的无害化处置与深度综合利用。加强煤化工渣与水泥、室内装饰等建材方面的应用相结合，强化煤化工渣在工业脱硫、生产化工产品等应用，提高综合利用水平。

(4) 脱硫石膏的资源化利用

推广脱硫石膏等工业副产石膏替代天然石膏的资源化利用，推动副产石膏分级利用，扩大副产石膏生产高强石膏粉、纸面石膏板等高附加值产品规模，鼓励工业副产石膏综合利用产业集约发展。

第2章　煤基固废分离分选技术及设备

2.1　分离技术及设备

分离分选技术是利用机械、仪器或试剂，根据矿物的物理、化学性质的差异，将矿物分离为不同的部分或提纯某些矿物的方法。常用的分离方法包括磁力分选、重力分选、静电分离、浮选分离、化学溶解和薄膜反应分离等。在进行分离作业之前，通常需要对物料进行破碎、磨矿和筛分等预处理作业。

2.1.1　破碎作业

1. 破碎形式

机械破碎主要有压碎、劈碎、磨碎、击碎四种基本形式。

(1) 压碎

通过将物料块夹在两个破碎工作面之间施加压力，使物料块因压应力超过其抗压强度而破碎。

(2) 劈碎

使用具有尖锐棱角的工作面对物料块进行挤压，当尖锐棱角楔入物块后，物料中产生的拉应力达到抗拉强度极限时，物料块会裂开而被破碎。

(3) 磨碎

物料块位于两个相对移动的破碎板之间，物料块因为表面受到研磨作用而发生剪切变形，如果剪切应力达到其抗剪强度极限，物料块就会被破碎。

(4) 击碎

以动态载荷的形式瞬时作用于物料块上，使物料块的变形无法扩展到被撞击物的全部，从而在被撞击处产生局部应力过大，导致物料块破碎。

上述四种破碎形式，由于作用力性质不同，其能量消耗也不同。压碎方式因所需压力较大，消耗能量也较多；劈碎方式需要压力较小，消耗能量也较小，对同一种矿石，能量消耗约为压碎的十分之一；击碎方式是以动载荷的形式作用于物料上的，具有较大的破碎作用和较高的生产率，因此能量消耗较小；磨碎方式的粉碎效率低，能量消耗较大。破碎方式的选择主要取决于被破碎物料的物理性质、外形尺寸和所要求的破碎比。任何一种破碎机都不可能只用一种力来破碎物料，而是以某种力为主，同时兼具其他几种力的作用。因此，破碎机械施于物料上的力是比较复杂的。

2. 破碎能耗理论

破碎理论的研究可以归结为3个主要方面：强度理论的研究、破碎效果的评价、破碎功耗的研究。目前，以料层粉碎原理为基础的新型破碎机的研制是主要的发展方向，符合多碎少磨原则。碎矿与磨矿过程消耗巨大的能量，为了弄清能量消耗的规律，评定破碎效率，提供设计的依据和找寻节约能量的途径，已展开了大量的破碎功耗的研究，主要学说包括面积学说、体积学说、裂缝学说。

（1）面积学说

面积学说由德国学者雷廷格于 1867 年提出。该学说认为外力破碎物体所做的功将转化为新生表面积上的表面能，故粉碎能耗与粉碎时新生表面积成正比，即粉碎单位质量物料的能耗与新生的比表面积成正比。

（2）体积学说

体积学说由吉尔皮切夫和基克提出。该学说认为外力粉碎物料所做的功完全用于使物料发生变形，当变形能达到极限时，物料即被破坏。因此，使几何相似的同种物料粉碎成形状相同的产品所需的功与它们的体积或质量成正比。

（3）裂缝学说

在破碎物料时，外力所做的功先是使物体变形，当变形超过一定限度后即生成裂缝。裂缝形成后，储存在物体内的变形能促使裂缝扩展并生成断面。输入功的有用部分转化为新生表面上的表面能，其他部分成为热损失。因此，破碎所需的功应考虑变形能和表面能两项，其中变形能与体积成正比，表面能与表面积成正比。

3. 破碎设备

（1）颚式破碎机

颚式破碎机俗称老虎口，主要适用于破碎硬度较高的物料，并且破碎后的物料多为粗碎或中碎。颚式破碎机种类较多，最常用的破碎机主要有：① 简单摆动式颚式破碎机；② 复杂摆动式颚式破碎机。颚式破碎机的工作原理是：将物料加入破碎机的破碎腔中，通过动颚板来回往复摆动，使物料在固定颚板和动颚板间受到挤压和折断而破碎。当动颚板和固定颚板分离时，已经被破碎的物料在其自身重力的作用下从排矿口排出。而在破碎腔中仍没有破碎的物料，随之进入破碎腔下部，进而再一次受到挤压和折断，从而达到连续破碎的目的。

① 简单摆动式颚式破碎机

图 2-1 为 900 mm×1 200 mm 简单摆动式颚式破碎机的结构。颚式破碎机的机架是由铸钢、铸铁焊接而成的，可以是整体式或组合式。

颚式破碎机的破碎工作面由固定颚板和动颚板组成。工作时，动颚板对固定颚板做周期性的往复运动。当动颚板靠近固定颚板时，位于两颚板之间的物料受以挤压为主的作用力而破碎；当动颚板离开固定颚板时，已经破碎的物料在重力作用下由破碎机排料口排出。

该破碎机主要针对较硬的矿石，其颚板的破碎力度会随着固定颚板与动颚板的靠近而加大。当肘板的夹角增大时，破碎力也会增大。破碎机的动颚板上部具有较大的破碎力，最先破碎粒度较大的矿石，而位于下部粒度较小的矿石，则用相对较小的破碎力破碎。

简单摆动式颚式破碎机的优点主要是结构较为简单，维修方便，具有可靠的保护装置。主要缺点有：在工作时会发生振动，因此对施工厂房有较高的结构要求；工作时动力消耗大，当进矿不均匀时，容易发生堵塞；最终破碎后的产品粒度不均。

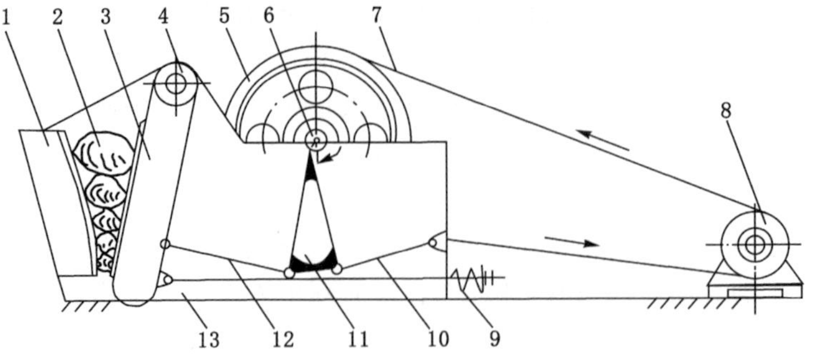

1—固定颚板；2—物料；3—动颚板；4—动颚悬挂轴；5—带轮；6—偏心轴；7—带；
8—电动机；9—拉杆弹簧；10—后肘板；11—连杆；12—前肘板；13—机架。

图 2-1　900 mm×1 200 mm 简单摆动式颚式破碎机结构

② 复杂摆动式颚式破碎机

复杂摆动式颚式破碎机的结构如图 2-2 所示。它通常用于中碎作业。该破碎机给矿口的宽度不得大于 600 mm，排矿口的宽度一般为 5～75 mm，其生产率为 0.4～180 t/h。该破碎机的动颚悬挂轴是偏心轴。

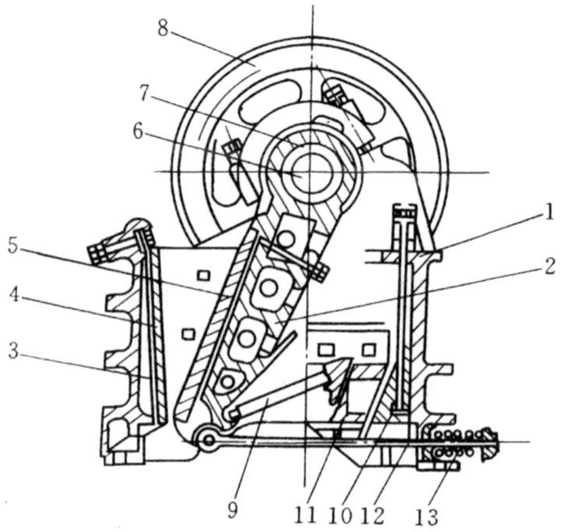

1—机架；2—动颚板；3—固定颚板；4、5—破碎齿板；6—偏心轴；7—轴孔；
8—飞轮；9—肘板；10—调节楔；11—楔块；12—水平拉杆；13—弹簧。

图 2-2　复杂摆动式颚式破碎机结构

电动机驱动皮带和皮带轮，通过偏心轴使动颚板上下运动。当动颚板上升时，肘板和动颚板间的夹角变大，推动动颚板向固定颚板靠近，从而对物料进行挤压、搓、碾等多重受力作用，实现破碎。当动颚板下行时，肘板和动颚板间的夹角变小，动颚板在拉杆和弹簧的作用下与固定颚板的间距增大，使得被破碎的物料从破碎腔出料口排出。通过偏心轴的连续运转，动颚板做周期性的往复运动，使进入破碎腔的物料不断地被破碎、排出，实现连续生产。

复杂摆动式颚式破碎机不仅对矿石施加压力，还具有磨剥作用，因此具有较高生产率和较低的能量消耗。然而，在破碎过程中，矿石可能会出现过粉碎现象，加快了衬板的磨损。

(2) 旋回式破碎机

旋回式破碎机是破碎大型矿石和坚硬物料的典型设备，广泛应用于冶金、建材、化工和水利等行业。由于旋回式破碎机采用连续破碎的方式,因此其生产能力大,与颚式破碎机相比,旋回式破碎机的生产量是其 2 倍以上。因此,旋回式破碎机主要具有大破碎比、高产量、产品粒度细、节能和高效等优点。目前,旋回式破碎机的制造商有:日本神户、德国 Klapp、瑞典 Svedala、芬兰 Metso 等。旋回式破碎机结构如图 2-3 所示。

(3) 圆锥破碎机

圆锥破碎机是一种以两个圆锥体组成破碎腔的破碎设备。它的工作原理如图 2-4 所示。当物料从上部进入破碎腔体时,在偏心轴套的作用下,可动锥体会周期性地靠近和离开定锥体;当动锥体在靠近定锥体时,会产生一定的破碎力,而当动锥体离开时,破碎的物料会从破碎腔口排出。圆锥破碎机的工作原理与颚式破碎机相似,都可以看作在连续作用、弯曲力及磨剥力的作用下对矿石进行破碎。它具有较强的破碎能力且对矿石进行连续作用,因此具有较高的生产效率。

① 圆锥破碎机按照用途的不同可分为粗碎用圆锥破碎机和中细碎用圆锥破碎机。目前粗碎最常用的是悬轴式圆锥破碎机,按其排矿方式又可分为侧面排矿式和中心排矿式两种。其中,侧面排矿式圆锥破碎机由于高度太大,当破碎的物料含有较多的黏土或者物料湿度较大时,物料在排矿溜槽的运动速度会减慢,导致溜槽上会堆积大量物料,进一步造成偏心轴套的磨损。中心排矿式圆锥破碎机在粗碎中的应用最为广泛。中细碎用圆锥破碎机按其破碎腔形状不同又可分为标准型、中间型及短头型三种。

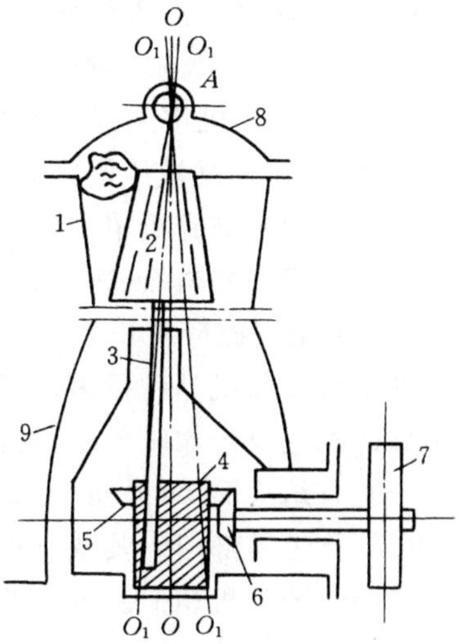

1—固定圆锥;2—活动圆锥;
3—主轴;4—偏心套筒;
5—大伞齿轮;6—小伞齿轮;
7—皮带轮;8—横梁;
9—下部机座。

图 2-3　旋回式破碎机结构

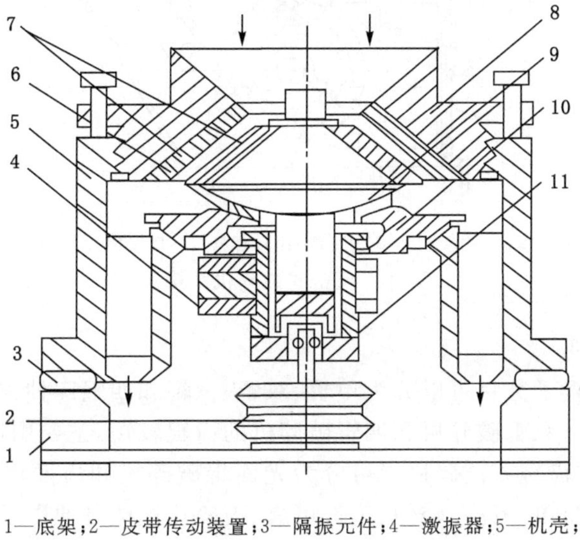

1—底架;2—皮带传动装置;3—隔振元件;4—激振器;5—机壳;
6—球面支撑;7—衬板;8—定锥体;9—动锥体;10—动锥支撑;11—轴套。

图 2-4　圆锥破碎机的工作原理图

② 圆锥破碎机按照种类不同可以分为弹簧圆锥破碎机、轧臼式圆锥破碎机、液压圆锥破碎机以及复合圆锥破碎机4大类。

③ 圆锥破碎机按照型号不同可以分为普通的PY圆锥破碎机、西蒙斯圆锥破碎机、复合圆锥破碎机、标准液压圆锥破碎机、单缸液压圆锥破碎机以及多缸液压圆锥破碎机等诸多型号。液压圆锥破碎机集中了迄今为止已知的各种类型圆锥破碎机的主要优点，适用于细碎和超细碎坚硬的岩石、矿石、矿渣、耐火材料等。

(4) 冲击式破碎机

冲击式破碎机品种很多，近年来发展迅速的有立式冲击破碎机和反击式破碎机。立式冲击破碎机主要依靠转子的冲击力对物料进行破碎，转速越高，冲击力越大，破碎效果越好。它由于具有结构简单、质量轻、造价低廉、运转平稳、高效节能等优点，广泛应用于建材、煤炭、食品、化工等部门。其缺点是转子衬板磨损过快，维修较困难。反击式破碎机的优缺点与立式冲击破碎机相似。传统的反击式破碎机只能破碎中等硬度的物料，但新型的反击式破碎机已经能破碎抗压强度超过300 MPa的硬物料。近年来，这种新型反击式破碎机在移动式破碎站上有逐渐取代颚式破碎机的趋势。反击式破碎机结构如图2-5所示。

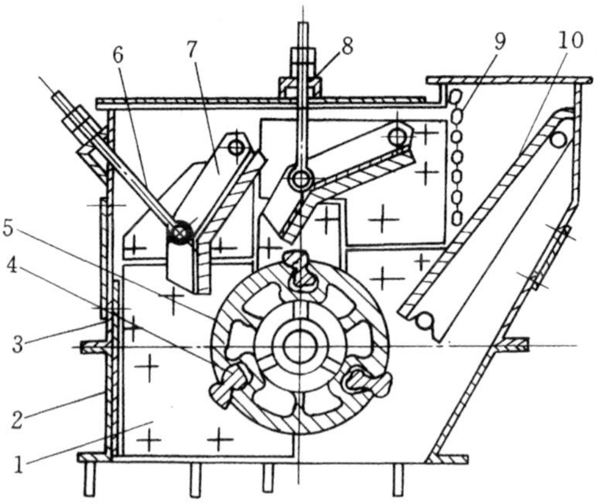

1—防护衬板；2—下机体；3—上机体；4—锤头；5—转子；6—吊环螺栓；7—反击板；8—球面垫圈；9—链幕；10—给矿溜板。

图2-5　反击式破碎机结构图

(5) 齿辊式破碎机

齿辊式破碎机按辊子数目可以分为单辊、双辊、三辊和四辊四种类型。单辊破碎机的齿辊较长，主要用作粗碎；双辊破碎机和四辊破碎机的齿辊较短，主要用作中碎和细碎。此外，根据辊面形状的不同，齿辊式破碎机又可分为光面辊破碎机和齿面辊破碎机两种类型。齿辊式破碎机具有结构简单、紧凑、轻便、工作可靠、破碎比调整方便以及能够处理含水物料等优点。齿辊式破碎机结构如图2-6所示。

齿辊式破碎机的应用领域十分广泛。其中煤炭工业是主要的应用领域，约占总应用比例的50%；金属矿山行业约占12%；石灰石矿行业约占14%；非金属矿行业约占9%；石料工业行业约占6%；化工原料行业约占4%。当前世界各国在努力实现城市垃圾处理的无害化、减量化，同时更加重视垃圾处理的资源化。近年来，建筑行业迅速发展，致使建筑废料大量增加，建筑废料的处理再利用已经成为一个热点问题。齿辊式破碎机在建筑领域得到了长足的发展，为进一步加工和利用建筑废料提供了重要条件。

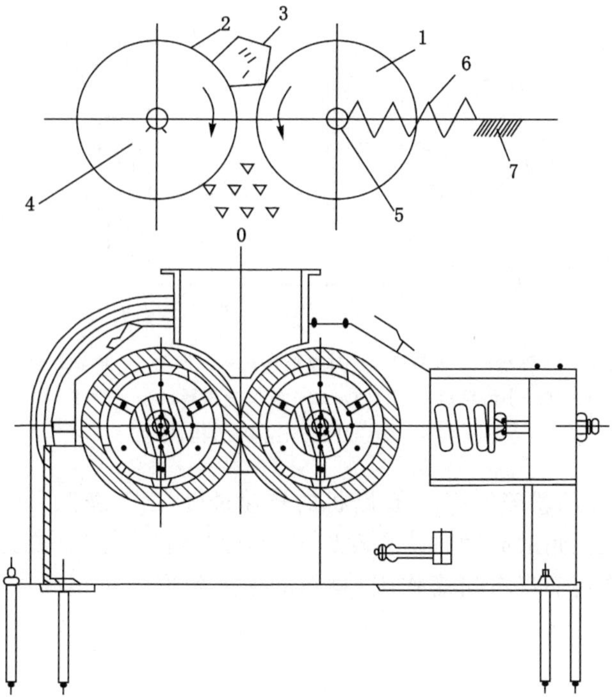

1、2—辊子；3—物料；4—固定轴承；5—可动轴承；6—弹簧；7—机架。

图 2-6　齿辊式破碎机结构图

2.1.2　磨矿作业

当物料粒径介于 3～30 mm 之间时，若要进一步将该类物料粒径破碎至为 100 μm 或者更小时，就需要球磨工艺。球磨工艺利用钢球和钢段等研磨体对物料进行冲击和研磨，以达到所需要的粒径尺寸。

目前广泛应用于建材、矿冶及电力等行业的磨矿设备主要是球磨机。球磨机具有以下优点：① 它对物料的适应性很强，且生产能力大，能进行连续生产，从而满足大规模工业化生产的要求；② 它具有较高的粉碎比，可以达 300 以上，而且能适当调整粉磨物料的细度；③ 球磨机适用于干法和湿法破碎；④ 球磨机的结构简单但坚固，操作简便且可靠，设备的运转效率高，对于设备的维护和管理也比较简单；⑤ 球磨机密封性很强，在一定条件下可以进行负压操作。卧式球磨机结构如图 2-7 所示。

球磨机的工作原理是当球磨机转动时，研磨体和物料也会随之转动。一方面研磨体在磨机的带动下会顺着球磨机筒壁向上移动，另一方面研磨体也会发生自转。这种移动和自转的过程使得研磨体能够对物料进行研磨，达到所需的研磨效果。在移动和自转的过程中达到研磨物料的目的。

当磨机转速变化时，研磨体可能会出现以下三种情况：① 磨机的转速过快，研磨体会与物料黏附在筒体上从而随筒体一起旋转，即出现“离心状态”。在这种情况下，研磨体不能起到冲击和研磨物料的作用。② 磨机的转速适中，研磨体在筒体内上升到一定高度后能按抛物线的轨迹下落，即出现“抛落状态”。在这种状态下，研磨体才会起到较大冲击和研磨物料

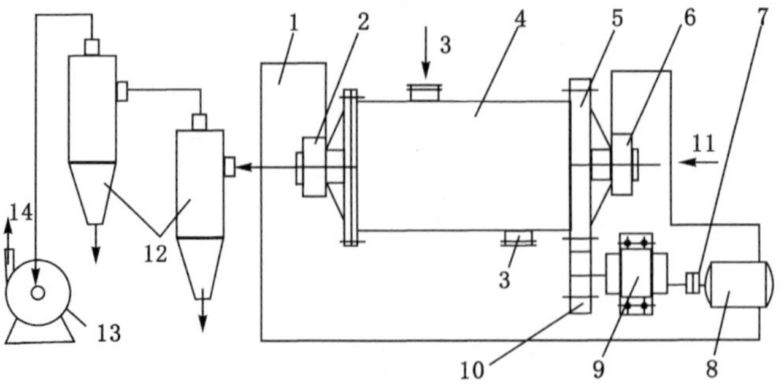

1—基座；2、6—轴承；3—进料口；4—球磨筒体；5—大齿轮；7—联轴器；8—电动机；
9—减速机；10—小齿轮；11—出料口；12—旋风分离器；13—引风机；14—排气口。

图 2-7 卧式球磨机结构图

的作用，从而达到较高的粉碎效率。③ 磨机的转速过慢，由于摩擦力的作用，研磨体和物料被筒体带到等于动摩擦角的高度时就会发生下滑，即“倾泻状态”。在这种状态下，球磨机对物料就不会有冲击作用而仅有研磨作用，物料的粉磨效率不是很高。图 2-8 显示了上述的三种状态。

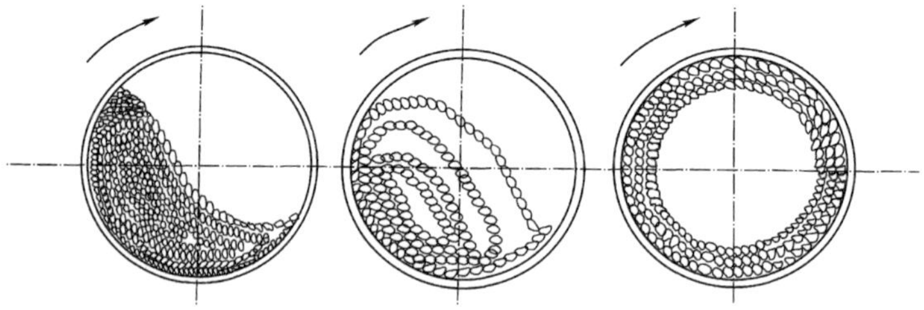

(a) 倾泻状态　(b) 抛落状态　(c) 离心状态

图 2-8 研磨体的运动状态

根据以上所述的球磨机的三种运动状态可知，在研磨过程中，球磨机需要找到一个合适的旋转速度。一方面，这个速度要使得研磨体在下落的过程中有足够的高度，以产生足够的冲击力和研磨作用；另一方面，这个速度与“离心状态”时的磨机转速应有一定的差值，以确保研磨体能够有效地与物料发生摩擦和研磨，从而真正达到研磨物料的目的。通过调节旋转速度，可以优化球磨机的研磨效果，提高物料的粉磨效率。

2.1.3 筛分作业

筛分是一种将颗粒群按其大小、密度、带电性以及磁性等粉体学性质进行分离的方法。筛分作业是通过使用带孔的筛面把粒度大小不同的混合物料分成各种粒度级别的过程。筛分机的种类繁多，至今尚无统一的分类标准。筛分机械主要有以下几种类型。

1. 固定筛

固定筛是一种最简单的筛分设备，其筛面由多个平行排列的筛条组成，筛面保持固定不动(图 2-9)。筛面可以水平或倾斜安装，依靠物料自身重力沿筛面滑动进行筛分。固定筛的优点是结构简单，无须动力驱动，没有运动部件，设备成本低且易于维修；缺点是单位面积处理能力和筛分效率相对较低。

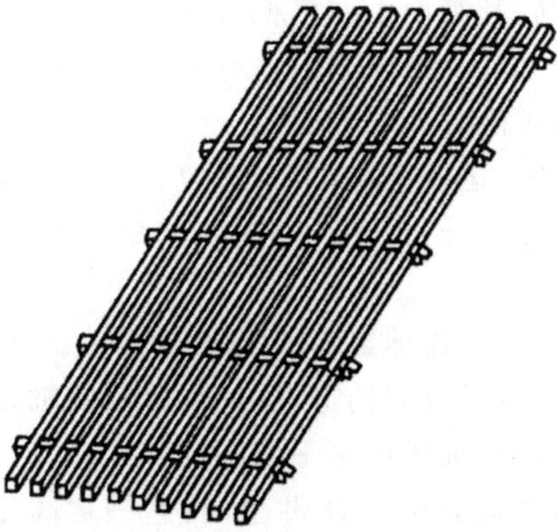

图 2-9　固定筛

固定筛分为棒条筛和条缝筛两种类型。棒条筛的筛面由平行排列的棒条组成，筛孔（即棒条之间的间隙宽度）一般大于或等于 25 mm，适用于大块物料的分级；条缝筛由梯形断面的筛条排列而成，筛孔一般为 0.25～1 mm，主要用于物料的初步脱水。

弧形筛和旋流筛属于新型的固定筛。弧形筛的筛面沿纵向（物料运动方向）呈圆弧形，筛条横向排列（图 2-10）；旋流筛的筛面由筛条排列成倒置的截头圆锥形。这两种筛分设备都是利用煤浆在筛面上运动时产生的离心力来实现分级和脱水的。弧形筛通常用于预先脱水、脱泥和脱介操作，而旋流筛可用于初步脱水和预先脱泥操作。

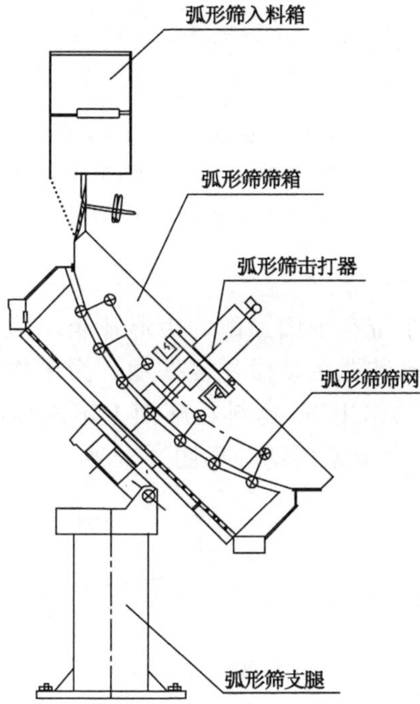

图 2-10　弧形筛

2. 滚轴筛

滚轴筛是一种活动的棒筛，其筛面由许多根辊轴平行排列而成，辊轴由链条传动装置带动同向旋转，筛面倾角为 12°～15°。物料随辊轴的转动而向前移动，细粒物料透过辊轴间隙漏下，而粗粒物料被运到尾端排出。

滚轴筛结构坚固、工作可靠、运转平稳，但构造复杂、笨重、处理能力和筛分效率相对较低，适用于露天矿井原煤的预先筛分，也用于露天矿重介质选矸车间脱介。

3. 滚筒筛

滚筒筛的筛面是带孔的圆柱形筒体或截头圆锥形筒体。在传动装置带动下，筛筒绕轴缓慢回转。为使物料在筒内沿轴线方向前进，圆柱形筛筒的轴线应倾斜 3°～5°安装，截头圆锥形筛筒因本身已有坡度，所以其轴线可水平安装。

物料由筛筒的一端给入，被旋转的筒体带起，当达一定高度后，因受重力作用，自行落下。通过不断的起落运动，小于筛孔尺寸的颗粒可以通过筛网，而筛上物则逐渐移至筛筒的另一端排出。由于滚筒筛的单位面积处理能力低、筛孔易堵塞、筛分效率低，所以，目前只在粗、中粒物料的筛分和脱水中使用。滚筒筛的结构如图 2-11 所示。

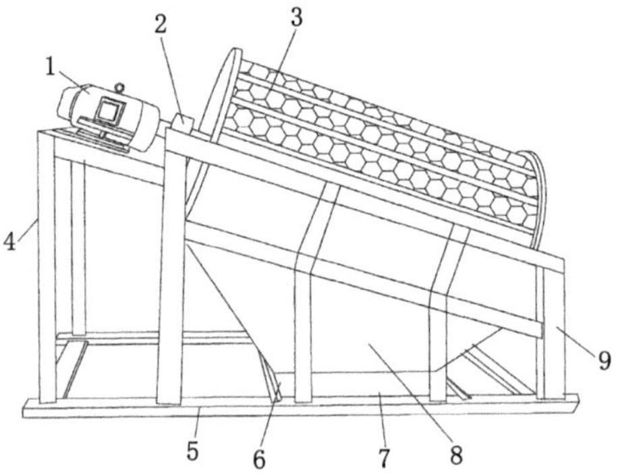

1—旋转电机；2—联轴器；3—旋转滚筒筛；4—旋转电机支架；5—底座；
6—弹簧减震座；7—弹簧减震器；8—分离物存放座；9—旋转滚筒筛支架。

图 2-11　滚筒筛结构图

4. 摇动筛

摇动筛的工作部件是一个带有平面筛面的矩形筛箱。筛箱由铰接杆或弹性杆支承(或吊挂)在机架上，通过偏心传动装置带动做往复摆动。为使物料沿筛面向前运动，筛面多为倾斜安装。在筛箱往复摆动的作用下，物料在筛面上不断地跳起和落下，并逐渐向低端移动，从而完成物料的分级。几种类型摇动筛如图 2-12 所示。

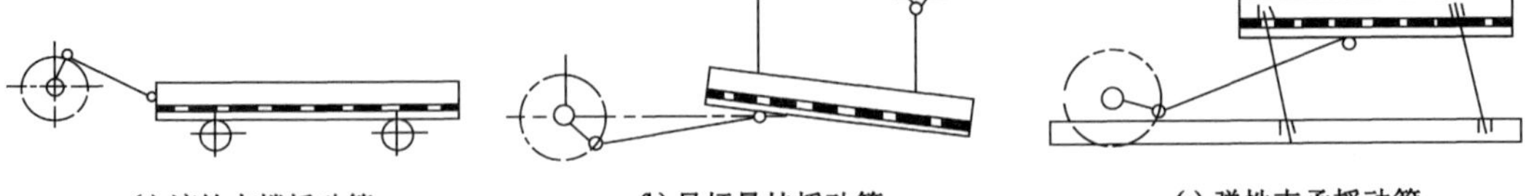

(a) 滚轮支撑摇动筛　(b) 吊杆悬挂摇动筛　(c) 弹性支承摇动筛

图 2-12　摇动筛

摇动筛的优点是筛箱摇动的幅度不因给料量的多少而变化。其缺点是筛分效率和处理能力较低。因此，在新设计的选煤厂已不再使用摇动筛。在老的选煤厂中，摇动筛主要用于末精煤及粗煤泥的脱水。

5. 振动筛

振动筛和摇动筛一样具有带平面筛面的矩形筛箱，但振动筛的筛箱用弹性元件支承（或吊挂）在机架上，并用激振器进行激振，因而它是一个弹性振动系统，其振幅受给料及其他动力学因素的影响而改变，见图 2-13。振动筛的振动频率高、振幅小，物料在筛面上做跳跃运动，因而处理能力和筛分效率都较高。振动筛适用于各粒级物料的分级和中、细粒级煤的脱水、脱泥和脱介。

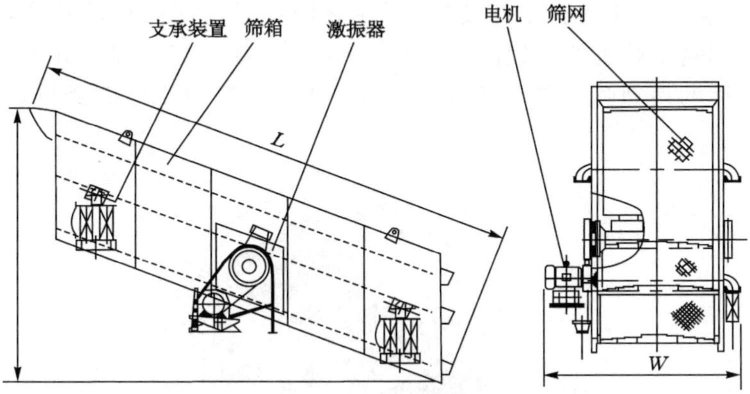

图 2-13　振动筛

6. 其他新型筛分机

随着生产的发展和科学技术的进步，近年来国内外又出现了许多新型筛分机。其中主要有博后筛、振动概率筛、旋转概率筛、等厚筛、概率等厚筛、弛张筛、立式圆筒离心筛、螺旋筛及变幅筛等。除了振动概率筛、等厚筛和概率等厚筛等从运动特征上看是属于振动筛的新机种外，其他筛分机都具有新的结构和工作原理。

（1）博后筛

不同于传统的振动筛，博后筛也叫抛射筛，是我国研制的、根据颗粒大小进行有效筛分的大型细粒筛分机械。其筛面固定在产生摆动的管梁上，由曲轴、连杆、电机、摆杆、飞轮来完成物料在筛面上的抛射运动。这种设计减少了参振质量，从而实现了运动参数和设备的大型化。

博后筛主要用于工业生产过程中潮湿细粒的筛分，具有如下特点：筛分效率高，采用弹性、大振动强度和大振幅的筛面，振动强度为 5～8 g，双振幅为 18～25 mm，筛分效率可达 85%；处理能力大，处理分级粒度为 6 mm 的 0～150 mm 原煤时，单位面积处理能力可达 10 t/(h · m^2)；噪声低、运转可靠、平稳；筛分物料的水分可达 12%；筛面倾角可达 250°左右，可防止物料堵塞；筛面由多段组成，其长度可根据筛分效率和筛分时间调节，可达 12.5 m；各段受力较小，对零部件、材料的强度要求较低。

然而，博后筛在现场使用中存在一定不足：维护工作量较大，部分轴承易烧坏；不方便检修，螺栓松动后得不到及时处理而易被振断；物料冲刷磨损大梁；可靠性差，筛板筛肋易开裂,噪声大,能耗高,维修量大。这些问题是博后筛在使用过程中不可避免的挑战。

(2) 新型弛张筛

随着对筛分机械设备和筛分机理研究的不断完善,新型的弛张筛结合了振动筛和弛张筛的理论,并得到了有效的应用。这种弛张筛具有提高筛分效率、增加处理量、减小动负荷、降低功耗和噪声的优点,因此在矿物、化工、煤炭和建筑等行业得到广泛应用。

弛张筛采用双质量振动系统,筛面采用聚氨酚橡胶材料。支承筛面的任意两根相邻横梁分别属于两个振动质体,一个是筛箱,另一个是配重。在工作时,筛网交替地拉紧和松弛,使物料产生前进弹跳运动,避免物料附着在筛网上并堵塞筛孔。当两个质体相差二相位振动时,相邻横梁时而靠近,时而远离,弹性筛面也相应时而松弛,时而张紧。这种筛面的弛张运动不仅使筛孔不断变形,还显著增加了筛面的振动强度,有效地解决了筛孔堵塞问题,提高了筛机的处理能力。然而,由于筛箱的振动强度并不大,机械强度较容易保证,但筛面的振动强度较大且反复变形,导致筛面的使用寿命较短。弛张筛的结构如图 2-14 所示。

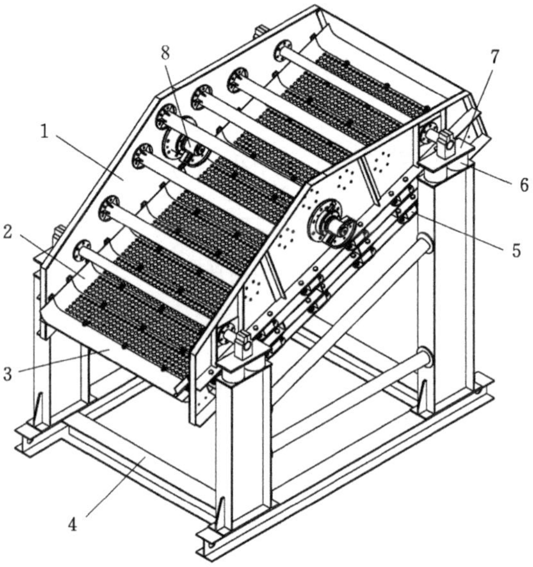

1—筛箱;2—上层筛板;3—衬板;4—支架;5—下层;6—中空橡胶弹簧;7—弹簧座;8—偏心块激振器。

图 2-14 弛张筛结构图

2.2 分级分质技术

广义的分级是利用颗粒粒径、密度、颜色、形状、化学成分、放射性等特性的不同而把颗粒分为不同的几个部分。狭义的分级是根据不同粒径颗粒在介质(通常是空气和水)中受到离心力、重力、惯性力等的作用,产生不同的运动轨迹,从而实现不同粒径颗粒的分离过程。

2.2.1 分级的意义

在粉碎过程中,往往只有一部分粉体能够达到粒度要求。如不及时将已经达到要求的产品与未达到要求的产品分离开来，而将它们一起再次粉碎，则会造成能源浪费和部分产品的过粉碎。此外，当颗粒细化到一定程度后，可能会出现粉碎与团聚的现象，甚至因颗粒团聚变大而使粉碎工艺恶化。

为此，在超细粉体制备过程中，要对产品进行分级。一方面，这有助于控制产品粒度分布在所需的范围内；另一方面，它使混合物料中粒度已达到要求的产品及时分离出来，使粗粒返回再粉碎，以提高粉碎效率并降低能耗。

2.2.2　分级的关键问题

对于任何分级方法而言，要想取得较好的分级效果，关键是如何提高分级物料的分散性和选择合适的分级力场。

物料经超细化后呈现与原物料不同的性质。首先是比表面增大，表面能升高；其次是表面原子或离子数的比例大大提高，使其表面活性增加，粒子之间引力增大或由于外来杂质如水分的作用而易于聚集。在粉碎过程中，超细粒子由于碰撞吸收或粉碎后由于静电等作用力，容易聚集在大粒子上，无论在空气中还是在液相中均易生成粒径较大的二次颗粒，这使得对超细产品的分级比普通产品分级更加困难。

因此，分级的首要任务是分散粒子，使其处于单分散状态，从而提高粉体的流散性，即超细粉体的基础在于粉体粒子的分散。可以说，充分的分散可使分级过程事半功倍。其次，需要设计稳定且可调节的力场。理想的分级力场应该具有分级力强、流场稳定及分级迅速等性质。由于粉体粒子在不同的介质、不同的力场中的行为不一样，因此必须了解其物理特性、运动特性，设计高效合理的分级力场。目前，分级机使用的力场主要为重力场、惯性力场和离心力场。

2.2.3　分级机的分类

按所用介质，分级机可分为干法分级机（介质为空气）与湿法分级机（介质为水或其他液体）。干法分级机的特点是用空气做流体，成本较低，方便易行。但它有两个不足，一是易造成空气污染，二是分级的精度不高。湿法分级机用液体作为分级介质，但它也带来了一系列后续处理问题，即分级后的粉体需要脱水、干燥、分散、废水处理等。然而，湿法分级机具有分级精度高、无爆炸性粉尘等特点。按是否具有运动部件，分级机又可分为静态和动态两大类。

（1）静态分级机

分级机中无运动部件，如重力分级机、惯性分级机、旋风分离器、螺旋线式气流分级机和射流分级机等。这类分级机构造简单，不需要动力，运行成本低，操作及维护较方便，但分级精度不高，不适于精密分级。

（2）动态分级机

分级机主要指各种涡轮式分级机，包含运动部件。这类分级机构造复杂，需要动力，能耗较高，但分级精度较高，分级粒径调节方便，只要调节叶轮旋转速度就能改变分级机的切割粒径，适于精密分级。

2.3 典型的分级设备及其原理

2.3.1 湿法分级机

湿法分级是以液体为分散介质的分级方式，主要设备有旋流器、角锥池、斗子捞坑、倾斜板(斜管)浓缩机(池)等。

1. 水力旋流器

水力旋流器的结构特点是具有小角度(一般为10°～20°)的锥体，是当前浓缩、分级煤泥水的有效设备之一。典型的静态旋流器由圆筒和圆锥连接而成，包括溢流管、底流管、进料管等主要组成部件。

水力旋流器工作原理如图2-15所示，悬浮液经入口管沿切向进入圆筒，向下做螺旋运动；固相颗粒在离心力的作用下，具有向旋流器壁沉降的趋向；粗颗粒由于受到较大的离心力作用，向旋流器壁面运动，并随外旋流从旋流器底部排出，形成底流；细颗粒则由于所受的离心力较小，来不及沉降就随内旋流从溢流管排出，形成溢流。由此实现了不同粒级物料的分离。

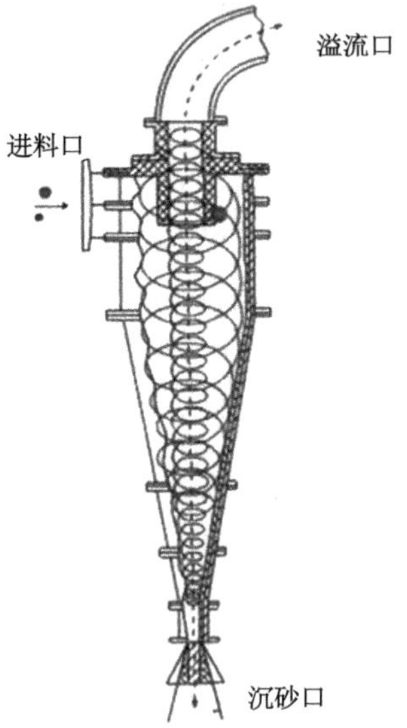

图2-15 水力旋流器工作原理示意图

常用的水力旋流器有三种，即小直径水力旋流器、水封式旋流器和超细水力旋分机。水力旋流器的优点是构造简单、无运动部件、价廉、占地面积小、处理量大；其缺点是分级精度较低。

2. gMax旋流器

gMax旋流器是一种经过改进的旋流器，其设计目的是以较高的生产能力对物料进行更细、更精确的分级。这种新型旋流器由改进的沉砂口、圆锥体、进料管和圆柱体组成，这些部件的改进设计方案可使给料腔的紊流最小，同时使进入临界分选区的矿浆流的切线速度最大。较大的切线速度可使相同直径的旋流器实现更细的分级，并可减少细粒误入沉砂的情况。改进的给料管截面和较长的溢流管设计降低了给料腔中的紊流度，从而减少了较粗颗粒夹带到旋流器溢流中的数量。

3. 筛网旋流器

筛网旋流器是一种将弧形筛和水力旋流器相结合的新型细粒分级设备。其分级原理既具两者特点，又有本身独特之处。在筛网旋流器中，物料以一定压力沿切线方向给入，形成强大的旋流，其中一股沿着旋流器器壁形成一个向下的外旋流，另一股围绕旋流器轴心形成一个向上的内旋流。由于内旋流具有负压而吸入空气，在旋流器轴向形成空气柱。入料中的极细颗粒随着内旋流向上，从溢流口排出；小于筛网孔径的中间粒级物料随着向下的外旋流直至器壁，通过筛网成为透筛物，从筛网旋流器的柱段下部排出；粗颗粒则随外旋流向下，从底流口排出。

4. 角锥池

角锥池由若干个并列的、底部为角锥形的钢筋混凝土容器组成。各分级室之间及内部无隔板，角锥底部的倾角为 65°～70°。角锥池一端为入料端，另一端为溢流端，沉物沉到锥底，锥底装有闸门以便排泄沉淀物料。角锥池的溢流自动排出，底流由阀门靠人工控制排放。然而，正是由于人工控制，角锥池的分级粒度难以掌握，这是角锥池的一大缺陷。

5. 斗子捞坑

斗子捞坑适应能力较强，入料粒度范围宽，一般为 0～50 mm，但为了提高斗子捞坑的分级精度，应尽量减小斗子捞坑的入料粒度范围。实际应用中，常见的斗子捞坑的入料粒度为 0～13 mm。斗子捞坑的分级粒度一般为 0.2～0.5 mm。斗子捞坑的工作原理同角锥池一样，都是借助重力作用实现颗粒沉淀的。但是，斗子捞坑中颗粒沉淀的条件与角锥池不同：一是煤泥在斗子捞坑中会随同较粗颗粒（如 6～13 mm）一起沉淀，这对较细颗粒的沉淀有利；二是沉淀物会及时用斗子提升机从捞坑中排出，不受人为因素影响。

2.3.2　干法分级机

干法分级机大多采用离心力场、惯性力场对粉体进行分级，它们是目前发展较快的重要精细分级设备。

1. 锥形离心气流分级机

锥形离心气流分级机是在离心力的作用下，实现粗粉和细粉分离的设备。该设备成品粒度最细可达 0.95 μm 左右，分级精度 $d75/d25$ 可达到 1.16。该设备没有任何运动部件，其导流片角度可以在 7°～15°之间调整，设备结构紧凑，分级效率高，运行安全可靠。

2. MS 叶轮分级机

MS 叶轮分级机的工作原理如下：待分级物料和一次气流经给料管、可调管进入机内，经气流分布锥而进入分级区，在分级区内，轴带动分级叶轮旋转。细粒级物料在分级区内受到分级轮高速旋转产生的强大离心力场和分级机后部引风机所产生的向心力的双重作用。因向心力大于离心力，细粒级物料随气体经叶片之间的间隙向上排出。粗粒级物料因受离心力大，经环形体从机体下部的粗粒排出口排出。MS 叶轮分级机示意图如图 2-16 所示。

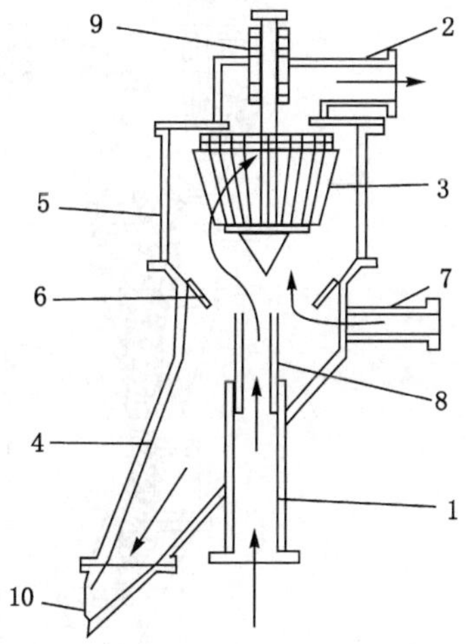

1—进料管；2—细料排出口；
3—分级叶轮；4—斜管；
5—中部机体；6—环形体弹簧；
7—二次进风口；8—位置调节管；
9—旋转主轴；10—粗料排出口。
图 2-16　MS 叶轮分级机示意图

3. MSS 叶轮分级机

该机是 MS 叶轮分级机的改进型。其特点是在叶轮段的圆柱形壳体壁上增加了切向气流喷射孔，它的作用是从孔中向机内喷射气流，使叶轮在离心力作用下将夹带在粗颗粒中的细颗粒彻底分离出来。MSS 叶轮分级机示意图如图 2-17 所示。

4. ATP 型分级机

ATP 型分级机是德国研制生产的一种分级机，为叶轮转子式。该设备的分级轮水平安装在分级机顶部，与

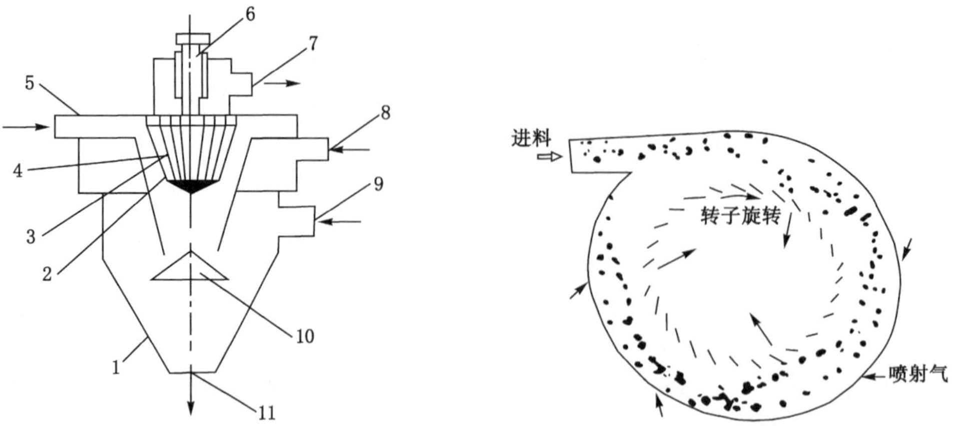

(a) MSS叶轮分级机的结构　　(b) MSS叶轮分级机的分级原理

1—下部机体；2—风栅叶片；3—分级室；4—分级转子；5—给料管；6—主轴；
7—细粒级物料出口；8—三次风入口；9—二次风入口；10—调隙锥；11—粗粒级物料出口。

图 2-17　MSS 叶轮分级机示意图

流化床气流磨、轮碾机等设备联合使用。为了解决叶轮转速太高而使生产能力下降的问题，可将多个小直径分级叶轮并联水平安装在分级机顶部，以提高生产能力并确保获得较细产品。ATP 型分级机示意图如图 2-18 所示。

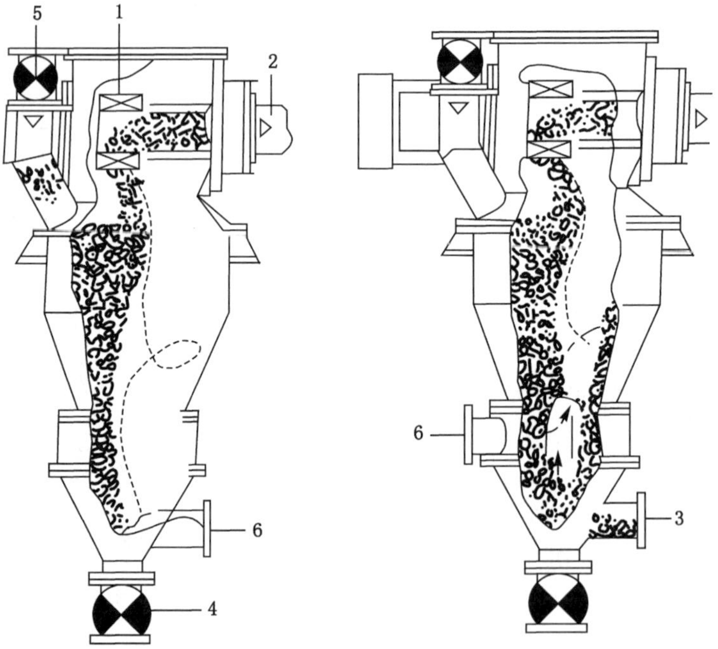

(a) 上部给料　　(b) 下部给料

1—分级轮；2—微细产品出口；3—一次气流入口；4—粗粒物料出口；5—给料阀；6—二次气流入口。

图 2-18　ATP 型分级机示意图

5. 惯性分级机

惯性分级机利用颗粒自身质量不同而产生的惯性力差异，从而形成不同的运动轨迹，实现颗粒的分级；或者利用喷射对粉料产生的抛射作用，同时物料受到不同方向气流的作用，导致颗粒的分级。采用惯性力场分级时，流场的干扰因素较多，不易控制。惯性分级机示意图如图 2-19 所示，其分级原理如图 2-20 所示。

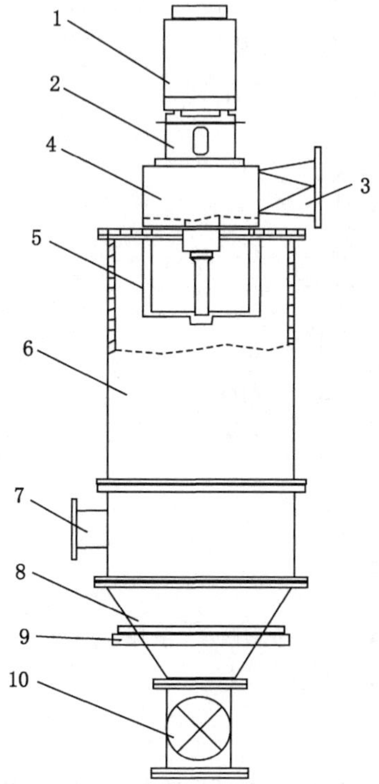

1—电机；
2—电机底座；
3—出料口；
4—蜗壳；
5—分级轮；
6—分级筒；
7—进料口；
8—料仓；
9—二次风系统；
10—星形排料阀。

图 2-19　惯性分级机示意图

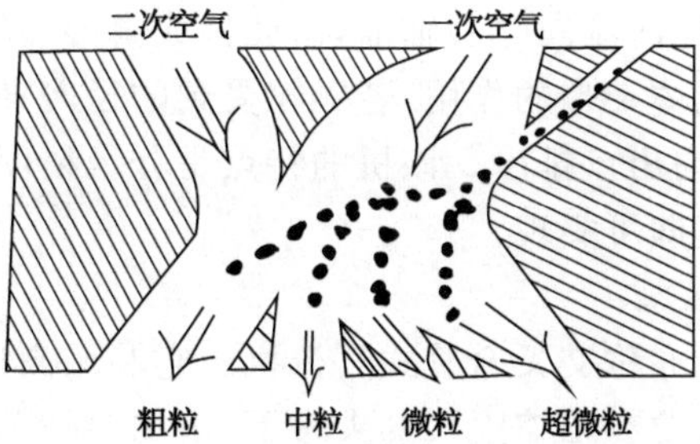

图 2-20　惯性分级机分级原理图

6. KSF 型新型超细分级机

该机采用叶轮型或笼型分级转子，转速较高，其分级粒径由转子产生的离心力与气流向心力共同决定。该机适用于金属矿、非金属矿、塑料、陶瓷等多种物料的分级，可获得 0.3 μm 的超细产品。

7. DS 型分级机

DS 型分级机是一种无转子的半自由涡式分级机。在该机中，含有微细颗粒的两相流在负压的作用下进入分级机，经上部筒体壁旋转分离后，部分空气和微粉通过插入管离开分级机；剩余的物料通过中心锥体进入到分级区，在离心力的作用下被分成粗粉和细粉。二次空气经过可调整角度的叶片进入分级室，以确保颗粒充分分散，提高分级效率。粗粉经环形通道进入卸料仓，细粉从中心锥体下部排出机外。分级细度的调节也是通过调整中心锥体的高度和二次风量来完成的。DS 型分级机的切割粒径为 1～300 μm，处理量为 10～4 000 kg/h。DS 型分级机示意图如图 2-21 所示。

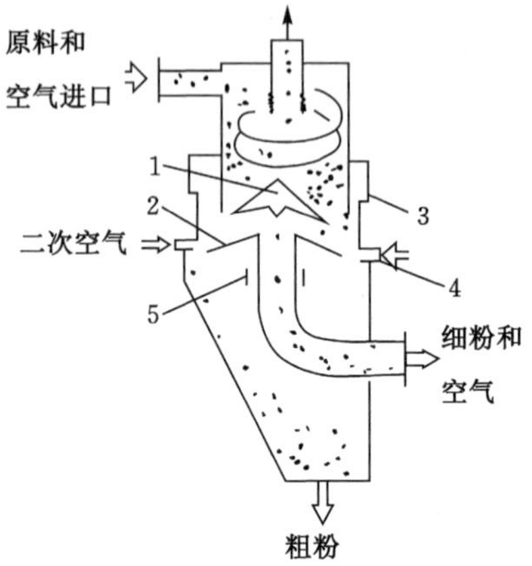

1—中心锥；2—分级锥；3—调整环；4—导向阀；5—环体。

图 2-21　DS 型分级机示意图

8. ACUCUT 型分级机

该分级机是由美国开发和生产的，其结构及原理如下：中间部分为分级转子，转子外侧是固定壁，上下盖板将分级室密封。转轴上段空心轴为细粉出口，下段实心轴由电机带动旋转。转子由上下转盘和叶片构成，转子旋转形成离心力场。同时，在空心部分产生负压区，使气流随着转子旋转，并沿径向流向空心轴部，由此构成离心力场与压力场共同作用的流体流动。分级室内颗粒受到流体夹带的作用，若颗粒受到的径向夹带力大于离心力，则颗粒通过细粉出口排出，粗粉由切向出口排出。该机的特点是分级精度高，切割粒径可小于 1 μm，分级细度仅靠调整转子转速即可实现。

9. 附壁交叉射流式分级机

附壁交叉射流式分级机亦称交叉弯管式气流机。它利用高速射流的附壁效应将物料分成不同细度的 3 个等级。颗粒在压缩空气的夹带下，由加料喷嘴进入分级机，流动中的颗粒轨迹由空气阻力及颗粒惯性决定，当颗粒通过附壁表面时，由于附壁效应形成流动偏向。每个颗粒因大小不同而惯性不同，小颗粒附壁效应较强，会贴着附壁表面流动，而大颗粒因惯性大而被空气夹带得更远。因此，颗粒将按大小不同形成一个扇面轨迹，在二次空气流量和压力的调节下，可从不同的角度上获得多种产品。该型分级机示意图如图 2-22 所示。

10. MC 型微粉分级机

MC 型微粉分级机无运动部件，靠两相流沿器壁的旋转流动所产生的离心力场进行分级。其工作原理如下：夹带分散颗粒的气固两相流在负压的吸引下进入上部的涡旋腔，在导

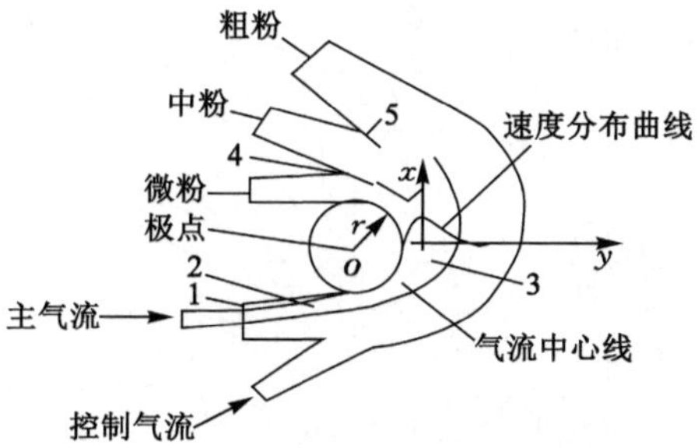

1—湍流自由射流区；2—Coanda 效应区；3—分级区；4、5—分级刀刃。

图 2-22　附壁交叉射流式分级机示意图

向圆锥体的引导下以稳定的浓度进入分级室，在离心力的作用下被分离成粗细两种颗粒。细粉通过分级锥体上部的中心通道，在由入口进入的二次空气夹带下，从出口排出分级机；粗粉则沿着分级锥体落入粗粉室。该机的分级切割粒径范围在 5～50 μm 之间，可通过改变导向锥体和分级锥体之间的缝隙、二次空气量以及不同区域的压力来调节，其处理能力为 0.5～1 000 kg/h。该型分级机示意图如图 2-23 所示。

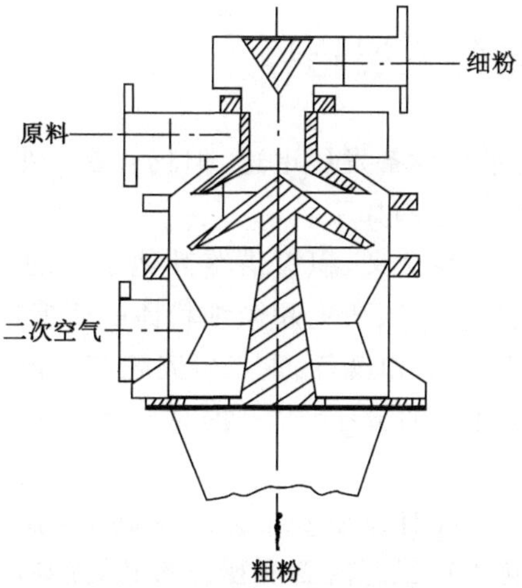

图 2-23　MC 型微粉分级机示意图

11. O-Sepa 分级机

该类分级机主体是一个蜗壳形旋风筒，内装有笼型转子，分级机蜗壳内装有一圈立式导流叶片。物料从顶部的两个进料口进入撒料盘，转动的料盘将粉体抛向外围的挡环，撞击分散后改变方向并落下，在转笼与导流叶片之间的狭长空间内形成料幕。在导流叶片与转笼转动的综合作用下，机内气体形成强烈的水平旋流，颗粒在旋流中既具有沿切线做直线运动的惯性，又受向心气流的夹带作用。由于粗颗粒惯性较大，与壁面碰撞后会被分离出来，而细颗粒则随气流进入转笼，并最终从中央风管吸出，成为产品。该型分级机示意图如图 2-24 所示。

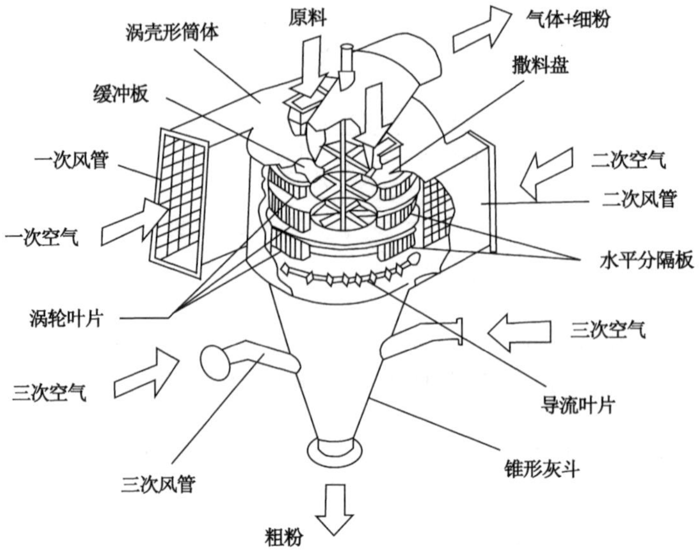

图 2-24　O-Sepa 分级机示意图

2.4　分级技术和设备的发展趋势

目前我国的物料分级技术和设备发展迅速，但仍存在一些局限。为了推动分级技术的进一步发展，主要的发展趋势和方向如下：

(1) 加强理论研究：注重学科交叉，积极借鉴其他学科的知识，加强对分级技术的理论研究；探索消除团聚的有效途径，深入研究超微细粉体的团聚机理。

(2) 研究超细粉体的分散技术和设备：重点研究超细粉体在各种介质中的分散技术，发展高效、低耗、高精细和大处理量的分级设备，提高分级技术的效率和精度，同时增加处理能力。

(3) 结合人工智能技术：在现有设备和工艺的基础上，引入人工智能技术，根据原料特性和产品细度要求，自动优化生产工艺配置和操作参数，提高产品的稳定性和可靠性。

(4) 完善设备的配套性：加强超细分级的在线测试、监控，并研究相应的监测仪器设备，以提高设备的配套性和整体性能。

通过以上的发展方向，我们可以进一步推动物料分级技术和设备的进步，提高分级效率和精度，满足不同行业对细粉体的需求。

第 3 章　煤矸石资源化利用技术原理与工艺

3.1　煤矸石回收煤炭和硫铁矿

3.1.1　煤矸石回收煤炭

在采煤和分选过程中，由于工艺和设备精度的差异，排放的煤矸石中煤炭含量一般为10%～20%。当煤炭含量超过 20%时，可以通过选煤方法回收煤炭。煤矸石回收煤炭的实质是依据煤矸石中各种组分(煤、无机矿物)的物理性质、物理化学性质、化学性质的不同将这些成分分离的过程。

对煤矸石中煤炭进行回收首先可以节约资源；其次可以保证煤矸石用作建材以及其他高值化产品时的质量；另外还可以减少甚至消除煤矸石堆积引发的自燃现象，在解决安全隐患的同时降低了煤矸石对环境造成的危害。因此，对煤矸石进行脱碳可以促进煤矸石由“低效、低值”利用向“高效、高值”利用的转变，有利于提升煤矸石的综合利用水平，促进经济循环发展。

对煤矸石中煤炭进行回收时，可以根据煤与矿物质的性质差异采用不同的分选方法。常见的分选方法包括重选、浮选、磁选、电选等。

(1) 重选是按照煤粒与矿物质在密度和粒度上的差异进行机械分选的方法。常见的有跳汰选、重介选、摇床法等。

(2) 浮选是根据矿物表面物理化学性质(如表面润湿性)的差异实现煤和矿物质分离的方法。

(3) 磁选和电选分别是根据煤粒与矿物在磁性和导电性上的差异实现煤和矿物质分离的方法。

煤矸石分选回收煤炭主要包括选前预处理、分选操作和产品后处理等环节。各种分选方法对原料的粒度、浓度均有要求，有些方法还对原料的水分有要求。分选过程首先进行破碎、筛分、干燥、矿浆准备等环节，然后采用重选、浮选、磁选、电选等方法将煤矸石中的各种成分分开；最后通过脱水、脱介、干燥、分级等方法对分选产品进行后处理。

3.1.2　煤矸石回收硫铁矿

煤系硫铁矿是我国极其重要的硫资源，其总储量约 16.4 亿 t，占硫铁矿总储量的 50%以上。这些硫铁矿大多分布在高硫煤矸石中。煤系硫铁矿中的硫铁以致密结晶体的形式嵌布在矿石中，嵌布粒度较粗。由于硫铁矿的密度较大，而矸石的密度较小，利用两者的密度差进行重力分选可获得较好的选矿效果，同时具有高效、节能、环保等优势。因此，对煤系硫铁矿的分选多采用重选的方法。要获得理想的分选指标，前提是煤矸石与硫铁矿必须单体解离。

煤矸石中的硫铁矿嵌布粒度比较细，小于 0.1 mm 的颗粒占 70%以上。但其存在形态多为集合体，这种集合体的粒度最大可达十几毫米甚至几十毫米，因此在粗粒级中，这些集合体就可能与其他矿物解离。煤矸石硬度不大，利用结构简单、性能可靠的双级无筛底煤矸石粉碎机即可将煤矸石粉碎至所需要的粒度，一般情况下，只需粉碎至煤矸石与硫铁矿基本单体解离的状态即可进行下一步分选。

跳汰机可利用煤矸石与硫铁矿的密度差将两者分开。跳汰机具有高分选效率和良好的分选效果，可获得品位较好的硫精矿，是煤矸石硫铁矿分选领域的主要设备。跳汰分选法是根据被选矿物的密度差异，在垂直升降的变速水流中实现不同密度矿物的松散分层和分离的方法。根据结构和水流运动方式的不同，目前国内外使用的跳汰机主要有隔膜跳汰机、动筛跳汰机、空气脉动跳汰机等。

3.2 煤矸石提取氧化铝技术及工艺

煤矸石中含有大量的 Al_2O_3，其质量分数一般可达到 15%～50%。铝元素的提取和利用是煤矸石综合利用的重要方向。我国内蒙古中西部以及山西北部等地区存在大量高铝煤矸石和高铝煤炭，这些高铝煤矸石或高铝煤炭经脱碳处理后，其氧化铝含量高达 40%～50%，相当于中等品位的铝土矿。这种高铝含量的资源是我国特有的、具有开发价值的非铝土矿含铝资源。我国是氧化铝生产和消费大国，2023 年 10 月我国氧化铝产量 705 万 t，同比增长 1.3%。我国对氧化铝的需求量大于产量，而需求缺口主要来源于进口。随着原铝产量的扩张，国内铝土矿供应已经不能满足需求，因此对国外铝土矿的依赖程度越来越高。从高铝煤矸石中提取氧化铝可有效补充我国铝土矿资源的不足。

我国从煤矸石中提取氧化铝的研究可以追溯到 20 世纪 50 年代，目前主要形成了两类典型的技术，即酸法和碱法。2015 年 4 月，国内首条可以综合提取铝、铁、钛等多种有价元素的煤矸石资源化利用生产线在贵州省六盘水红果经济开发区紫森源集团投资有限公司实现投料生产，这标志着我国煤矸石资源化利用从基础研究向工业化生产迈出了重要一步。每加工 1 t 煤矸石，大约可产出 150 kg 铁红、250 kg 氢氧化铝、40 kg 金属钛及 600 kg 硅。

3.2.1 煤矸石提取氧化铝的基本原理

煤矸石作为典型的铝硅酸类固体废弃物，普遍存在于高岭石或莫来石、石英等晶相矿物中，其中莫来石和高岭石分别具有架状结构和层状结构，是最主要的含铝矿物。

煤矸石中主要含铝矿物是高岭石（$Al_2O_3 \cdot 2SiO_2 \cdot 2H_2O$），为三斜晶系，属二八面体 1∶1 型层状结构硅酸盐矿物，其晶体结构如图 3-1 所示。高岭石的晶体结构特点为每个（Si—O）四面体[SiO_4]中有三个 O 与其他相邻的（Si—O）四面体共享，剩余的一个 O 朝向同一方向，形成一个平面层。每个 Al 同时和两个 O 和四个 OH 相连，即 Al 填充在两个 O 和四个 OH 形成的八面体空隙之中，但 Al 的配位数为 6，只填充所有空隙数的 2/3。一个 Al 与两个 O 和四个 OH 相连构成一个氢氧铝八面体平面层。一个氢氧铝层与一个 Si—O 四面体层相结合，形成一个单分子层。无数单一分子层之间主要以氢键相连，叠合形成高岭石长程有序的晶体结构，结构稳定，化学反应性差。

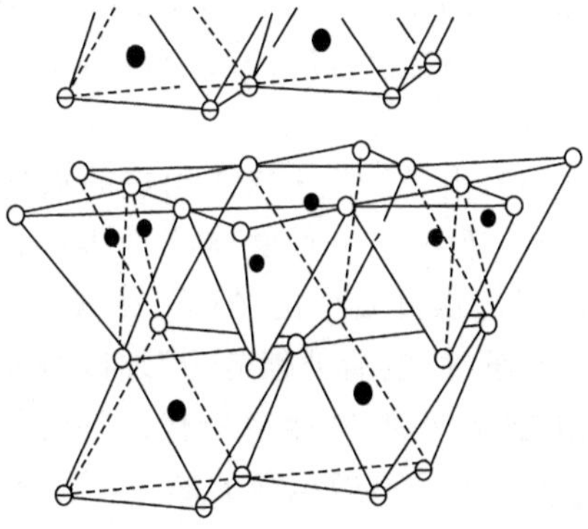

图 3-1　高岭石晶体结构

通常情况下，煤矸石中的铝硅酸盐类矿物化学性质稳定，氧化铝难以直接提取，需要采用一定工艺处理后才能得到所需产品。该工艺既要通过活化、浸取、分离等工序完成一系列的物理、化学变化，尽可能多地提取氧化铝，同时又要避免杂质离子的溶出，且使得残渣具有合适的化学和矿物组成，以实现其直接利用。

3.2.2　煤矸石活性激发

活性激发的方法主要包括热活化、化学活化、机械活化以及各种活化方式相结合的复合活化等。在这些活化方式中，热活化由于工艺简单、效果显著而得到最广泛的应用。煤矸石中的主要含铝矿物为高岭石，通常采用热活化即可达到显著的活化效果。此外，矿物加工过程中，常常需要进行破碎、粉磨等工序，相比其他活化方式，机械活化更易于在工业中应用，并且常常与其他活化方式结合使用。

1. 热活化

热活化是通过高温加热的方式使煤矸石中的各微粒产生剧烈的热运动，从而形成热力学不稳定结构的活性激发方法。在这个过程中，高温使煤矸石在燃烧脱碳的同时，还会脱去硅铝酸盐矿物中的结合水，破坏其内部分子结构。因此经过热处理后的煤矸石中含有大量的活性氧化铝和氧化硅。高岭石在 450～980 ℃发生脱羟基反应转变为高活性的偏高岭石，其转化过程为：高岭石晶体结构中的羟基在热作用下逐渐脱去，转变成偏高岭石。在这一阶段，羟基的脱除使高岭石结构中 Al 原子的配位方式由六配位变为五配位和四配位，而且化学键的断裂导致高岭石中原来的铝氧八面体结构层发生严重畸变和破坏，偏高岭石晶格中存在大量缺陷，长程有序结构被打破，转变为高活性偏高岭石，呈现非晶态结构。

2. 化学活化

化学活化是通过添加化学试剂使其与矿物组分发生化学反应而形成具有反应活性矿物的活性激发方法。利用 Na_2CO_3、NaOH 等钠助剂以及 $CaCO_3$、$Ca(OH)_2$ 等钙助剂在高温下破坏煤矸石中稳定的高岭石和莫来石结构。其中，CaO 可以使 Al_2O_3 和 SiO_2 组成的化合物（如莫来石）转化为含钙铝硅酸盐物相，而含钙铝硅酸盐的化学反应活性远高于莫来石。在这些物质中，钙长石[$CaO \cdot Al_2O_3 \cdot 2SiO_2$（$CAS_2$）]可溶于酸，而 $12CaO \cdot 7Al_2O_3$（$C_{12}A_7$）在 Na_2CO_3溶液中有很高的溶出率。通过化学活化，莫来石等铝硅酸矿物在 CaO 作用下转变为钙长石等含钙铝硅酸盐，这些含钙铝硅酸盐可经酸浸或碱浸，将固相铝提取转化为液相铝盐，实现铝的浸取。

在 Al_2O_3和 SiO_2体系中加入 Na_2O，由 $Al_2O_3 \cdot SiO_2$组成的铝硅酸矿物（如莫来石、偏高岭石等）可以转化为霞石（$NaAlSiO_4$）。霞石是一种酸溶活性很高的非晶态物相，与酸反应可以将其中的 Al_2O_3溶解出来，从而促进煤矸石中的 Al_2O_3在酸中溶出。

钠、钙助剂活化煤矸石这一现象可通过“电荷补偿效应”加以解释。当晶体中取代杂质离子与晶体中相应的被取代离子的氧化态不同时，产生的取代缺陷将带有二价的有效电荷。为保持体系的电中性，晶体中将产生出带有相反有效电荷的缺陷，使取代缺陷的电荷得到补偿。

3. 机械活化

机械活化主要是通过机械粉磨的方式改变矿物粉体颗粒的粒度及微观结构的活性激发方法。机械活化不仅可以显著增强铝、铁、硅等离子的浸出效果，降低过程温度和试剂消耗，提高产品的回收率，而且由于其易于在工业实践中应用的特点，为煤系固废的资源化利用开辟了一个新的领域。根据机械活化产生的作用，可将机械力的作用归结为物理效应、结晶状态以及化学变化。

3.2.3 氧化铝的提取

活化后的煤矸石通过酸法和碱法提取氧化铝。酸法是用硫酸、盐酸等无机酸将煤矸石、粉煤灰中的 Al_2O_3浸取得到铝盐溶液，并将铝盐溶液进一步加工成各种铝产品，如结晶铝盐、氧化铝和絮凝剂等。发生的主要反应如下：

$$Al_2O_3 + 6H^+ \longrightarrow 2Al^{3+} + 3H_2O \tag{3-1}$$

酸法多使用强酸（如盐酸、硫酸和硝酸等）作为浸取剂。其优点是易于实现铝硅分离，对于原料的铝硅比要求不高，因此适用于高岭土、煤矸石、粉煤灰等铝硅比低的矿物或废弃物。其主要缺点为铝的溶出率不高，同时需要昂贵的耐酸设备，酸液的回收较困难，铝盐溶液的除铁也较困难。

碱法提取氧化铝主要源于铝土矿生产氧化铝的方法，它是利用 NaOH 或 Na_2CO_3 将煤矸石、粉煤灰中的氧化铝转变成铝酸钠溶液。在碱性溶液中铁是不溶的，而其他氧化物和氢氧化物也对碱保持惰性，从而易于实现铝与铁、钙、镁等其他杂质的分离。主要反应如下：

$$Al_2O_3 + Na_2O + 4H_2O \longrightarrow 2NaAl(OH)_4 \tag{3-2}$$

然而，原料中的含硅矿物与 NaOH 或 Na_2CO_3 溶液作用会生成溶解性良好的偏硅酸钠，而偏硅酸钠会与铝酸钠反应转变成溶解性较差的水合铝硅酸钠。因此，碱法提取氧化铝主要需克服原料中含硅矿物的影响。原料含硅越多，转变为不溶性的沉淀则越多，提取的氧化铝就越少。

3.2.4 分离和除杂

通过酸法或碱法将粉煤灰/煤矸石中的氧化铝转化为含铝盐的液相，如氯化铝、硫酸铝、铝酸钠溶液等，需要将这些铝盐从溶液中分离出来。尤其是由酸法得到的氯化铝或硫酸铝溶液中常常含有铁、钙、钠等杂质，因此铝盐的分离尤为困难。针对不同的生产工艺，分离的方法会有所差异。

1. 分离

结晶法是一种将铝盐直接从溶液中结晶析出的方法，常用的结晶法有蒸发结晶、变温结晶、同离子结晶、反应结晶等。蒸发结晶是将溶液直接浓缩，通过水的蒸发使目标物相在溶液中达到过饱和而析出的方法。变温结晶是通过改变溶液体系的温度，使目标物相达到过饱和而使其析出的方法。同离子结晶是利用同离子效应促进目标物相达到过饱和而结晶析出的方法。反应结晶，也叫反应沉淀，是通过化学反应产生难溶或不溶的固相物质而使目标物相析出的方法。

煤矸石经盐酸或硫酸浸取后形成含氯化铝或硫酸铝的浸取液，因煤矸石成分复杂，浸取液中除含有铝盐外，还含有铁、钙、镁等杂质的盐类物质。因此，铝盐的分离需要考虑杂质的影响。

氯化铝和硫酸铝溶液通常采用蒸发结晶的方法得到 $AlCl_3 \cdot 6H_2O$ 和 $Al_2(SO_4)_3 \cdot 18H_2O$ 产品。此法操作简单，但随着水分的蒸发，杂质也随之析出，导致蒸发结晶杂质夹带量大，难以制备高纯度的产品。为了控制杂质的夹带，常常需要进行二次或多次重结晶，但这会增加能耗。为了降低能耗，常用多个蒸发结晶器集成的多效蒸发法，使操作压力逐级降低，以便重复利用热能。同时，为了降低结晶能耗，提高产品品质，在工业上常常结合同离子结晶和反应结晶等方法。

同离子结晶多用于氯化铝的结晶过程。这是基于 $AlCl_3$ 和其他杂质氯化物的溶解度随溶液中盐酸浓度的变化而呈现不同的变化规律。通入 HCl 气体使 $AlCl_3 \cdot 6H_2O$ 结晶析出，随着盐酸浓度的增大，$AlCl_3$ 的溶解度显著降低，而作为主要杂质的 $FeCl_3$、KCl 等的溶解度随酸浓度的增加变化不大。因而，可以通过调整溶液酸浓度，在得到 $AlCl_3 \cdot 6H_2O$ 结晶的同时控制杂质的析出，实现高效结晶和杂质的有效分离。

反应结晶主要包括盐析结晶和中和结晶。盐析结晶是一种将溶解度较大的物质转变为溶解度较小的物质，使其结晶后再进行分离的方法。这种方法常用于分离硫酸铝。硫酸铝的溶解度比较大，但 $NH_4Al(SO_4)_2 \cdot 12H_2O$ 的溶解度较小，尤其是在低温下，其分子中含有 12 个结晶水，可以进一步促进结晶。因此，在煤矸石经硫酸浸取形成硫酸铝溶液后，可加入硫酸铵，使其形成 $NH_4Al(SO_4)_2 \cdot 12H_2O$，然后在较低温度下结晶，并在 800 ℃左右分解生成 Al_2O_3，从而实现铝与其他杂质的有效分离，同时制备高品质产品。

煤矸石经盐酸或硫酸酸浸后形成的氯化铝和硫酸铝浸取液呈酸性，在该溶液中加入 NaOH 或氨水，通过控制溶液的 pH 值，可以得到 $Al(OH)_3$ 沉淀，从而实现铝与杂质的有效分离。这种分离方法称为中和结晶。

2. 除杂

煤矸石中除含有大量的铝硅酸盐矿物外，还含有铁、钙、钾、镁等杂质元素，这些杂质严重影响到氧化铝的溶出、分离和产品生产过程。一般而言，铁在这些杂质中的含量及对氧化铝提取过程的影响最大。目前，除铁方法按照处理方式的不同，可分为磁选除铁、氯化焙烧除铁、酸浸除铁、萃取除铁等。

磁选除铁是工业上常用的除铁方法。磁选除铁的基本原理是将原料中的含铁矿物在磁场中进行磁化，磁场对不同的含铁矿物有不同的磁场效应，即含铁矿物磁化率越大，磁场对该矿物的磁化作用越大。强磁性矿物主要有磁铁矿、磁赤铁矿、钛磁铁矿、锌铁尖晶石和磁黄铁矿等，它们的质量磁化率一般大于 $3.8\times10^4\ m^3/kg$，是磁选法最易处理、最重要的磁选对象，采用磁感应强度为 0.12～0.15 T 的弱磁场磁选机即可实现磁选分离。弱磁性矿物主要有赤铁矿、褐铁矿、菱铁矿、钛铁矿、铬铁矿等，其质量磁化率为 0.126～7.5 m^3/kg，这类矿物需要磁感应强度为 1～2 T 的强磁场磁选机才能实现磁选分离。为了提高磁选效率，通常对原料进行磁化处理，即通过对原料在 600～700 ℃进行还原焙烧，将弱磁性含铁矿物转化为具有强磁性的磁性赤铁矿或磁铁矿，还原剂通常采用炭质还原剂。

氯化焙烧除铁是将矿物原料与氯化剂（如氯化铵、氯化钠或氯气）混合，在一定的温度范围（800～1 000 ℃）和还原气氛下进行焙烧，物料中的铁或氧化铁转变为气态的 $FeCl_2$ 或 $FeCl_3$ 等，从而与矿物分离，达到除铁的目的。该方法是一种很有发展前景的方法，但弊端是整个反应过程的各个阶段需要加热且严格控制温度，产生的气态物质回收难；另一方面，氯对设备的腐蚀严重，过程中产生的氯气易引发安全问题。

酸浸除铁是在低温条件下，利用盐酸或硫酸等无机酸与原料中的含铁矿物发生反应，使铁溶解出来。低温酸浸时，Al_2O_3 在酸中的溶出率较低，而 Fe_2O_3 则有较高的溶出率，从而实现铝铁分离。当用盐酸浸取煤矸石中的氧化铝时，氧化铁在高浓度盐酸中有较高的溶出率，而氧化铝在浓盐酸中的溶出率较小。基于此差异，可先利用浓盐酸（>35%）将铁浸出，以达到除铁的目的。

萃取除铁广泛用于湿法冶金中金属离子的分离，尤其是对性质相似的金属离子有很好的选择性。它基于不同金属离子所形成的化合物在互不相容的两相中分配比的差异，使金属离子从水相进入有机相而达到与其他金属离子分离的目的。我国早在 20 世纪 60 年代就开展了萃取除铁的研究，使用的介质包括盐酸、硫酸、磷酸、硝酸等。常用的萃取剂包括胺类萃取剂、磷类萃取剂和中性含氧类萃取剂，其中胺类包括伯胺、仲胺、叔胺以及季铵盐。在盐酸或硫酸体系中胺类和有机磷类萃取剂的研究最为广泛，主要基于离子缔合物的萃取机理。传统的溶剂萃取除铁技术比较成熟，目前在工业上得到广泛应用。但许多萃取剂都有毒、易燃、易爆，不仅如此，一些易挥发的有机溶剂如甲苯、氯仿、煤油在萃取过程中作为稀释剂，给人类健康和操作环境带来安全隐患。

3.2.5 煤矸石提取氧化铝存在问题及展望

国内从煤矸石中提取氧化铝的研究虽取得了很大进展，但目前大部分仍局限于实验室研究，工业化进程较慢，其主要原因有以下几个方面。

（1）处理成本高，过程经济性差。煤矸石自身活性较差，杂质组分多、含量大，转化为氧化铝产品需要经过活化、浸取、除杂等多道工序，工艺流程长，过程中需要的原料多，导致处理成本高，经济性差。

（2）产生二次污染。煅烧过程中会产生 CO_2、SO_2 等废气，而产品制备过程中也会产生大量难以处理的废液、废渣。

（3）除杂、设备和防腐等关键技术仍未突破。如浸取液以及产品除杂技术仍未获得突破，浸取液的循环利用难度大，产品品质难以提升；提取均是在强酸、强碱环境下操作，对设备耐酸碱腐蚀的要求高，设备腐蚀问题也成为产业化应用的重要障碍之一。

因此，从煤矸石中提取氧化铝的产业化道路仍很漫长，很多关键技术仍需进一步突破。今后重点攻关的方向主要有：解决酸法设备材质腐蚀以及烧结法能耗高的问题；探索新的工艺路线，用更经济的手段提取氧化铝并实现铝与杂质的有效分离；进行多元化产品设计，实现煤矸石全流程、多组分清洁利用，降低二次污染。

3.3　煤矸石制备白炭黑

白炭黑是白色粉末状无定形硅酸和硅酸盐产品的总称，主要是指沉淀二氧化硅、气相二氧化硅、超细二氧化硅凝胶和气凝胶，也包括粉末状合成硅酸铝和硅酸钙等。白炭黑是多孔性物质，其组成可用 $SiO_2 \cdot nH_2O$ 表示，其中 nH_2O 是以表面羟基的形式存在的。白炭黑能溶于苛性碱和氢氟酸，不溶于水、溶剂和酸（氢氟酸除外），耐高温，不燃，无味，无臭，具有很好的电绝缘性。白炭黑被广泛用作橡胶、塑料、合成树脂等材料的填充剂，也可以作为润滑剂和绝缘材料。

3.3.1　白炭黑的制备

白炭黑的制备分为物理法和化学法。物理法一般是指机械粉磨法，通常使用超微气流粉碎机或高能行星式球磨机将 SiO_2 的聚集体粉碎，从而获得粒径为 1～5 μm 的产品。该法工艺简单，但易带入杂质且难以分离，粉料性质难以控制，制粉效率低且产品粒径分布较宽。化学法主要包括沉淀法、气相法、凝胶法、微乳法等。

1. 沉淀法

沉淀法又叫硅酸钠酸化法，采用水玻璃与酸溶液（一般为 H_2SO_4）反应，经沉淀、过滤、洗涤、干燥和煅烧等步骤制得白炭黑。反应式为：

$$Na_2SiO_3 + 2H \longrightarrow SiO_2 + 2Na + H_2O \tag{3-3}$$

沉淀法是最常用的方法，具有试验流程简单、成本低廉、设备投资少、便于规模化生产等优点。目前，沉淀法已经占据白炭黑生产市场约 80％的份额。

2. 气相法

气相法主要为化学气相沉积法。该法以 $SiCl_4$、O_2、H_2 为原料，在高温下反应生成白炭黑。该技术分为两个步骤。

（1）将空气和氢气分别经过加压、分离、冷却脱水、硅胶干燥、除尘过滤后送入合成水解炉。

（2）将 $SiCl_4$ 原料送至精馏塔精馏后，在蒸发器中加热蒸发，并以干燥、过滤后的空气为载体，送至合成水解炉。$SiCl_4$ 在高温下（火焰温度 1 000～1 800 ℃）气化后，与一定量的 H_2 和 O_2（或空气）在 1 800 ℃左右的高温下进行气相水解；此时生成的气相二氧化硅颗粒极细，与气体形成气溶胶，不易捕集。因此，首先使其在聚集器中聚集成较大颗粒，然后经旋风分离器收集，再送入脱酸炉，用含氮空气吹洗气相二氧化硅至 pH 值为 4～6 即为成品。其化学反应原理如下：

$$SiCl_4 + 2H_2 + O_2 \longrightarrow SiO_2 + 4HCl \tag{3-4}$$

3.3.2　白炭黑的用途

1. 沉淀法白炭黑在轮胎中的应用

白炭黑最初仅用于装饰轿车轮胎的白胎侧胶条，但随后其用途逐渐扩大，目前已广泛应用于轮胎的各部件。在轮胎胎面胶中用白炭黑，特别是高分散性沉淀法白炭黑与偶联剂并用可同时提高轮胎寿命（改善耐磨性）和安全性（改善抗湿滑性），降低燃油消耗（减少滚动阻力），因此，目前国外轮胎生产厂家多在胎面中使用高分散性白炭黑，以有效改善轮胎性能。

此外，沉淀法白炭黑还可用于轮胎胎体和带束层中，以改善胶料与钢丝帘线的黏合力（例如间-甲白体系）。在轮胎胎侧胶中用白炭黑部分代替炭黑可大幅度提高胶料的耐久性能，改善其耐屈挠性和抗冲击性。在轿车和载重轮胎的胎包布中使用白炭黑可保持胶料的尺寸稳定性，并提高其抗机械损伤的能力。

2. 气相法白炭黑在涂料中的应用

(1) 消光剂

气相法白炭黑折光指数为 1.46，与成膜树脂的折光指数接近，对漆膜颜色没有影响。在成膜过程中迁移到漆膜表面，能使漆膜表面产生预期粗糙度，明显地降低其表面光泽，是一种良好的消光剂。

(2) 流变助剂

流变性是涂料的重要性能，直接影响到涂料的外观、施工性能及贮存稳定性等方面。不同涂料体系对流变助剂的要求也有所差异。对于油性体系而言，大部分流变助剂都是通过形成氢键而起作用的。未处理的气相法白炭黑聚集体表面含有多个羟基，其中一部分是孤立的、未受干扰的自由羟基；另一部分是连生、彼此形成氢键的键合羟基。这一特性赋予了油性涂料非常好的贮存性能和施工性能，特别适用于厚浆型涂料（如船舶漆），既可以保证涂料在一定的施工剪切力下有良好的流动性，又能保证涂膜一次施工时的厚度。同时，气相法白炭黑由于能够通过形成氢键而提高体系的中低剪切黏度，从而起到增稠作用。因此，气相法白炭黑在油性体系当中的应用非常广泛。在水性体系中，由于水分子也会与气相法白炭黑形成氢键，大大影响其作用。所以通常需要对其表面进行封端处理，并引入氧化铝等改性剂，利用配位效应产生流变作用，以避开水的影响。

(3) 防沉剂

气相法白炭黑是一种理想的防沉剂，它形成的氢键结构非常均匀稳定，而且是三维网状结构。因此，在涂料体系，特别是色浆体系中，它对于防止涂料体系中颜料的沉淀非常有效。气相法白炭黑的防沉作用对涂料存放非常有利，特别是某些颜料（如金属粉和薄片）极易沉淀，使用气相法白炭黑可保证其分散而不沉淀，明显改善涂料的开罐性能。

(4) 抗耐磨剂

气相法白炭黑经过甲基丙烯硅烷进行表面处理后，可以添加到聚氨酯涂料中，以提高其耐摩擦性能。加入 5%～15%的气相法白炭黑可使耐摩擦性提高 10%至 35%，同时不会对涂料的流变性能和干膜的光学性能产生负面影响。此时，添加大量的气相法白炭黑应该认为是活性填料，而不是助剂。

3.4 煤矸石制备高岭土技术及工艺

高岭石质煤矸石（又称煤系高岭土或煤系高岭岩）是以高岭石或其他黏土矿物为主要矿物成分的煤层矸石，可与煤层同时进行开采。高岭石质煤矸石的颜色通常呈黑灰色、褐色等，具有土状光泽，形状一般为块状或砂石状，断口为瓷状断口，相对密度为 2.4～2.8，硬度为 3～4。表 3-1 列出了我国主要高岭石质煤矸石中高岭石含量。

表 3-1　我国主要高岭石质煤矸石中高岭石含量

产地	赋存状态	高岭石含量/%	产地	赋存状态	高岭石含量/%
大同	夹矸	95～99	乌达	层间	92～97
阳泉	夹矸	93～98.8	海勃湾	层间	92～98
西山	夹矸	95～99	兴隆	层间	90～97
兖州	底板	90～96	邢台	顶板	90～95
平朔	层间	90～98	石嘴山	夹矸	92～98
肥城	层间、夹矸	90～98	石炭井	层间、夹矸	92～98
徐州	层间、夹矸	92～97	伊犁	层间	90～96
焦作	本溪组	90～93	大青山	层间、夹矸	90～96
淮北	层间	92～95	韩城	夹矸	90～97
铜川	夹矸	93～98	北票	夹矸	90～97
蒲白	夹矸	93～96	通化	夹矸	90～97
府谷	层间、夹矸	90～98	淄博	层间、夹矸	92～98

国外煤矿中的高品质高岭石质煤矸石矿层厚度较薄，通常不足十几厘米，很难经济地开采、选别，并实现高附加值的工业应用。虽然欧洲发达国家曾做过不少研究，但主要涉及资源特征分布与地质成因方面，对于高岭石质煤矸石的合理开发与高效综合利用的内容却鲜有报道。我国高岭石质煤矸石的发现与研究始于 20 世纪 50 年代末，矿层厚度多在 10～60 cm 之间，有的煤田高岭石矿层厚度可达 100 cm。过去，这些矿石仅被当作煤夹矸用于陶瓷、耐火材料、建筑材料等工业领域，未能充分利用其中的有用成分，导致这一可利用资源的极大浪费。

3.4.1　高岭石质煤矸石煅烧技术原理

高岭石质煤矸石是一种高纯度的高岭石矿物，但是不能像普通软质高岭土那样作为白色颜料和填料直接应用于需要的工业领域（塑料、橡胶、造纸等）中，这是由于与煤伴生，含有一定量的陈腐有机质（煤），其自然色泽呈黑、灰、褐色。通常需要对高岭石质煤矸石进行脱色处理后方可应用。随着煅烧高岭土工艺的产生，以及燃烧高岭土的特性不断被工业领域所认识和接受，燃烧高岭土的用量逐年增加。煅烧处理高岭石质煤矸石的目的有三种：改变颜色（脱碳变白）；改变化学活性；获得新的结晶产物（如铝硅尖晶石、莫来石等）。

高岭石质煤矸石可以简单概括为高岭石矿物与煤矸石的混合物，因此高岭石质煤矸石的煅烧过程可以表达为高岭石脱羟反应与煤矸石脱羟反应的综合效应。

1. 高岭石脱羟反应

高岭石是一种典型的 1∶1 型层状硅铝酸盐矿物，由 Si—O 四面体和 Al—O(OH) 八面体组成的片层构成。由于 Al—O(OH) 八面体的化学键较弱，当高岭石矿物被加热到 450 ℃左右时，其层间的羟基会解离，并以水的形式逸出，高岭石由原来的 1∶1 型层状结构变成无定形结构，此过程为吸热反应，反应式为：

$$Al_2Si_2O_5(OH)_4 \longrightarrow Al_2Si_2O_7 + 2H_2O \tag{3-5}$$
$$\Delta H = -773\ kJ/kg$$

2. 煤矸石脱羟反应

在脱羟过程中，需要断开氢氧键以及四面体与八面体层之间的键，此外，还需要克服水分子在气体层间扩散的阻力。所有这些阻力限制了脱羟反应的速度，而活化能的数值是这些阻力的一个度量。普通高岭土的活化能通常在 140～280 kJ/mol 之间。

高峰等人研究了煤矸石脱羟反应动力学参数。研究表明煤矸石脱羟活化能在 126～144 kJ/mol 的范围内，明显低于普通高岭土的脱羟反应活化能。这表明煤系高岭土中高岭石的结晶度较差，出现的晶格缺陷比较多，导致氢氧键容易断裂。这也说明煤系高岭土的脱羟的总阻力相对较小。煤的可燃成分包括挥发分及固定碳，在空气气氛下，煤与空气中的氧发生燃烧反应，其反应通式为：

$$C + O_2 \longrightarrow CO_2 \tag{3-6}$$

$$C_mH_n + (m+n/4)O_2 \longrightarrow mCO_2 + (n/2)H_2O \tag{3-7}$$

3.4.2 高岭石矿物在煅烧过程中的变迁

我国煤矸石的主要构成矿物是高岭石，其矿物成分高达 90%～95%，有的甚至更高。由于煤矸石中含有有机质、固定碳及杂质矿物，在对其煅烧时，会发生热分解、重结晶、脱碳等复杂的化学变化。这些变化对高岭石质煤矸石煅烧产物的性能和质量有重大影响，所以必须对高岭石矿物在煅烧过程中的行为进行论述。

1. 除湿阶段

这个阶段是高岭石矿物脱除吸附水(湿存水)的过程，其温度通常小于 110 ℃。在此温度下，渗入高岭石裂隙及孔隙中的自由水、大部分吸附水和一些层间水会逐渐脱出，使矿物原料变得干燥。从热力学的角度分析，这个阶段是个吸热过程。这个阶段高岭石矿物本身不发生化学反应。

2. 脱羟-除碳阶段

这个阶段的温度为 100～925 ℃。随着温度升高，高岭石矿物开始燃烧，首先是被离子电性吸附的胶体水和结晶水逸出，接着矿物晶体结构中以羟基形式存在的结构水逸出。大约在 925 ℃时，高岭石矿物中各种形式的水全部脱除。这个阶段的脱水过程虽是渐进和连续进行的，但在不同温度区间范围内，不同形式水的脱除顺序和速度是不同的。一般在 110～400 ℃时，胶体水和结晶水迅速脱除；在 400～450 ℃时，结构水开始缓慢脱除；在 450～550 ℃时，结构水迅速脱除，以后速度减慢；在 550～925 ℃时，结构水及其他残余水全部脱除。在这个阶段，高岭石质煤矸石除发生脱水外，还会发生其他形式的化学反应。如在 450～750 ℃时，晶体结构的高岭石转变成为无定形结构的偏高岭石，反应式如下：

$$\underset{\text{(高岭石)}}{Al_2O_3 \cdot 2SiO_2 \cdot 2H_2O} \longrightarrow \underset{\text{(偏高岭石)}}{Al_2O_3 \cdot 2SiO_2} + 2H_2O \tag{3-8}$$

此外，在脱羟-除碳阶段，偏高岭石一般不会重新结晶。与高岭石伴生的炭质、有机质在空气气氛下经历煅烧和脱除的过程，从而使煅烧产物颜色增白，其他性能也会相应变化。因此，这个阶段又称为除碳阶段。

脱羟-除碳阶段的煅烧效果对高岭土煅烧产品的质量影响极大，这个阶段是燃烧的关键阶段。经过这个阶段煅烧的高岭土产品，只要按要求控制温度和气氛，一般都能满足应用要求，不需要再进行提温燃烧。如有特殊需求，或生产高温晶相产品，则需要继续加温，进行过烧处理。

3. 过烧阶段

高岭石的高温过烧阶段是指燃烧温度高于 925 ℃的燃烧过程。由高岭石燃烧形成的偏高岭石，从 925 ℃开始转化形成一种新晶相矿物，同时热解出 SiO_2，反应式为：

$$\underset{\text{(偏高岭石)}}{2(Al_2O_3 \cdot 2SiO_2)} \longrightarrow \underset{\text{(铝硅尖晶石)}}{2Al_2O_3 \cdot 3SiO_2} + SiO_2 \tag{3-9}$$

当继续加热至 1 050～1 100 ℃时，铝硅尖晶石便开始转化为似莫来石，一种新的晶相矿物。似莫来石晶体结晶较差，晶体呈细小针状、长柱状，并热解出 SiO_2，反应式为：

$$\underset{\text{(铝硅尖晶石)}}{2Al_2O_3 \cdot 3SiO_2} \longrightarrow \underset{\text{(似莫来石)}}{2Al_2O_3 \cdot SiO_2} + 2SiO_2 \tag{3-10}$$

若继续加热，达到 1 100～1 400 ℃时，似莫来石就会转变成为莫来石，反应式如下：

$$\underset{\text{(铝硅尖晶石)}}{3(2Al_2O_3 \cdot 3SiO_2)} \longrightarrow \underset{\text{(莫来石)}}{2(3Al_2O_3 \cdot 2SiO_2)} + 5SiO_2 \tag{3-11}$$

在温度达到 1 200～1 400 ℃时，莫来石晶体快速长大。这种人造矿物的晶体呈针状或柱状，其相对密度为 3.15，熔点高达 1 810 ℃，具有良好的抗热震性和化学惰性，是一种高级耐火材料。生成莫来石的同时，还热解出 SiO_2。1 200 ℃下的 SiO_2 呈等轴晶系的八面体或立方体，称为方英石。

高岭石质煤矸石的煅烧温度区间以及高岭石在各阶段的行为不是一成不变的，更不能作为一个固定模式，它与矿石类型、结晶度、杂质及工艺条件等因素的差异有着密切关系。

3.4.3　煤矸石中杂质矿物在煅烧过程中的变迁

煤矸石中，除主要矿物成分高岭石之外，还有其他多种杂质。这些杂质主要包括炭质、含铁钛矿物等。这些杂质的存在，严重影响了高岭石质煤矸石的工艺品位，必须通过适宜的工艺方法将它们减量或去除，才能加工制备出高质量的高岭石深加工产品，其中煅烧就是重要手段之一。

1. 炭质

炭质一般与高岭石伴生，这是煤系高岭岩（土）的主要特点。炭质主要包括煤屑、植物化石、炭膜等。由于这些炭质的存在，高岭石质煤矸石呈现灰色，甚至黑色。脱碳增白，是煤矸石燃烧处理的主要目的之一。

煅烧高岭石质煤矸石时，随着温度的升高，首先发生碳氢化合物的热解反应。当达到燃烧温度时，发生氧化反应释放热能。如果氧气供应充分，炭质就会被全部氧化生成 CO_2 逸散；如果氧气供应不足，就会生成 CO。生成的 CO 化学性质不够稳定，一部分会排出，一部分会残留在物料中，甚至可能被还原成炭质。如果有 FeO 的参与，这种还原作用会更为强烈。煤矸石中大量碳的存在，除了造成上述高岭土变黑，煅烧过程需要消耗大量能源等弊端外，碳在煅烧过程中也会发生放热反应，提高炉温，降低热耗。同时，碳还具有强还原性，在煤矸石加热过程中，它可以促使一些金属离子呈还原态，从而提高产品白度。

2. 铁、钛矿物

铁、钛矿物的种类较多，是煤矸石中常见的染色成分。由于它们的存在，高岭石质煤矸石被染成红褐色、灰红色、浅黄色等。在煅烧过程中，这些矿物会发生一系列化学反应。无论是氧化气氛，还是还原气氛，高温时，铁质矿物除反应产物中的 H_2O、CO_2、CO 和 SO_2 变成气相逸出之外，铁离子只是转移到新生成的矿物之中；含钛矿物更为稳定，经过煅烧只是发生晶相和晶形的改变。铁、钛矿物化学成分并未改变，也未脱除，仍然保留在高岭土煅烧产品中，只有采取其他有效的措施才能将其去除。

3.4.4 影响煤矸石煅烧产品质量的因素及控制方法

1. 原料粒度

原料的粒度决定了煅烧生产的温度条件、生产效率和产品质量。原料粒度大，颗粒内部的固定碳质不易脱除，影响煅烧产品白度，对煅烧产品再粉碎的最终白度影响更大。原料粒度小，表面积大，脱固定碳较容易，炭质易燃烧逸出，恒温时间短，煅烧产品的白度较高。通常，高岭石质煤矸石的适宜煅烧温度为 880～1 100 ℃。

原料粒度还会影响煅烧产品的使用特性。用普通水洗高岭土和高岭石质煤矸石生产煅烧高岭土的最大差别是前者粒度细小，保留原生细微矿物颗粒形态，而后者因矿物颗粒经胶结成岩，颗粒粗，致使用两种矿石生产的煅烧高岭土在空隙体积方面差别明显。为了使煤矸石作原料生产出的煅烧高岭土具有与水洗高岭土作原料生产的煅烧高岭土相近的松厚度、孔隙率，需要使高岭石质煤矸石在煅烧前尽量粉碎到最细的程度，以获得最优的煅烧效果，以此来弥补煤矸石生产煅烧高岭土的天然不足。

2. 煅烧工艺条件

(1) 煅烧温度对物料白度的影响

当煅烧温度较低时，物料的白度有降低的趋势。随着煅烧温度的上升，物料的白度在 400～800 ℃区间有明显的增加。然而，随着煅烧温度的继续上升，物料白度的增加趋势变得较为缓慢，此时物料的白度值接近于物料自身的白度。通常情况下，工业部门要求煅烧高岭土的白度(R457)达到 85%以上即可，电缆工业对煅烧高岭土的白度不做要求。但是，当工业部门对煅烧高岭土白度有较高要求时(如煅烧高岭土用作刮刀涂布铜版纸的表层涂料)，通常采用辅助增白方式，如物理法、化学法、生物或其他方法脱除高岭土中其他染色氧化物(氧化铁、氧化钛等)或遮蔽其颜色。此外，高岭土的晶型转变也可以提高高岭土煅烧产物的白度。

(2) 恒温时间对物料白度的影响

对于粒度小、固定碳含量比较少的煤矸石，较短的煅烧时间就可以达到较高的白度；对于粒度较大、固定碳含量较大的煤矸石，煅烧所需的时间较长。煤矸石白度增加的过程就是高岭土发生脱碳反应的过程，煤矸石的白度主要受其内部碳含量的影响。

3.4.5 煤系高岭土的煅烧工艺及选择

煤矸石生产煅烧高岭土的工艺主要包括两个部分：粉碎超细过程与煅烧增白过程。具体工艺流程通常包括原料破碎、原料研磨、煅烧、细粉化、分散、干燥等工艺环节。根据超细工艺是采用湿法工艺还是干法工艺以及超细工艺与燃烧工艺的前后顺序，可将生产工艺组合为四种，即先湿法超细后煅烧工艺；先干法超细后煅烧工艺；先煅烧后湿法超细工艺；先煅烧后干法超细工艺。

先煅烧后湿法超细工艺的优点是超细物料量少，超细后的物料易于烘干分散。但该工艺的缺点是需要高硬度的湿法超细研磨介质，对高岭土的品质要求较高，对烘干设备材质有较高要求。

先煅烧后干法超细工艺的主要优点在于：工艺流程短，超细处理物料量少，能耗小。但其主要缺点是对原料质量要求高，难以生产出－2 μm 达 90％的超细产品，对超细设备的研磨体有较高要求。

先干法超细后煅烧工艺的优点在于：工艺流程短，能源利用合理。但其不足之处是产品档次难以提高。

先湿法超细后煅烧工艺的优点是合理地安排了超细粉碎工序在生产工艺中的位置，产品细度有保障，放宽了对原料品位的限制。但该工艺的主要缺点是工艺流程较长，对煅烧中间品需要进行分散处理方能获得合格产品。

煤系高岭土煅烧工艺的选择须考虑多个因素，包括原矿性质、产品质量要求、生产规模、设备定型以及投资实力等。目前我国的煤系高岭土生产基本上采用先超细后煅烧和先煅烧后超细两种工艺。而国外的煅烧高岭土则基本上采用提纯、超细、煅烧工艺，这也许同国外使用水洗工艺有关。该工艺不仅考虑了煅烧产品的白度、细度，还兼顾了其他指标，如磨耗值、pH 值、孔隙率、吸油值、分散性等的要求。

3.6　煤矸石制备沸石分子筛技术及工艺

分子筛是一类具有均匀微孔结构的吸附剂或薄膜类材料，主要由硅、铝、氧及其他一些金属阳离子组成，其孔径与一般分子大小相当，可用来筛分各种流体分子。

沸石分子筛是指具有分子筛作用的天然及人工合成的晶态硅铝酸盐。沸石分子筛作为离子交换材料、吸附剂、催化剂等，已普遍应用于石油化工、环保、生物工程、食品工业、医药化工等领域。随着新材料和电子、信息等行业的不断发展，其应用范围已经跳出传统行业，在诸如新型异形分子筛吸附剂、催化剂和催化蒸馏元件、气体和液体分离膜、气体传感器、非线性光学材料、荧光材料、低介电常数材料和防腐材料等方面得到应用或具有潜在的应用前景。

3.6.1　煤矸石制备沸石分子筛的方法

煤矸石含有合成沸石所必备的 Al_2O_3、SiO_2 及少量 Na 等成分，因此可以作为沸石合成的原料，以缓解原料供应紧张的趋势。就目前发展现状来看，沸石分子筛的传统制备方法主要包括原位晶化法、固相-蒸汽法、组合化学水热法等。

1. 原位晶化法

原位晶化法，也称直接生长法，是一种合成分子筛的方法。例如，可以使用正丁胺体系和氨水体系，在原位水热条件下合成 ZSM-5 分子筛。以正丁胺为模板剂合成的分子筛的结晶度可达到 62.1％，而使用氨水作为模板剂的反应效果则很差。对 NH_4Cl 进行吸附试验时，使用正丁胺为模板剂的分子筛表现出良好的成晶效果，吸附基本饱和，对 NH_4^+ 的去除率可达到 93％。此外，还有研究通过原位晶化法成功合成了 Na-A 型分子筛。与传统的水热法相比，所制得的分子筛具有高纯度，并且试验过程中没有产生任何废料。通过单因素分析方法，人们还确定了合成Na-A分子筛的最佳条件。与商业上的NAZ相比，通过原位晶化法合成的分子筛可以作为工业上磷系添加剂的替代品。所制备的Na-A分子筛可用于去除废水中的Ca^{2+}离子，其离子交换率可达到358 mg/g。

2. 固相-蒸汽法

固相-蒸汽法是指将反应原料与水隔开，通过加热使原料在水蒸气的气相中晶化，然后通过骤冷、洗涤和干燥得到分子筛的方法。该合成方法操作简便，但耗时较长，目前尚未广泛应用。一种典型方案是首先将煤矸石进行球磨和烘干处理。然后将少量氢氧化钾(KOH)溶于一定量去离子水中。当氢氧化钾完全溶解后，加入少量铝粉并进行搅拌，然后加入煤矸石粉末，继续搅拌后加入*N*,*N*,*N*-三甲基-1-金刚烷基氢氧化铵(TMAdaOH)。最后加入定量白炭黑，搅拌后，装入聚四氟乙烯内衬的钢制反应釜中，于160 ℃温度下反应6～7 d。待反应结束后，将产物过滤，然后用去离子水洗涤、干燥，得到CHA-x初始样品，其中x代表结晶天数。最后进行洗涤、过滤、干燥。与粉煤灰基CHA沸石分子筛一样经过除模板剂后进行结构表征。

3. 组合化学水热法

组合化学水热法是一种能建立化学库的合成方法，其主要优势是能在短时间内合成大量的化合物，从而达到快速、高效合成与筛选的目的。在组合化学水热法合成沸石分子筛及相关材料时，要考察的因素比较多，包括多种反应原料的选择及配比、反应温度及反应时间等。使用组合化学水热法可以减轻试验工作量和劳动强度，大大提高工作效率。

利用组合化学水热法制备沸石分子筛的方法是在圆形聚四氟乙烯片上钻100个小孔，然后在其上、下表面分别用不锈钢片夹紧，形成100个水热反应器；将不同配比的水热合成液分别置于各反应器中；在一定条件下，和传统水热法一样合成沸石分子筛。

3.6.2 煤矸石制备沸石分子筛产品用途

1. 有害气体去除材料

随着中国能源需求量的日益增加，煤炭消耗导致大量粉煤灰和煤矸石的产生，同时也释放出大量的CO_2温室气体。现代化工业的发展和汽车的普及使空气中的NO_x、VOCs以及一些气态重金属物质对空气造成严重污染。以煤矸石为原料制备的沸石分子筛具有较高的比表面积，可吸附、催化空气中的有害气体，起到空气净化的作用。

近年来，CO_2的治理主要通过捕集、压缩储存和吸附等方法。而将煤矸石作为原料制备沸石分子筛用于CO_2捕集成为一大研究热点。

2. 水处理材料

以煤矸石和粉煤灰为原料合成的沸石分子筛具有较高的阳离子交换容量(CEC)和较强的酸中和能力，不仅可以除去污水中的重金属离子，还可以去除一些有机染料，如氨基黑10B等。

3. 土壤治理材料

城市垃圾焚烧和柴油车尾气中含有大量重金属与二噁英，这些有害物质通过干湿沉降进入周边土壤，甚至会引入一些无法降解的永久性有害物质。这些有害物质具有生物富集效应，可以通过食物链最终进入人体，威胁人类健康。

传统的土壤治理方法是在土壤中加入石灰、铁元素的氢氧化合物以及不同类型的沸石分子筛。其中 P(Ca-P、Na-P)和 K-CHA 都具有较强的阳离子交换能力,可交换出土壤中沉积的重金属离子。研究发现,污染土壤浸出液中 Cd 离子浓度随着土壤中沸石加入量的增加而降低。当土壤/沸石混合物离子交换能力与 pH 值较高时,土壤中的 Cd 离子比较稳定。

3.7　煤矸石在建筑及其他领域的资源化技术原理与工艺

煤矸石中含有与黏土类似的矿物成分,因此煤矸石可以取代黏土作为制砖的原料。一个年产量 1 000 万块普通砖的煤矸石烧结砖厂,每年可以用掉 3 万 t 左右的煤矸石,如果按煤矸石的平均堆高 5 m 来计算,则可以节约 4 400 m^2 的用地。需要注意的是,煤矸石的成分存在很大的差别,高铝、高钙、高铁以及自然煤矸石不适宜用于烧结砖。这些不宜用于烧结砖的煤矸石可以用来制备免烧砖。免烧砖的生产工艺简单,能源消耗低,有较好的经济效益和社会效益。

3.7.1　煤矸石制砖

1. 原料

煤矸石的质量直接决定了矸石砖成型后的硬度。煤矸石制矸石砖的粉碎粒度不能超过 3 mm,大部分粒度应该控制在 1 mm 以下。在矸石砖的制作过程中添加水分的比例应该控制在 10%～14%之间。

单纯从煤矸石化学和物理成分上分析,很难判断其是否适合作为制砖原材料,必须进行烧成试验。当煤矸石中氧化钙含量超过 2%,粒径大于 2 mm,硫化铁含量超过 3%,粒径大于 2.5 mm 时,制品结构会被破坏。因此,在选择原料时,应尽量避免上述情况或者掺入其他原料对其原料组分比例加以改变。如果煤矸石的热量超标,就会加长烧成周期,降低生产率,特别是抗冻性能难以达到要求,同时还会出现砖面黑心、压花过重的现象,影响产品外观。另外,窑炉设计也会因排放超余热量而复杂化,直接影响其使用寿命。

2. 坯体成型

在原材料选择好之后,接下来就是矸石砖的坯体成型。坯体成型的过程中有两个步骤也需要添加适量的水分,一是投料,二是湿坯成型。投料、湿坯成型过程中添加的水分比应该分别控制在 13%以下和 11%～13%之间。湿坯成型是整个制砖过程的关键步骤,对矸石砖硬度的影响很大。塑性是煤矸石制砖挤出成型的主要指标,对于砂岩性质的煤矸石,特别是风化性能差的低塑性煤矸石,就无法挤出成型。虽然我国制砖机压力和真空度提高较快,但煤矸石原料缺乏基本的黏性,就是勉强成型,也很难保证外观质量。

3. 烧结

在矸石砖烧结的过程中最主要的是控制好烧结过程中的温度。干燥窑的热风温度应该控制在 120 ℃左右,这样能够保证坯体在干燥过程中得到适宜的控制条件。在矸石砖的烧成过程中,需要将温度控制在高于 1 000 ℃±10 ℃的范围,保证矸石砖充分成型。

4. 焙烧

砖坯经过预热带预热干燥后在烧成带被高温焙烧,直至烧结完毕再送入冷却带中与大量低温气体接触,此过程中烧结砖温度逐渐降低,最终完成整个焙烧过程。内燃式烧结砖通常采用煤粉作为燃料,将煤粉掺杂在生砖坯内,当经过烧成带时,煤粉燃烧释放出大量热量,促使砖坯性质发生改变，从而完成焙烧过程。而外燃式隧道窑则通过控制天然气、燃油等燃料的燃烧，在烧成带中形成一个温度场，使砖坯在其中完成烧结。

3.7.2 煤矸石制备陶粒

陶粒是一种在回转窑中经发泡生产的轻骨料。它具有球状的外形，表面光滑而坚硬，内部呈蜂窝状。陶粒因密度小(堆积密度一般为 300～900 kg/m^3)，内部多孔，形态、成分较均一，且有一定的强度和坚固性，因而具有质轻、耐腐蚀、抗冻、抗震和良好的隔绝性等多功能特点。以陶粒为骨料制作的混凝土密度为 1 100～1 800 kg/m^3，抗压强度为 30.5～40.0 MPa。除此之外，陶粒还广泛用于园艺、饮食卫生、耐火保温材料、化工、石油等行业。

1. 煤矸石制备陶粒工艺

通过添加其他烧结助剂，调配煤矸石中二氧化硅与三氧化二铝的比值，可以制备出以莫来石或刚玉为主晶相的陶粒。制备工艺如图 3-2 所示。

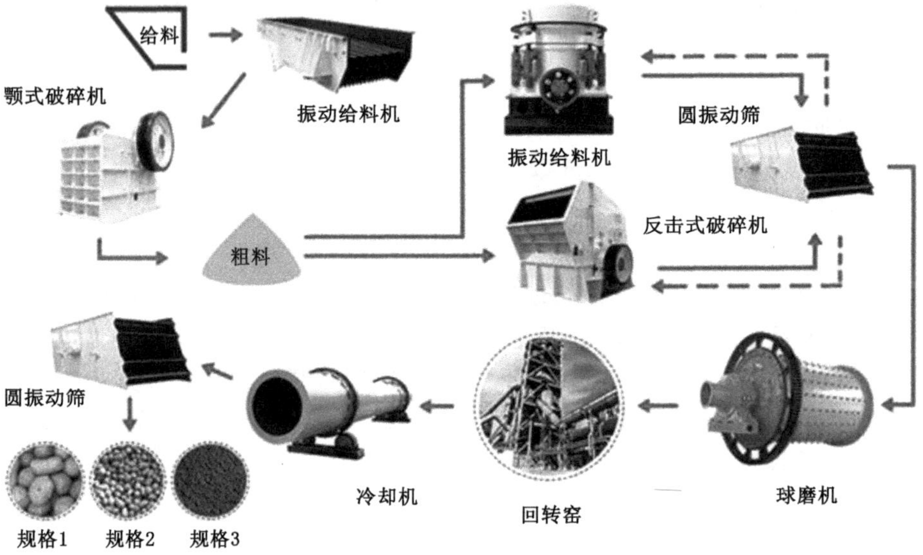

图 3-2 煤矸石制备陶粒工艺流程

(1) 湿法球磨

将各种原料称取后加入球磨机中，添加一定量的浆料分散剂和水，球磨 2 h，在球磨罐中通过强烈的挤压、破碎、均化作用使得各种原料混合均匀并被磨细。球磨结束后，测试浆料的粒度，并根据流动性的需求适当添加一定量的液体分散剂和少量的水进行放浆。

(2) 干燥及制粉

将浆料倒入托盘中，放置于电热恒温鼓风干燥箱中进行干燥。经过干燥后的物料通过粉碎设备进行高速粉碎，得到制球所用的粉体。

(3) 滚制成球及半成品筛分

将部分制备好的粉体置于糖衣锅内，喷入含有结合剂的水溶液制作母球。当母球基本成型后，根据母球的湿润程度加入适量的干粉，并进行润湿、加粉的循环操作，直到母球逐渐长大至合适粒径的半成品球坯。半成品球坯经过第一次筛分，采用标准手工筛选出试验所需粒径。

(4) 烧成及成品筛分

将半成品球坯放入箱式电炉中，按照设定的烧结制度进行烧成。烧成后的陶粒经过第二次筛分，同样采用标准手工筛进行筛选，目的是进一步筛选陶粒支撑剂，去除其中不规则颗粒，从而得到颗粒分布范围窄、圆球度良好、表面光滑的成品颗粒。

2. 陶粒产品用途

(1) 建筑材料

陶粒可用于管道保温、炉体保温隔热、保冷隔热和隔音吸声等其他建筑材料，亦可用作农业和园林中的无土基床材料及滤水材料。陶粒混凝土已广泛应用于工业与民用建筑的各类型预构件和现浇混凝土工程中。

(2) 绿化材料

陶粒由于具有多孔、质轻、表面强度高的特殊结构，可用于园林绿化和室内绿化。这种材料既能满足植物的含水需求，又符合透气要求。特别是其无粉尘、质轻的特点使其在室内观赏植物的栽培中得到越来越广泛的应用。

(3) 饮食卫生材料

陶粒除了具有多孔、质轻、表面强度高等物理性能外，在生产过程中还含有一定的活性物质，因而已开始用于与日常生活有关的饮水、洗浴等领域中。例如，将陶粒放在饮水机中可用于过滤饮用水、放在淋浴花洒的手柄中可增加水的活性等。

(4) 工业过滤材料

陶粒还可作为工业废水高负荷生物滤料池的生物挂膜载体，它具有吸附水体中的有害元素和细菌的能力，同时能矿化水质，是活性生物降解有害物质效果较好的滤料和生物滤池中较好的生物膜载体。

3.7.3　煤矸石砌块

烧结煤矸石空心砌块是烧结煤矸石复合保温砌块(砖)的半成品，在烧结煤矸石复合保温砌块(砖)的生产过程中，它起到强度骨架和模板的作用。烧结煤矸石复合保温砌块(砖)具有以下特点。

1. 利废环保，节省生产能耗

烧结煤矸石复合保温砌块(砖)的原料是废弃的煤矸石，烧结过程中利用煤矸石的热量，减少了煤的用量，烧砖产生的热量回收后可用于坯砖的干燥，达到节能环保的效果。

2. 隔音

在砌块的孔洞内填充加热成型隔音材料，可以大幅度地提高烧结煤矸石复合保温砌块(砖)的隔音性能，相对于烧结煤矸石空心砌块提高了 5～10 dB。

3. 保温隔热

烧结煤矸石复合保温砌块(砖)实现了外墙与保温一体化的施工，不仅可以避免外墙面砖及保温板的脱落、掉皮、开裂等现象，而且可以满足建筑外墙的保温效果，达到节能要求。

4. 施工工艺简单

烧结煤矸石复合保温砌块(砖)孔洞采用自动化注入聚苯乙烯颗粒经高温高压后成型，使烧结煤矸石空心砖与聚苯乙烯材料紧密结合，减少了人工插入的问题，增加了生产量。施工过程中，烧结煤矸石复合保温砌块（砖）利用自身的保温效果，减少了施工后期粘贴保温材料的施工工序，缩短了施工周期。

3.7.4 煤矸石制其他资源化途径

1. 煤矸石生产肥料

煤矸石中含有丰富的植物生长所需的微量元素与营养成分，其有机质含量一般在15%～25%，是携带固氮、解磷解钾等微生物的理想基质。施于田间可以有效改良土壤结构，调节土壤疏松度，增加土壤肥力，促进农作物的生长。试验研究表明，采用含碳量较高的煤矸石制成的有机、无机混合肥料施用于作物，其产量显著高于等养分含量的掺和化肥或专用肥料。煤矸石制肥的方法主要有化学法、微生物法等。

（1）化学法

化学法是指将煤矸石破碎后与过磷酸钙按10∶1的比例混合搅拌，并经过堆沤活化7～10 d制成肥料的方法。煤矸石化学法制肥工艺流程如图3-3所示。

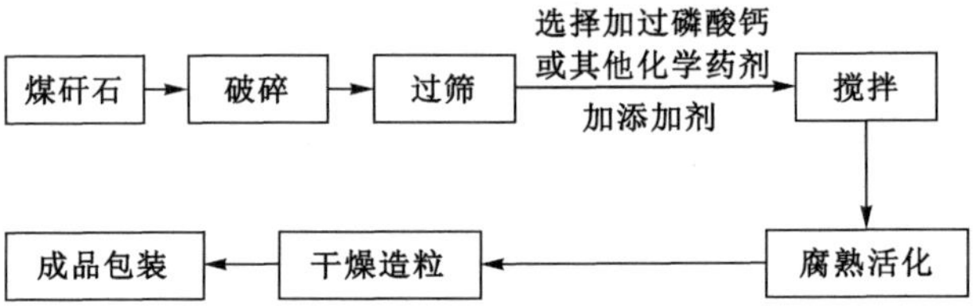

图3-3 煤矸石化学法制肥工艺流程

化学活化法能使许多铵盐、磷酸盐在煤矸石中以分子吸附的形式存在，易于作物吸收，并且煤矸石的晶格中可以储存多余养分，在养料缺乏时主动释放，具有缓释长效的功能。该方法存在的不足一是有机质腐殖化程度不够高；二是仅仅由单一的煤矸石制肥而不添加其他复合物时，肥料养分不够全面，含量也不够理想。

（2）微生物法

微生物法的作用机理是菌体利用煤矸石中的养料代谢分泌多糖等产物，多糖一方面黏附在煤矸石表面并逐渐形成生物膜，另一方面使矿物分解转化，形成的矿物离子不断向外释放，其中，作物需要的矿物离子成为肥料组分。菌种与煤矸石之间的相互作用机制如图3-4所示。

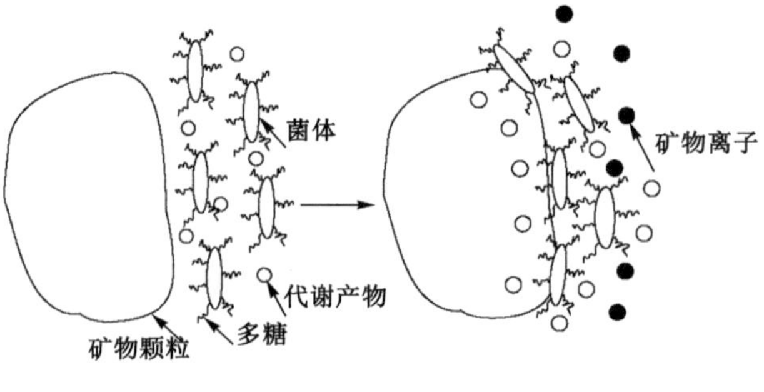

图3-4 菌种与煤矸石之间的相互作用机制

① 利用芽孢杆菌制肥

在高硫煤矸石中接种芽孢杆菌，所得肥料中有效 N、P、K、Si、S 和 Ga 的含量分别比原料提高了 26.84 倍、65.76 倍、10.55 倍、1.07 倍、2.70 倍和 1.27 倍。多种细菌共同作用的效果比单种细菌要好，多种细菌联合不仅可优化处理效果，还可拓宽矿物种类，增加养分种类。

② 利用硅酸盐细菌制肥

利用硅酸盐细菌处理煤矸石，制得肥料中的有效 P 和 K 含量比原料分别提高了 395% 和 275%，同时，细菌分解能力随原料粒度的减小而增加。

③ 利用解磷细菌制肥

从多株解磷细菌中筛选出解磷效果好的类香味细菌，此细菌比巨大芽孢杆菌的解磷效果要好，并且还能解离低品位磷矿。此外从风化的煤矸石中分离出一种高效解磷菌——藤黄微球菌，它处理煤矸石得到的碱解氮和有效磷含量比巨大芽孢杆菌更高，但是巨大芽孢杆菌分解得到的有效钾含量相对较高。

2. 煤矸石回填煤矿采空区

煤矸石回填煤矿采空区就是将煤矸石用于矿井回填，用煤矸石置换出煤炭，采用煤矸石不出井的采煤方式，直接填充采空区，减少煤矸石的排放量和地表下沉量。

(1) 利用煤矸石回填采空区的方式

① 通过粉碎机将煤矸石粉碎至小于 150 mm，然后在地面钻孔至老采空区，将采空区所有空洞和覆岩裂隙用由水泥、煤矸石颗粒、沙子和水搅拌混合成的浆液全部充填和加固，使整个采空区恢复为接近原始岩体状态，以达到控制上覆岩层移动和地表变形的目的。此方法适用于埋深较大的煤矿采空区。

② 以煤矸石为主要材料，加上粉煤灰、炉渣、河沙或者固体垃圾等固体废弃物，利用胶结材料加工成在管道可以输送的膏状浆体。使用充填泵通过管道将膏状浆体输送到井下充填采空区，形成以膏体为支撑物的填充体，有效控制地表沉陷，避免建筑物受到损害。

③ 在回采工作面之外建设矸石仓，将采煤过程中产生的煤矸石运送到矸石仓，使用粉碎机将煤矸石粉碎后，在回采面上巷使用运送矸石的带式输送机把煤矸石运至回采面上端。在支架后探梁上吊挂小皮带机，并随支架前移。在小皮带机上设置自移式装卸矸石车，将煤矸石卸至采空区进行充填。此方法技术、装备以及系统要求比较简单，投资少，成本也很低廉，适用于采空区没有自然发火倾向的矿井。

(2) 煤矸石填充采空区的方法

煤矸石填充采空区的主要方法有机械填充、风力填充以及水力填充三种。机械填充由于质量差、能力低及高成本，一般情况下不常使用。而风力填充和水力填充是常见的填充方法。但是无论是风力填充还是水力填充，都需要对煤矸石进行粉碎。

① 风力填充

风力填充是利用对空气进行压缩而产生的风压，将粉碎到一定程度的煤矸石粉、骨架材料以及胶结材料等填充物经过管道输送到井下，然后紧密结合填充到采空区的方法。随着填充材料的增多，采空区逐渐填满。风力填充方法具有材料运输简单、适应性强、填充能力大等优点，但是对管路消耗会比较大。

② 水力填充

水力填充是利用水力输送的方式，将煤矸石、碎石、炉渣或者其他固体垃圾混合后，加入一定量的水进行搅拌，形成泥浆后，利用泵通过管道输送到井下采空区进行填充的方法。这些填充材料经过脱水、干燥后，可以均匀紧密地结合在一起，再利用抽水泵将排出来的水抽到地面上，循环使用。水力填充可以阻止空气和水进入填充层，从而减少了煤矸石发生自燃的可能性。

(3) 选用煤矸石作为填充材料的要求

① 透水性要好，但是本身的含水率要低，并且不易泥化。

② 煤矸石的可燃成分尽可能低，避免填充后发生自燃。

③ 煤矸石要容易被粉碎，硬度大的煤矸石对粉碎机损耗比较大，使得填充成本提高。

④ 有毒性的重金属含量要低，否则煤矸石填充后受到地下水渗透的影响，容易污染地下水源，造成有害元素迁移。

3. 煤矸石土地复垦

利用煤矸石作为采空区的填充材料，不仅可以减少煤矸石的占地面积，还能使破坏土地得以恢复。经煤矸石填充后，在表层覆土，可有效增加耕地面积，既解决了土地资源紧缺的问题，又可以有效改善自然环境。通过覆土造田、改良土壤、生产肥料等手段，促进农业的发展，以达到提高农作物产量、绿化生态环境等目的，具有明显的环境效益和经济效益。

(1) 建筑复垦模式

建筑复垦的关键技术是采取合理的充填方式和地基加固处理措施。建筑复垦模式适用于人口密集、耕地紧张、基建用地矛盾突出的矿区，如淮北、徐州、焦作和唐山等地区采用建筑复垦模式有效地解决了基建用地矛盾。

(2) 农业复垦模式

农业复垦模式可根据不同情况采取不同的治理方法。山地和丘陵地区，地势不平，塌陷不深，不影响耕种，可适当平整，不做其他治理直接复垦。平原地区，如地表塌陷不深，经平整后，根据潜水位的高低可改造成旱地或水田；如地表破坏塌陷较深、潜水位较低，可采用在塌陷区内先充填后覆土的改造方法，然后复垦。农业复垦模式的技术关键是进行煤矸石的有害元素分析和淋溶水试验分析，并对酸性煤矸石进行中和处理，以防止二次污染的发生。

(3) 林牧复垦模式

在塌陷地进行林牧复垦模式主要是根据地形条件和覆土土质条件来决定。一般在山地和丘陵地区，宜整治为园地，进行经济作物的种植或植树造林；对于土地贫瘠、地势高、坡度大的地区，复垦为林地或牧地；对于坡度在 10°～15°的丘陵塌陷区，或露天采煤后整治平整覆土的地区，阳光比较充足，适宜于牧草种植或林业种植。

(4) 综合养殖场复垦模式

对塌陷地进行适宜性分析，开展综合养殖场建设，如在塌陷地进行渔业复垦，投资少，见效快。一般情况下，平原地区的塌陷地，深度超过 2 m 的积水区即可辟为养鱼场，对于长年积水区，采取挖深垫浅、平整土地等方式，建养鱼池，塌陷区深处可进行水产养殖。对于正在采煤的塌陷区，由于塌陷仍在进行，可采取鱼鸭混养等形式的综合养殖场复垦模式。

(5) 旅游复垦模式

在塌陷地进行旅游复垦就是对充填后的塌陷地进行合理规划后，设置旅游景点，或栽种有观赏价值的树木、花草，或利用塌陷地修建小桥、湖泊，湖中养鱼，供人观赏；对于水面大、水体深、水质好的塌陷区，也可兴建水中公园或游乐中心。如淮北市烈山区、浙江省绍兴市、河南省永城市、河北开滦矿务局等对塌陷区进行合理规划，布设旅游景点，不仅改变了煤矿区脏、乱、黑的形象，改善了煤矿区的生态环境质量，而且为职工提供了良好的休闲场所。

第4章 粉煤灰在建筑领域的资源化技术原理与工艺

4.1 粉煤灰硅酸盐水泥制备原理与工艺

水泥是一种粉末状胶凝材料，有多种品种。其中，通用硅酸盐系列水泥在建筑、道路、水利等工程中应用广泛。根据混合材料的品种、掺量不同，水泥可以分为硅酸盐水泥、普通硅酸盐水泥、粉煤灰硅酸盐水泥、矿渣硅酸盐水泥、火山灰质硅酸盐水泥和复合硅酸盐水泥。粉煤灰硅酸盐水泥(简称粉煤灰水泥)是由硅酸盐水泥熟料、适量石膏、20%～40%粉煤灰磨细而制成的水硬性胶凝材料，代号为P・F。通用硅酸盐水泥的主要技术性能指标符合《通用硅酸盐水泥》(GB 175—2023)标准规范要求。

粉煤灰水泥不仅适用于工业与民用建筑，还特别适用于大体积混凝土、水工混凝土、海港工程和地下工程等领域。

4.1.1 粉煤灰硅酸盐水泥的制备原理

粉煤灰具有火山灰活性，其活性成分 SiO_2 和 Al_2O_3 在有水分的条件下，能与水泥熟料矿物成分水化所生成的 $Ca(OH)_2$ 发生反应，生成水化硅酸钙和水化铝酸钙凝胶，这是 $Ca(OH)_2$ 和粉煤灰之间进行的二次水化反应。粉煤灰的矿物相主要是铝硅玻璃体，含量一般为50%～80%，是粉煤灰具有火山灰活性的主要组成部分，其含量越多，活性越高；此外，粉煤灰有少量石英、莫来石等结晶矿物和未燃尽炭粒，当这些矿物的含量较多时，粉煤灰的活性下降。

在水泥中，粉煤灰颗粒表面会生成大量的水化物结晶体，其相互交错连接，形成很高的黏结强度。粉煤灰在水泥中除了火山灰反应以外，如同其他矿物细粉一样，可进入水泥颗粒构成的絮凝结构中，使水化物析出的有效空间增大，加速了水泥的水化，也叫作“微分效应”。这种效应使粉煤灰可以在硅酸盐水泥中起到促进的作用，具备了与水泥熟料制备粉煤灰硅酸盐水泥的性质。

4.1.2 粉煤灰硅酸盐水泥的粉磨工艺

由于粉煤灰中含有大量的球形玻璃体，其表面比较致密，性能相对稳定，不容易发生水化反应。为了提高粉煤灰水泥的早期强度，通常对粉煤灰采取预活化、超细粉磨等技术手段，使粉煤灰水泥与普通硅酸盐水泥技术性能基本相当。

粉煤灰水泥粉磨工艺有三种：第一种是将粉煤灰单独粉磨，然后将其加入硅酸盐水泥熟料和石膏磨好的水泥中；第二种是将粉煤灰、硅酸盐水泥熟料和石膏共同粉磨成水泥；第三种是将硅酸盐水泥熟料和石膏预粉磨，然后再将其加入球磨机和粉煤灰共同粉磨。

目前，粉磨水泥都采用球磨机，球磨机粉磨的水泥粒度级配和强度优于其他粉磨设备。采用单独粉磨简单易行，但不容易混合均匀，影响水泥的均质性。采用共同粉磨，均化效果好，水泥质量高，但由于粉煤灰具有良好的易磨性，而硅酸盐水泥熟料不易磨细，因此共同粉磨会影响球磨机产量，增加电耗。

经磨细后的粉煤灰，界面状态得到改善，其球形颗粒表面由于机械的摩擦，粗糙度增加，出现裂纹，粉煤灰表面的稳定性被打破，表面能反应的活化点明显增加。同时，粉煤灰颗粒表面的活性成分 SiO_2 和 Al_2O_3 分布更加均匀，与 $Ca(OH)_2$ 的反应更加充分。另外，粉煤灰磨细后可消除或减弱需水性大、结构疏松的炭粒及多孔玻璃体等有害成分的不良影响。因此，粉煤灰水泥粉磨得越细，其强度就越高。但是，如果粉煤灰水泥粉磨得过细，其比表面积过大，水泥浆体要达到相同的流动度，就需增加水的用量，从而降低了水泥的强度，提高了水泥生产成本。因此，粉煤灰水泥的粉磨须有一个合理的细度范围，即 80 μm 方孔筛筛余量 $\leqslant$10％或 45 μm 方孔筛筛余量 $\leqslant$30％。

4.1.3　粉煤灰硅酸盐水泥的性能及应用

相较于普通硅酸盐水泥，粉煤灰基硅酸盐水泥的特性主要表现在以下几个方面。

1. 凝结硬化速度慢，早期强度低，但后期强度增长较快

粉煤灰水泥在水化过程中，由于粉煤灰中的玻璃体比较稳定，粉煤灰中活性成分 SiO_2 和 Al_2O_3 与水化产物 $Ca(OH)_2$ 的二次水化反应速度较慢，水泥的凝结硬化速度慢，早期强度低，但后期强度增长速度比较快。

2. 水化热低

由于粉煤灰水泥中熟料成分含量较少，水化放热高的铝酸三钙和硅酸三钙矿物含量较少，且二次水化反应速度慢，所以粉煤灰水泥水化热大幅度降低，适用于大体积混凝土工程。

3. 耐腐蚀性好

水泥硬化后形成具有一定强度的水泥石，在通常使用条件下，有较好的耐久性，但在一些液体或气体作用下，水泥石会发生腐蚀，甚至破坏。水泥石腐蚀的主要原因是由 $Ca(OH)_2$ 和水化铝酸钙引起的。由于粉煤灰水泥中熟料成分少，生成的 $Ca(OH)_2$ 和水化铝酸钙较少，而粉煤灰中活性成分 SiO_2 和 Al_2O_3 与 $Ca(OH)_2$ 发生二次水化反应，水泥石中剩余的 $Ca(OH)_2$ 少。因此，水泥抗软水、硫酸盐、盐酸类腐蚀的能力明显提高，适用于有耐腐蚀要求的混凝土工程。

4. 对温度敏感，蒸汽养护效果好

环境的温度和湿度对粉煤灰水泥的二次水化反应较为敏感，在低温下水化速度明显减慢，若采用蒸汽养护或蒸压养护等湿热处理，则能加速粉煤灰中活性成分 SiO_2 和 Al_2O_3 与 $Ca(OH)_2$ 二次水化反应速度，从而加快水泥的硬化和增加后期强度。

5. 抗碳化能力差

由于粉煤灰水泥中水化产物 $Ca(OH)_2$ 含量较少，碱度低，所以抗碳化能力差，对防止钢筋锈蚀不利，不宜用于重要的预应力混凝土和钢筋混凝土结构。

6. 干缩性小、抗裂性好

由于粉煤灰颗粒呈封闭结实的球形，内比表面积小，吸附水的能力较小，因此粉煤灰水泥的工作性好，干缩性小，抗裂性能较高。

在《用于水泥和混凝土中的粉煤灰》(GB/T 1596—2017)中规定,水泥活性混合材料用粉煤灰技术要求见表4-1。

表4-1 水泥活性混合材料用粉煤灰技术要求

项目		技术要求
烧失量/%	F/C类粉煤灰	≤8.0
含水量/%	F/C类粉煤灰	≤1.0
三氧化硫/%	F/C类粉煤灰	≤3.5
游离氧化钙/%	F类粉煤灰	≤1.6
	C类粉煤灰	≤4.0
安定性(雷氏夹沸煮增加距离/mm)	C类粉煤灰	≤5.0
强度活性指数/%	F/C类粉煤灰	≥70.0
放射性		合格

注:(1) F类粉煤灰为烟煤或无烟煤煅烧收集的粉煤灰;

(2) C类粉煤灰为次烟煤或褐煤煅烧收集的粉煤灰,其氧化钙含量不大于10%。

4.2 粉煤灰水泥砂浆制备原理与工艺

水泥砂浆主要是由胶凝材料、细骨料和水按适当比例配制而成的材料,有时可加掺和料(粉煤灰)和外加剂,既可用于砖、石块、砌块等砌筑工程,也用于墙面、地面等构件表面的抹灰,是一种用量大、用途广的建筑材料。粉煤灰作为水泥砂浆的掺和料,占比可达40%~70%,是一种大掺批量资源化的有效方法,不仅可以降低砂浆的生产成本,而且由于粉煤灰的掺入,可有效地改善砂浆拌和物的工作性能。

用于水泥砂浆中的粉煤灰,应符合《用于水泥和混凝土中的粉煤灰》(GB/T 1596—2017)中的有关规定。生产建筑砂浆时,一般使用干排粉煤灰,如果用湿排灰,必须预先晒干或烘干,粉煤灰的含水率控制在1.5%以下。

4.2.1 粉煤灰在水泥砂浆中的制备工艺

由于粉煤灰的表面比水泥光滑、粒径比水泥小,粉煤灰可以均匀分散到水泥中,减小水泥的团聚,释放包裹在水泥中的水分,使自由水分增多,从而改善砂浆的和易性。和易性又称工作性,是指混凝土拌和物易于施工操作(拌和、运输、浇筑、振捣),并获得质量均匀、成型密实混凝土的性能。同时,又可充当细集料填充到砂浆内部的空隙中,增加砂浆的密实性,提高砂浆的力学性能。所以粉煤灰可以被用于水泥砂浆中起到改善砂浆性能的目的。

水泥砂浆的制备工艺流程如图4-1所示。按称取水泥、石膏、粉煤灰、水,放入搅拌机内搅拌;再称取页岩、硅藻土、氟化钙,放入粉磨机中进行粉磨20~30 min,加热至200~300 ℃,得高温粉料;将高温粉料加入搅拌机内混合,同时加入添加剂和乳化沥青。在搅拌过程中逐渐加入水,并在搅拌机搅拌过程中再次升高温度40~50 ℃,继续搅拌0.2~0.5 h后,即可完成水泥砂浆的制备。

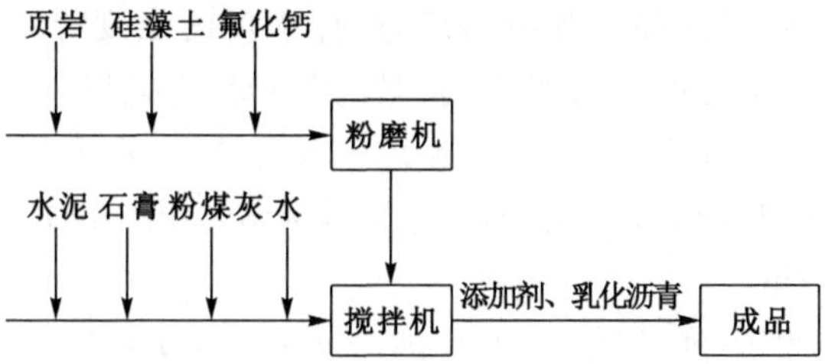

图 4-1　粉煤灰水泥砂浆制备工艺流程图

水泥、砂、石膏、水放入搅拌机中搅拌时，温度控制在 20 ℃以上，使得水泥和砂快速融入水中。水泥消泡剂为了消除水泥搅拌中产生的气泡，水泥增强剂引入水泥砂浆中可提高水泥砂浆的黏结力，增强抗裂性。

4.2.2　粉煤灰在水泥砂浆中的主要效应

粉煤灰在水泥砂浆中主要效应有以下几个方面。

1. 粉煤灰的火山灰活性效应

粉煤灰在砂浆中的火山灰活性效应同 4.1.1 小节的制备原理。

2. 粉煤灰的形态效应

粉煤灰中的玻璃微珠具有光滑的表面，质地坚硬致密，呈球形且粒度较细。它们在砂浆拌和物中起润滑作用，能提高砂浆的流动性，明显改善砂浆的工作性能；此外，它们还可减少砂浆的需水量，使凝固后的砂浆具有较高的密实度和强度。

3. 粉煤灰的微骨料效应

粉煤灰中的微小颗粒可填补砂浆骨料之间超细小空隙和砂浆中的毛细孔，能使砂浆浆体结构中的毛细孔隙“细化”，使砂浆具有更好的密实度和强度，此效应为粉煤灰的微骨料效应。

4. 细骨料效应

粗颗粒粉煤灰在砂浆中，既可起到部分细骨料的作用，又有细骨料所没有的火山灰活性效应，所以用粉煤灰取代部分细骨料具有更好的增强效应。

4.2.3　粉煤灰水泥砂浆的技术要求与性能

用于砂浆中的粉煤灰，应符合《用于水泥和混凝土中的粉煤灰》(GB/T 1596—2017)标准规范中的有关规定。生产建筑砂浆时，一般使用干排粉煤灰；如果用湿排灰，必须预先晒干或烘干，粉煤灰的含水率控制在 1.5%以下。

在选用胶凝材料时，应根据砂浆的使用部位和环境条件等合理选择。在干燥的环境中，可选用石灰、石膏等气硬性胶凝材料；若在潮湿环境或水中，必须选用水泥。水泥是建筑砂浆中常用的胶凝材料，其质量应符合《通用硅酸盐水泥》(GB 175—2023)和《砌筑水泥》(GB/T 3183—2017)标准的有关规定。砂浆中掺入生石灰时，要熟化一定的时间，生石灰熟化时间不得小于 7 d，磨细生石灰粉的熟化时间不得小于 2 d，熟化的石灰膏在贮存时，应防止干燥、冻结和污染。电石膏加热至 70 ℃并保持 20 min，没有乙炔气味。石灰膏和电石膏应使用孔径不大于 3 mm×3 mm 的网过滤，试配时的稠度应为(120±5) mm。

配制砂浆时，应根据砂浆的强度等级，合理选择水泥的强度等级。当砂浆的强度等级大于 M15 时，应选用 42.5 级的通用硅酸盐水泥；当砂浆的强度等级小于 M15 时，应选用 32.5 级的通用硅酸盐水泥或砌筑水泥。拌制 1 m 水泥砂浆，水泥用量不应小于 200 kg/m^3；当砂浆中掺入石灰膏或电石膏时，其胶凝材料总量为 350 kg/m^3；预拌砌筑砂浆时，胶凝材料总量不应低于 200 kg/m^3。

拌制砂浆时，一般选用中砂，因砂中含有部分小石子，使用时将砂过 4.75 mm 的筛孔。砂的质量应符合《建设用砂》(GB/T 14684—2022)标准的规定要求，天然砂的含泥量应小于 5.0%，泥块含量应小于 2.0%。

拌制砂浆时，水质应符合《混凝土用水标准》(JGJ 63—2006)标准的规定要求。为改善砂浆的某些性能，拌制砂浆时可掺入适量外加剂，其质量应符合现行有关标准的规定，并有砌体强度型式检验报告；掺入外加剂的砂浆经试验合格后，方可使用。

在砂浆中掺入保水增稠材料时，其材质应有型式检验报告，经试验验证后，方可使用。依据《砌筑砂浆配合比设计规程》(JGJ/T 98—2010)进行粉煤灰砂浆的配合比设计，确定 1 m^3 砂浆中各材料用量。

粉煤灰水泥砂浆在应用中具有良好的性能，主要表现在以下几个方面。

(1) 改善砂浆的工作性

粉煤灰中球形颗粒的润滑作用，可提高砂浆的流动性，改善砂浆的工作性能。在砌筑时，掺粉煤灰配制的砂浆饱满度较高。

(2) 抗压强度高

配制建筑砂浆时，若保持砂浆的抗压强度不变，可用粉煤灰取代 10%～15%的水泥；若保持水泥用量不变，砂浆抗压强度可提高 10%～20%。

(3) 抗冻性良好

用粉煤灰配制的水泥砂浆的抗冻性优于普通水泥砂浆，可满足建筑对砂浆的抗冻要求，扩大其应用范围。

(4) 良好的抗腐蚀性

粉煤灰中活性组分 SiO_2 和 Al_2O_3 能够与砂浆中氢氧化钙发生水化反应，生成的水化产物使砂浆的密实度提高、碱度降低，抑制了氢氧化钙与硫酸盐离子发生反应生成有害成分水化硫铝酸钙(体积膨胀)；另一方面，因掺入粉煤灰使水泥熟料中的铝酸三钙含量相对减少，生成的水化硫铝酸钙的含量也减少。因此，砂浆的抗硫酸盐侵蚀的能力比较强。

4.3 粉煤灰混凝土制备原理与工艺

无机矿物材料已成为混凝土中除水泥、砂、石子、水和外加剂以外的第六组分，称为矿物掺和料。粉煤灰是目前应用最广泛的一种混凝土矿物掺和料，能够改善普通混凝土的性能，降低成本，延长使用年限。

4.3.1 粉煤灰混凝土中原料的技术要求

混凝土的组成材料及比例决定了混凝土的性质，因此要保证混凝土的质量，必须合理选择原材料，并符合现行质量标准要求。

1. 粉煤灰

拌制混凝土用粉煤灰分为Ⅰ级、Ⅱ级、Ⅲ级，粉煤灰性能指标应符合《用于水泥和混凝土中的粉煤灰》(GB/T 1596—2017)标准的规定，见表 4-2。

表 4-2 拌制混凝土和砂浆用粉煤灰技术要求

试验项目		性能指标		
		Ⅰ级	Ⅱ级	Ⅲ级
细度(45 μm 方孔筛筛余)/%	F 类粉煤灰	≤12.0	≤25.0	≤45.0
	C 类粉煤灰			
需水量比/%	F 类粉煤灰	≤95	≤105	≤115
	C 类粉煤灰			
烧失量/%	F 类粉煤灰	≤5.0	≤8.0	≤15.0
	C 类粉煤灰			
含水量/%	F 类粉煤灰	≤1.0		
	C 类粉煤灰			
三氧化硫(SO_3)质量分数/%	F 类粉煤灰	≤3.0		
	C 类粉煤灰			
游离氧化钙质量分数/%	F 类粉煤灰	≤1.0		
	C 类粉煤灰	≤4.0		
安定性(雷氏法)/mm	C 类粉煤灰	≤5.0		

粉煤灰中碱含量按 $Na_2O+0.658K_2O$ 计算值表示，当粉煤灰用于活性骨料混凝土，要限制掺和料的碱含量时，由供需双方协商确定。

粉煤灰用于混凝土工程，按《粉煤灰混凝土应用技术规范》(GB/T 50146—2014)的规定选用相应等级的粉煤灰：预应力混凝土宜掺用Ⅰ级 F 类粉煤灰，掺用Ⅱ级 F 类粉煤灰时应经过试验论证；其他混凝土宜掺用Ⅰ级、Ⅱ级粉煤灰，掺用Ⅲ级粉煤灰时应经过试验论证。

2. 水泥

水泥是混凝土中最主要的组成材料，应根据工程所处的环境条件、工程性质特点及水泥的特性等因素合理地选择水泥的品种。粉煤灰混凝土宜采用硅酸盐水泥和普通水泥配制，但当采用其他品种水泥时，应根据水泥中混合材料的品种和掺量通过试验确定粉煤灰的合理掺量。水泥的质量应符合《通用硅酸盐水泥》(GB 175—2023)标准的规定。

3. 骨料

粗细骨料约占混凝土体积的 80%，骨料质量直接影响混凝土的各种性能，因此对骨料的技术质量应符合《普通混凝土用砂、石质量及检验方法标准》(JGJ 52—2006)的有关规定。

4. 混凝土拌和用水

混凝土拌和用水应符合《混凝土用水标准》(JGJ 63—2006)中的质量要求。若采用地下水、再生水或地表水的放射性应符合《生活饮用水卫生标准》(GB 5749—2022)的规定。钢筋混凝土和预应力混凝土不能使用未经处理的海水。

5. 外加剂

混凝土外加剂用于改善混凝土性能，如和易性、凝结硬化速度、强度和耐久性等。在拌和过程中，掺入量不超过水泥质量的5%。混凝土外加剂按其主要功能可分为：改善混凝土拌和物流动性的外加剂，如减水剂、泵送剂、引气剂等；调节混凝土凝结硬化速度的外加剂，如缓凝剂、速凝剂等；提高混凝土耐久性的外加剂，如引气剂、防水剂等；改善混凝土其他性能的外加剂，如着色剂、加气剂、防冻剂、膨胀剂等。粉煤灰可与几种外加剂同时使用，其适应性应通过试验确定。

粉煤灰混凝土配合比一般用各组成材料间的用量比，或1 m^3 粉煤灰混凝土中各组成材料的实际用量表示。粉煤灰混凝土配合比设计应满足结构设计的强度等级、施工和易性、环境对混凝土耐久性和经济要求。混凝土中掺入粉煤灰会影响其收缩性、抗碳化性和耐久性等性能。因此，粉煤灰取代水泥的最大掺量应符合表4-3的规定。

表4-3 粉煤灰取代水泥的最大掺量

混凝土种类	水胶比	最大掺量/%	
		采用硅酸盐水泥时	采用普通硅酸盐水泥时
钢筋混凝土	≤0.40	45	35
	>0.40	40	30
预应力混凝土	≤0.40	35	30
	>0.40	25	20

4.3.2 粉煤灰混凝土的制备工艺

混凝土拌制，原材料按混凝土施工配合比严格计量。投料顺序为：砂、石、水、水泥与粉煤灰、外加剂，见图4-2。

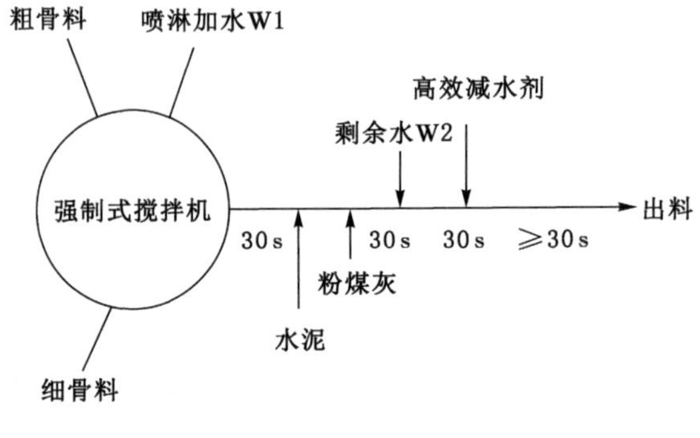

图4-2 粉煤灰混凝土的制备工艺流程图

粉煤灰混凝土与粉煤灰水泥砂浆不同，其中包含了砂、石等粗细骨料。为了达到更好的综合性能，在制备工艺中对相关的搅拌时长也有一些规定。

4.3.3 粉煤灰在高性能混凝土中的特性

采用粉煤灰制备高性能混凝土能够充分发挥粉煤灰的一些特性，其主要有以下几个方面。

1. 火山灰活性效应

粉煤灰的火山灰活性效应同 4.1.1 小节的制备原理。

2. 形态效应和微集料效应

水泥是颗粒状粉末，容易形成絮凝结构。粉煤灰中的球形颗粒可破坏水泥的絮凝结构，从而减小混凝土颗粒之间的摩擦力，降低混凝土内部结构的黏度。用粉煤灰等量取代水泥，混凝土中浆体的体积增加，混凝土的流动性增大，混凝土的和易性得到改善。

粉煤灰微集料效应是指粉煤灰的玻璃微珠颗粒均匀分布于水泥浆体中，就像微细的集料，填充于混凝土内部的孔隙，使混凝土的密实度提高。

3. 低水化热

粉煤灰作为掺和料取代部分水泥，不仅可以减少混凝土中的水泥用量，降低水化热，而且可以改善混凝土拌和物的和易性，提高混凝土的密实度和强度，节约水泥，并能改善混凝土的抗化学侵蚀能力。

4.3.4　粉煤灰在新拌混凝土中的作用

粉煤灰可在以下方面对新拌混凝土的性能产生积极影响。

1. 和易性和用水量

粉煤灰的形态效应可改善新拌混凝土的流动性，粉煤灰混凝土单位用水量可适当降低；其减水率的大小与粉煤灰的质量等级有关，另外，还与水泥、集料和需要的稠度有关。

2. 水灰比

水灰比是混凝土最重要的技术参数，是影响混凝土硬化后强度的主要因素。水泥混凝土的水灰比是指用水量与水泥用量之比，用来表示浆体的稠度；粉煤灰混凝土的水灰比是指用水量与粉煤灰和水泥的总量之比，用来表示胶凝材料浆体的稠度。在混凝土各组成材料、配合比和易性不变的条件下，用粉煤灰取代部分水泥，由于粉煤灰颗粒的形貌效应，能使混凝土拌和物在相同的稠度下用水量降低，从而减小水胶比，提高粉煤灰混凝土的强度。

3. 坍落度和坍落度损失

坍落度表示混凝土流动性的大小。粉煤灰可明显地改善新拌混凝土拌和物的流动性、保水性和黏聚性。在环境温度比较高时，掺加粉煤灰可降低新拌混凝土的坍落度损失。

4. 泌水性

水泥混凝土在静置一定时间后，会出现砂石骨料下沉、水泥浆上升的泌水现象。粉煤灰的形态效应，可减少混凝土拌和物的单位用水量，泌水量减少，从而提高混凝土的防水性能。因为，在混凝土中掺入的粉煤灰可填充骨料之间的孔隙，堵截泌水的通道，使混凝土的保水性得到有效改善，泌水性减小。

5. 凝结时间

当混凝土中粉煤灰的掺量比较大时，水泥的用量相对减少，粉煤灰的二次水化反应比较慢，导致混凝土的凝结时间延缓；对夏天温度比较高或要求缓凝的混凝土工程来说是有利的，但对需要混凝土早期强度高及提前拆模的工程是不利的。

6. 易泵性

为改善混凝土的易泵性，通常采用增加砂率和粉料的办法，同时增大用水量，使混凝土的干缩性增加，易产生裂缝。而粉煤灰的形态效应和微集料效应可减少混凝土与泵送设备和管道之间的摩擦力，使混凝土的易泵性得到显著的改善。

7. 降低水化热

水泥在水化反应过程中，放出大量的水化热，如果热量没有散失，大体积混凝土内部温度升高，内外温差大，产生温度应力，会引起混凝土严重开裂。因此，大体积混凝土用粉煤灰取代部分水泥，水泥用量降低时水化放热量也减少，可避免混凝土内外产生较大的温差和温度应力，使混凝土产生裂缝。

4.3.5 粉煤灰对混凝土硬化性能的影响

1. 粉煤灰对硬化中混凝土性能的影响

(1) 早期强度低

由于混凝土中的部分水泥被粉煤灰所取代，早期硬化混凝土中的水化产物数量减少，粉煤灰的二次水化反应迟缓，颗粒周围的水膜层间隙未填实，毛细孔比较多，结构密实性比较差，导致混凝土的早期强度低，拆模时间延迟，工期延长，影响工程施工进度等。

(2) 后期强度持续增长

普通水泥混凝土硬化时生成较多的氢氧化钙结晶，这可能导致后期强度发展不良；而粉煤灰混凝土在相当长的时间内，其强度则会明显持续增长。

2. 粉煤灰对硬化后混凝土性能的影响

(1) 强度

用粉煤灰取代部分水泥，生成的氢氧化钙量相对减少，粉煤灰的二次水化反应速度减慢，使粉煤灰混凝土的早期强度偏低；在一定的温湿度条件下，随着时间的延长，粉煤灰与氢氧化钙的不断反应，粉煤灰混凝土 28 d 龄期强度与普通水泥混凝土相接近，后期强度比普通水泥混凝土的抗压强度还可能高一些。

(2) 弹性模量

混凝土在外力作用下会产生变形，当混凝土在弹性变形阶段，应力与应变的比例常数称为弹性模量。在标准养护条件下，28 d 龄期等强度的粉煤灰混凝土的弹性模量与水泥混凝土的弹性模量相近；粉煤灰混凝土随着抗压强度的增长，弹性模量也相应增加。

(3) 徐变

徐变是指混凝土在长期恒载作用下，随着时间的延长，沿着作用力方向的变形。由于粉煤灰的活性和微集料效应，生成的水化硅酸钙和水化铝酸钙使混凝土的结构更密实，增强了混凝土材料之间的界面结合强度，从而能够有效降低混凝土徐变。

(4) 收缩性

水泥混凝土在凝结硬化过程中也会出现体积缩小的现象，当混凝土收缩性较大时，会引起混凝土开裂。在用水量相同的情况下，若用粉煤灰取代部分水泥，混凝土的收缩性将会增大；若掺入优质粉煤灰，混凝土的收缩性与普通水泥混凝土相等，甚至小于普通水泥混凝土。

(5) 抗渗性

抗渗性是指混凝土抵抗压力介质（水，油，溶液等）渗透的能力，一般用抗渗等级或渗水高度表示。粉煤灰混凝土的抗渗性能比较高，其原因是粉煤灰的形态和微集料效应，使混凝土拌和物的工作性好，容易振捣密实。

（6）抗硫酸盐侵蚀

粉煤灰混凝土的抗硫酸盐侵蚀能力强，其原因是粉煤灰的 SiO_2 和 Al_2O_3 活性成分与氢氧化钙发生二次水化反应，生成的水化产物可提高混凝土的密实度；减少了氢氧化钙与硫酸盐反应生成的钙矾石，提高了混凝土的抗侵蚀能力。

（7）抗碳化性能

混凝土的碳化是混凝土内水泥水化产物 $Ca(OH)_2$ 与空气中的 CO_2 在一定湿度条件下发生化学反应生成 $CaCO_3$ 的过程。碳化使混凝土出现碳化收缩裂缝，强度和耐久性降低；碳化使混凝土的碱度降低，混凝土中的钢筋表面起保护作用的钝化膜破坏，钢筋遇水后容易引起锈蚀。

（8）抗氯化物性能

由于氯化物能与氢氧化钙反应生成可溶性物质，使混凝土的孔隙增加，强度降低。

粉煤灰具有形态和微集料效应，可改善混凝土的内部结构；混凝土中粉煤灰的二次水化反应（火山灰反应）消耗了大量的氢氧化钙，减少了氢氧化钙的含量，生成的水化产物使硬化后的混凝土界面孔隙率降低，微观结构变得均匀，可延缓氯离子在钢筋混凝土中的扩散，有效地阻止氯离子的侵蚀。

（9）抗冻性

抗冻性是指混凝土在饱和水状态下，经多次冻融循环保持原有性质而不破坏的性质。

当混凝土内部毛细孔中的水结冰时，体积会增大约9%，对混凝土的孔壁产生很大的冰晶压应力，使孔壁胀裂，造成混凝土破坏。混凝土中掺入优质的粉煤灰，可降低混凝土的水灰比，改善内部孔隙结构，减小孔隙率，提高混凝土的抗冻性。

（10）碱-集料反应

如果混凝土所用的集料中含有活性二氧化硅等成分，而水泥中的碱含量（按 $Na_2O+0.658K_2O$ 计算值表示）大于0.60%时，在混凝土硬化过程中碱和活性集料发生反应，生成具有吸水膨胀的产物，导致混凝土的胀裂。掺加粉煤灰可有效地抑制混凝土的碱-集料反应，其原因是粉煤灰能与混凝土中的碱发生反应，生成的产物均匀分布在混凝土中，而不是集中在集料的表面，混凝土不会发生膨胀破坏，混凝土的碱含量降低。

（11）耐磨性

混凝土的耐磨性主要取决于混凝土的抗压强度、养护、表面处理及集料性质。粉煤灰的火山灰活性、形貌效应和微集料效应，可减小混凝土的水胶比，提高混凝土的抗压强度，使混凝土具有较高的耐磨性和耐久性。

4.3.6　粉煤灰混凝土的应用

粉煤灰掺和料适用于一般工业民用建筑结构和构筑物的混凝土，尤其适用于大体积混凝土、泵送混凝土、抗渗混凝土、抗化学侵蚀的混凝土、蒸汽养护的混凝土、地下工程和水下工程混凝土及压浆和压碾混凝土等。

1. 大体积混凝土工程

在大坝建造及使用过程中，“裂缝”问题一直存在。无论是美国的胡佛水坝、埃及的阿斯旺水坝以及巴西与巴拉圭共建的伊泰普大坝等均有裂缝产生，因此在业内甚至有“无坝不裂”的说法。中国三峡大坝在混凝土配合比设计和生产中，采用“三掺一低”的方法，即将国标一级粉煤灰与缓凝高效减水剂、混凝土引气剂三种物质进行联掺，从而降低了混凝土单位用水量，改善了混凝土和易性，减少了混凝土内部缺陷，提高了混凝土耐久性，创造了“天衣无缝”的大坝奇迹。

2. 泵送粉煤灰混凝土

浇筑混凝土采用泵送的方法，既可加快施工速度，又能保证混凝土的质量。泵送混凝土施工技术要求混凝土的流动性大，所以预拌混凝土生产时通常会掺加粉煤灰、减水剂或泵送剂等组分。泵送混凝土中掺加粉煤灰可改善泵送性能、节约水泥用量、降低工作压力、减少设备磨损，并且可以用于泵送低强度混凝土和轻集料混凝土。然而在泵送混凝土中使用减水剂或泵送剂，往往会增加混凝土的坍落度损失，但如同时掺加粉煤灰，则能延缓坍落度损失。

3. 粉煤灰混凝土路面

将粉煤灰混凝土用于道路工程，可满足车辆磨耗，保持一定的摩擦阻力，使车轮不打滑和满足耐久性等要求。

4. 粉煤灰混凝土预制构件

在预制品厂中，用粉煤灰混凝土生产预制构件，可工业化生产，质量容易控制，养护条件较好，可保证粉煤灰混凝土预制构件的质量。

4.4 粉煤灰泡沫混凝土制备原理与工艺

泡沫混凝土是向硅质材料、钙质材料、水及各种外加剂等组成的料浆中，引入适量微小气泡，经过混合搅拌、浇注成型、养护而成的一种多孔型混凝土。与普通混凝土相比，泡沫混凝土没有普通混凝土中所用的粗集料且内部含有气孔，所以泡沫混凝土具有轻质、保温、隔热、隔音等特殊优越性能，而且具有低的弹性模量，从而具有良好的应力分散和吸震性能。与加气混凝土相比，泡沫混凝土具有生产工艺简单、施工操作方便及成本低等特点。因此，泡沫混凝土可以胜任一些性能要求特殊的场合，满足现代建筑工程的要求。目前，泡沫混凝土已应用于生产砌块、轻质板材等墙体材料，还可用于地基补偿、道路施工、挡土墙等。

粉煤灰泡沫混凝土是一种利废、环保、节能、低廉且具有不燃性的新型建筑节能材料。它是通过将粉煤灰、水泥、石灰、石膏、发泡剂及外加剂等按适当配比在一定条件下混合，经搅拌、浇注硬化而形成的。泡沫的产生有两种方式：一种是在搅拌混凝土前加入发泡剂，发泡产生在搅拌过程中；另一种是先让泡沫剂与水搅拌产生泡沫，泡沫水溶液再加入混凝土中。同时要注意泡沫的加入时间，控制泡沫的加入时间可以有效控制泡沫混凝土性能，延长水泥水化时间。这样可以改变泡沫混凝土的强度、密度、软化系数等性能。

4.4.1 泡沫混凝土中原料的作用

1. 水泥

粉煤灰泡沫混凝土制备时的主要胶凝材料就是水泥，水泥品种直接影响着粉煤灰基泡沫混凝土的可成型性、结构及强度等性能。制备粉煤灰基泡沫混凝土时，要尽可能缩短混合时间，目的是减少稳定结构形成时间，防止产生塌陷；避免沉降和泌水产生；提高混凝土早期强度，最终达到质量的提升。基于这些考虑，工程上一般采用硅酸盐、硫铝酸盐、铁铝酸盐等具备高标号、早强度、低干缩、高水化等特性的水泥制备泡沫混凝土。

水泥用量有一个最佳的范围，不同密度级的泡沫混凝土，水泥的最佳用量范围也不同。水泥用量增加可以提高粉煤灰基泡沫混凝土的强度，但是过量使用水泥反而会使强度降低。这是因为施工过程中，为了降低泡沫混凝土密度，需要添加大量的泡沫。

2. 粉煤灰

目前生产发泡混凝土材料首选原料就是粉煤灰，一方面粉煤灰作为固废，价格便宜；另一方面粉煤灰具备一定的类水泥胶凝性能，可以部分替代水泥。因此，既能够消耗粉煤灰，又可以减少自然矿产资源的需求，避免开采过程中带来的环境污染。

火山灰效应引起的水化反应对泡沫混凝土硬化过程具有重要影响，它赋予混凝土强度并延长其硬化时间。粉煤灰提供的沉淀场合能够促进后期水化反应的进行，最终水化产物与凝胶水泥熟料类似，具备良好的活性作用，从而促进泡沫混凝土后期强度的增加。此外，粉煤灰内部存在大量的玻璃微珠（SiO_2和 Al_2O_3含量较高），这些微珠具有较高的活性和化学内能，使得它具有很强的活性作用。

减水作用：粉煤灰特有的结构和性质使其常吸附于水泥颗粒的表面，这种吸附方式有滚珠轴承的作用，能够减少水的需求量（接近于硅酸盐水泥）。

充填和增密作用：粉煤灰密度稍小于水泥，微粉粒形好，能够与水泥颗粒充分接触填充水泥颗粒间隙，增加水泥的密实性，使得混凝土结构致密。

稳定作用：混凝土中水泥水化会析出活性物质 $Ca(OH)_2$，它是产生混凝土化学侵蚀破坏的主因，粉煤灰的火山反应，就是让化学性质不稳定的成分通过化学方法使其稳定下来，从而减少混凝土的化学侵蚀破坏。此外，粉煤灰还可以降低泡沫混凝土内部温度，避免高温产生裂缝，这种性能能够消除大体积混凝土工程内部温升带来的危害。

另外，粉煤灰可以抑制浇注、运输过程中的离析现象，改善混凝土的和易性和稳定性，形成稳定的结构。

3. 发泡剂

发泡剂的质量直接影响泡沫混凝土的质量。发泡剂的种类可分为阴离子型、阳离子型、两性和非离子型等。常用的发泡剂有：松香皂发泡剂、石油黄酸铝发泡剂、皂素酯发泡剂、纸浆废液发泡剂、废毛发泡剂等。

粉煤灰泡沫混凝土浆体的流动性和硬化混凝土的特性极大程度上依赖于引入的泡沫的特性，如泡沫的大小、泡沫的壁厚和牢度、泡沫的尺寸分布、泡沫在混凝土浆体或硬化体中的空间分布、泡沫的稳定性等因素。通常将泡沫剂和泡沫稳定剂配合使用，目的是提高泡沫的稳定性。常用的泡沫稳定剂是有机高分子物质，如皂角甙、阿拉伯胶、琼胶、蛋白质、淀粉及合成高分子物质等。

4. 石灰、石膏、沙子

石灰可以提高泡沫混凝土的强度，主要机理是 CaO 在水热条件下与硅质材料中的 SiO_2、Al_2O_3反应生成水化硅酸钙与水化铝酸钙。另外，生石灰在水化反应过程中会产生大量的热，有利于提高粉煤灰泡沫混凝土早期强度和质量，一般最佳用量在10%～15%之间。

石膏在胶凝材料组分中起激发剂作用，增加石膏掺量可以提高泡沫混凝土的早期强度，但有一定限度，当超过一个定值后强度反而会降低，一般最佳用量3%～4%。石膏 $CaSO_4$含量要高，不应小于65%，0.08 mm 方孔筛筛过量不小于85%，可选用深加工后的废石膏。

沙子在泡沫混凝土中主要作为填充料，提高硬化泡沫混凝土的体积稳定性。选用沙子的各项指标应符合《建设用砂》(GB/T 14684—2022)的规定。

5．轻质集料

常用的轻质集料有轻质陶粒、膨胀珍珠岩、EPS硅石粉、炉渣颗粒等。与普通混凝土相比，使用低密度的集料会明显提高泡沫混凝土的抗压强度。

6．复合外加剂

加入外加剂的目的是满足混凝土的和易性及某些特殊性能的要求。例如，添加少量三乙醇胺与无机早强剂 $CaCl_2$、Na_2SO_4 可以提高泡沫混凝土的抗压强度；添加膨胀剂可以减少或避免收缩裂缝；添加纤维材料可以提高抗拉强度；添加有机物对其进行表面改性可以提高强度和降低吸水性；添加适量骨料能够减小收缩；添加粉煤灰后通常要加入一些激发剂来加快强度发展。

7．水

第一，水可以影响泡沫混凝土的抗冻性，增加泡沫混凝土的吸水率会降低抗冻性；第二，工业用水中的有害物质会通过其流体特性进入并侵蚀混凝土；第三，水受热汽化蒸发会使混凝土的表面碱化，当泡沫混凝土内部温度较外界高时，其内部的水的蒸发向外流出会将其中的碱性物质带出并停留在混凝土表面，产生反碱作用，影响其使用寿命；第四，水会影响其强度，泡沫混凝土吸水后强度下降，降低保温性能。因此，生产泡沫混凝土过程中应严格控制好水质和水量。

4.4.2　粉煤灰泡沫混凝土的形成机理

表面活性剂或表面活性物质溶于水中，在机械搅拌产生的剪切作用下包裹空气形成泡沫。泡沫是由细小空气泡组成的分散体系，气泡之间由细微的液体薄膜隔开。一般表面活性剂和表面活性物质的分子结构由性质截然不同的两部分组成，一部分是亲油性的亲油基(也称憎水基)，另一部分是亲水性的亲水基(也称憎油基)。这种特殊的结构使表面活性剂和表面活性物质溶于水中后，产生两种不同的作用现象，亲水基受到水分子的吸引，而亲油基则受到水分子的排斥。因此其在溶液中很不稳定，为了克服这种不稳定状态，表面活性剂和表面活性物质只有占据到溶液的表面，亲油基伸向气相中，亲水基深入到水中。理想情况下，表面活性物质和表面活性剂在油水界面排列，由稳定的双电子层结构包裹空气形成气泡，如图 4-3 所示，大量气泡聚集形成泡沫。

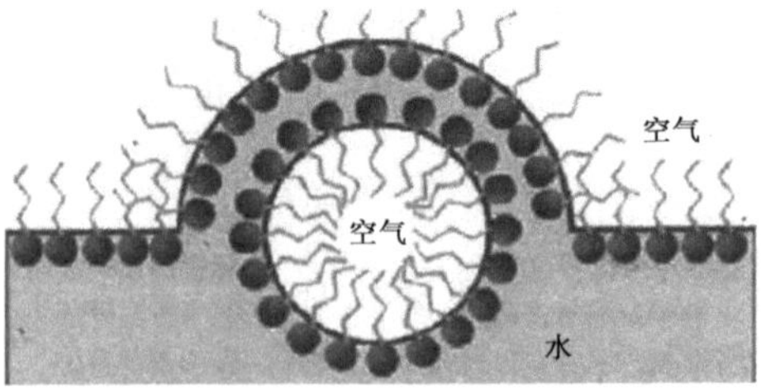

图 4-3　气泡双电子层示意图

将泡沫液加入混凝土浆体中，经均匀搅拌后即制成泡沫混凝土混合料。在此过程中泡沫将转变成泡沫混凝土气孔。主要分三个阶段：胶凝材料颗粒包围气泡阶段，胶凝材料黏附在泡沫液-气膜表面,形成一个均匀的包围层,气泡的气-液结构转变为气-液-固结构;胶凝材料水化产物包围气泡阶段,水化产物逐渐填充到气泡膜水分子之间,加固气泡,提高气泡强度;大量水化产物固定气泡阶段,胶凝材料初步凝结后,水化过程加快,产生的大量水化热使泡沫液膜的水分蒸发。同时,胶凝材料水化作用消耗泡沫液膜及泡间的水维持进一步水化反应。这就使泡沫液膜逐渐减薄,最后完全消失。最初附着在气泡膜上的水化产物,在液膜变薄的过程中,逐渐取代液膜,形成了一个胶凝层。当泡沫液膜完全消失时,胶凝层封闭内部空气,形成气孔壁。

4.4.3　制备粉煤灰泡沫混凝土的工艺

大掺量粉煤灰泡沫混凝土,是粉煤灰和水泥在水的作用下所形成的水泥浆与泡沫剂拌和后凝胶硬化而成的一种多孔混凝土。该材料主要由混凝土固体成分和气孔组成。它的结构具有其自身特点:气孔呈圆球或椭圆球形,孔径 0.1～0.8 mm,以 0.2～0.5 mm 为主;料浆在搅拌过程中带入或在发泡阶段化学反应生成泡沫,浇注入模后凝胶硬化,脱模即是产品。

目前制备泡沫混凝土的方法主要有两种:一种是预制泡沫混合法,将混凝土料浆与泡沫液分别制备,分为四道工序,即料浆的制备、泡沫液制备、料浆与泡沫液混合形成泡沫混凝土、注模浇筑和养护,如图 4-4 所示;另一种是混合搅拌法,将混凝土料浆与发泡剂混合,通过化学反应在其内部生成气泡,形成泡沫混凝土,再经过养护制得产品,如图 4-5 所示。

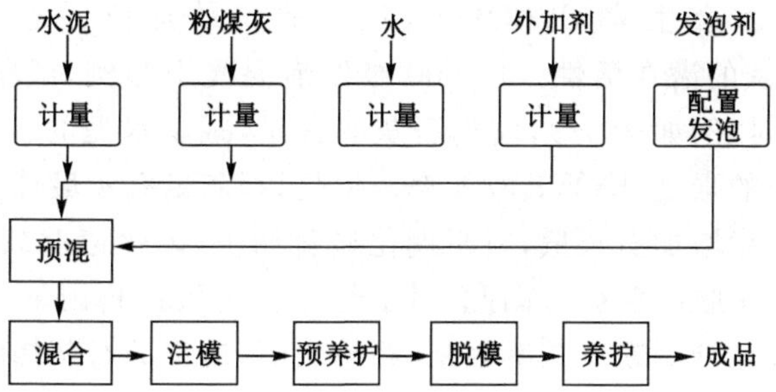

图 4-4　预制泡沫混合法工艺流程图

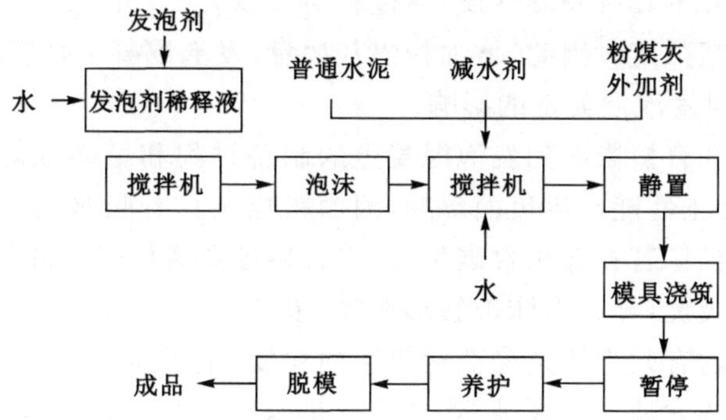

图 4-5　混合搅拌法工艺流程图

两种制备泡沫混凝土方法的主要区别在于气泡的生成阶段不同:预制泡沫混合法是预

先制作泡沫后再与拌和的料浆混合，然后用混合均匀稳定的泡沫拌和物进行现场浇筑或泡沫混凝土的预制；而混合搅拌法则是首先制作混凝土料浆，然后加入发泡剂经过搅拌均匀，然后在静停过程中完成发泡。所以，一般情况下预制泡沫混合法制备的泡沫拌和物具有良好的流动性，便于远距离泵送和现场浇筑。

预制泡沫混合法生产粉煤灰泡沫混凝土，其工艺主要包括泡沫制备、胶浆制备、泡沫与胶浆混合、浇注入模与试块养护等工序。

4.4.4 粉煤灰泡沫混凝土成分对性能的影响

泡沫混凝土的性能主要受到水泥、石灰、粉煤灰和添加剂等成分的影响。探讨这些影响因素，调整和改善这些因素对研发高性能泡沫混凝土有着重要意义。

1. 水泥对粉煤灰发泡混凝土的影响

水泥是发泡混凝土制备过程中的主要胶凝材料，其物理性能及掺量对发泡混凝土有重要影响。普通水泥(如硅酸盐水泥、硫铝酸盐水泥、铁铝酸盐水泥等)均可作为发泡混凝土的胶凝材料，但考虑到早期强度和生产成本，一般都采用425R普通硅酸盐水泥。水泥在发泡混凝土中对强度的贡献非常重要，其掺量越多，发泡混凝土强度就越大。但一般只要满足市场需求，出于成本考虑，均要加入粉煤灰代替部分水泥以提高后期强度，所以发泡混凝土中水泥的掺量应适量。

2. 石灰对粉煤灰发泡混凝土的影响

生石灰(CaO)遇水会生成$Ca(OH)_2$，反应放出的热量促进水泥的水化，生成的$Ca(OH)_2$会激发粉煤灰的潜在活性。以600级发泡混凝土为例，试验结果表明，当钙质材料(水泥和石灰)一定时(例如40%)，增加石灰的含量，减少水泥的含量会显著地促进浆体硬化，提高发泡混凝土的强度，降低其收缩率。但是，石灰量有一最佳范围，不宜过多。比如在达到某一含量后，继续增加石灰量，料浆稠化显著加快，硬化速度放缓，强度反而降低，收缩率反而提高，容易产生收缩裂缝。因此，对于每一种钙质材料用量，都有一相应的最佳组成，再考虑到尽可能多地利用粉煤灰等因素，经验表明，适宜的石灰掺量应为5%～15%。

3. 粉煤灰对发泡混凝土的影响

(1) 粉煤灰掺量对发泡混凝土的影响

一般粉煤灰本身并不具有胶凝性质，活性相对较低，二次水化过程缓慢，所以掺入粉煤灰会降低混凝土的早期强度。因此，增加粉煤灰掺量，发泡混凝土强度就会降低。

(2) 粉煤灰质量对发泡混凝土的影响

粉煤灰质量的好坏直接影响到发泡混凝土的制备过程和最终性能，比如粉煤灰含碳量高、颗粒较粗将对混凝土性能产生负面影响，因为粉煤灰具有吸水性，会直接影响混凝土的需水性，当水灰比一定时，若粉煤灰含碳量高，将直接导致浆体过稠降低其流动性，粉煤灰可能将发泡液中的水分吸走，导致泡沫破裂形成“塌膜”。

提高粉煤灰活性的有效方法是降低粉煤灰的粒度，主要通过球磨让粗颗粒变成细颗粒，在此过程中粉煤灰中的大玻璃体被破坏，大部分是以碎屑状玻璃体及破碎的玻璃微球及较小粒径的实心微球形式存在。通过球磨，破坏了玻璃体表面坚固的保护膜，使内部可溶性SiO_2、Al_2O_3溶出，断键增多，比表面积增大，新增结合面积增加，活化分子增加，活性提高，有利于新的化学键组合。另外，球磨可使粉煤灰中的炭粒变成细屑，烧失量虽不降低，但其对混凝土的负面影响明显得到改善。磨细粉煤灰发泡混凝土的早期强度高于粗颗粒粉煤灰发泡混凝土，且后期强度逐渐增加，磨细灰能够提高粉煤灰发泡混凝土的强度。所以，当对粉煤灰发泡混凝土早期强度有要求时，建议选用磨细粉煤灰。

(3) 粉煤灰对发泡混凝土抗碳化性能的影响

混凝土的碳化是指其内部的氢氧化钙与空气中的二氧化碳在水存在的条件下发生化学反应，生成碳酸钙和水。碳化过程的进行，会降低混凝土中的 Ca^{2+} 浓度，为了维持化学平衡，内部氢氧化钙就会不断溶解，提供钙离子以供反应进行。结果使液相中钙离子浓度及碱储备降低。当 pH 值或氢氧化钙含量降低到一定程度时，周围其他含钙水化产物还在继续分解、碳化，这些过程影响混凝土的性能。

粉煤灰取代部分水泥后，水泥熟料水化生成 $Ca(OH)_2$，提供碱度，pH 值达一定值后，$Ca(OH)_2$ 会与粉煤灰玻璃体中的活性 SiO_2、Al_2O_3 反应，生成水化铝酸钙及水化硅酸钙。所以，粉煤灰混凝土，特别是大掺量粉煤灰混凝土的二次反应会消耗大量的 $Ca(OH)_2$，降低碱储备及液相浓度。碱储备减少会缩短碳化中和作用过程，最终导致粉煤灰混凝土抗碳化性能的降低。

从化学组分分析，能与 CO_2 反应的物质主要是 $Ca(OH)_2$，由于粉煤灰混凝土的二次水化，混凝土中的 $Ca(OH)_2$ 含量很少，KOH、NaOH 等碱性物质也相应较少，导致混凝土碳化反应很慢。因此，为促进碳化反应进行，通常会增加粉煤灰混凝土中碱储备。一方面可通过增加 CO_2 的反应物，另一方面可以补充后期粉煤灰的火山灰反应所造成的 $Ca(OH)_2$ 不足，同时提高混凝土的密实性，还能有效地降低碳化速度。

使用磨细粉煤灰，可以降低粉煤灰的需水量，即降低粉煤灰混凝土的水灰比，这有助于提前封闭粉煤灰混凝土中的连通孔隙，从而改善抗碳化性能。在混凝土中掺入磨细粉煤灰，既促进粉煤灰的二次反应，又可以提高水泥的水化反应，同时也提高水化产物及二次反应的产物，弥补由于水泥用量的变化带来水化产物数量不足的缺点，增大胶空比，提高粉煤灰发泡混凝土的抗碳化性能。

(4) 水灰比对粉煤灰发泡混凝土的影响

一般情况下，增加水灰比，普通水泥混凝土强度会降低。粉煤灰发泡混凝土试验表明：在相同养护时间内，提高水灰比，粉煤灰发泡混凝土抗压强度会呈现出先增大后减少的变化规律。

分析这些现象，可能的原因有两个：一是水灰比增大使砂浆流动性改善，泡沫在混凝土中分布均匀化；二是沙子和泡沫量减少也使硬化后的发泡混凝土均匀性得到提高。这种现象表明，粉煤灰发泡混凝土强度除了受到胶凝材料水泥的影响外，同时也受到发泡剂添加量、泡沫分布、泡沫孔径大小和泡沫在混凝土中的分布影响。因此，发泡混凝土的水灰比要控制在一个合适的范围，过大过小均会导致硬化体强度的降低。

4. 添加剂对发泡混凝土的影响

(1) 发泡剂对发泡混凝土的影响

发泡剂的品质直接影响发泡混凝土的质量。发泡剂品种很多，但并非所有发泡剂物质都能用于发泡混凝土的生产。只有发泡倍数足够大、发起的泡沫稳定性好、在与料浆混合时泡沫壁不易破坏、对胶凝材料的凝结和硬化无有害影响的发泡剂，才适合生产发泡混凝土。

在混凝土中掺入泡沫时，大量泡沫会无端损失。为了获得理想的气孔率混凝土容重，许多场合需要在混凝土中加入理论计算量2～3倍的泡沫液。泡沫剂的掺入方式有两种：一种是在混凝土搅拌前加入，使之在混凝土搅拌均匀后在发泡室发泡；另一种则是先将泡沫剂掺水搅拌生成泡沫液，再将泡沫液加入混凝土中搅拌均匀。相比之下，后者可以通过搅拌产生高质量的泡沫。泡沫的加入时间也是影响泡沫混凝土性能的一个因素，随着水化时间的延长，泡沫混凝土的强度上升，密度下降，软化系数上升，气孔率变化不大，对于普通硅酸盐水泥，泡沫加入的时间可定为水泥加水后30 min。

随发泡剂掺量的增加，粉煤灰发泡混凝土的容重和抗压强度会降低，吸水率增加，因此其掺量应有一定限制。

(2) 复合外加剂对发泡混凝土强度的影响

根据不同的需要可以添加不同的外加剂，以起到相应改善泡沫混凝土性能的作用。以在粉煤灰发泡混凝土中掺加C-3复合外加剂为例：不掺C-3复合外加剂，产品自然养护7 d，水化产物结构较疏松，仍有大量未水化颗粒，C-S-H量少；掺C-3复合外加剂后，自然养护7 d后水化产物不仅结构较为致密，C-S-H胶凝较多，而且与$Ca(OH)_2$晶体穿插搭接成网状结构。试验表明C-3复合外加剂可提高粉煤灰二次水化反应程度。

4.4.5 粉煤灰泡沫混凝土的应用

1. 粉煤灰泡沫砌块

粉煤灰泡沫砌块是一种将粉煤灰泡沫混凝土料浆注模成型的制品。初凝后，砌块会被脱模切割成各种规格的制品，然后通过蒸压釜养护，最终得到成品。粉煤灰泡沫砌块具有容重小、导热系数低、吸音性能好、有一定强度和可加工性好等优点，用于围护结构或保温结构用建筑砌块。粉煤灰泡沫砌块性能类似于蒸压加气砌块，因此其产品质量规格、建筑设计与施工规程要求可参照蒸压加气砌块标准。

2. GRC轻质隔墙(声)板

GRC轻质隔墙板广泛应用于各类建筑，主要因其性价比高，轻质，板薄，抗折强度和抗冲击强度适中，隔音、防火、耐火等性能优异。目前市场上生产的GRC轻质隔墙板主要原料是水泥珍珠岩。通过使用粉煤灰泡沫混凝土代替水泥珍珠岩生产GRC轻质隔墙板，能充分利用工业废料，降低生产成本，节约自然矿产资源；此外，相关生产企业可享受免增值税政策，更具有社会和经济效益。

3. 节能屋面复合层施工

施工方式一般是现场浇注，具体方法是将新拌粉煤灰泡沫混凝土料浆输送到施工现场。浇注前，在屋面设置相应的隔板(可使用聚苯乙烯泡沫板)，隔板高度应按照设计要求确定，分割区以3 000 mm×3 000 mm为宜。根据操作规程，将料浆浇注(可泵送)至满分割区后，用木质刮板(或铝合金)刮平，根据现场情况在有蜂窝的地方反复滑动以消除蜂窝状表面。对于有坑或高度不平的地方适当补浇，再刮平。料浆凝固后表面敷塑料布或喷洒表面养护剂，防止表面失水过度。浇注24 h内要仔细维护，2 d后进行防水施工后即可形成屋面复合层。用粉煤灰泡沫混凝土施工的屋面复合层成本低、经济合理、保温性能好、抗压强度和容重可控制，具有明显的施工灵活性和普适性。

4. 其他

粉煤灰泡沫混凝土也常在填充和加固工程中使用，作软土地基加固，坑洞填充。由于其轻质特性，它可减轻下卧层的沉降，缩短固结时间。此外，它也常用作挡水墙、挡土墙及港口的岸壁建设。在建筑物中，它可用作低标号混凝土填层，可加快施工速度，减轻对基础的荷载，提高建筑物的隔热隔音效果。

4.5　粉煤灰预制品制备原理与工艺

4.5.1　粉煤灰砖制备原理与工艺

1. 粉煤灰烧结砖

粉煤灰烧结砖与普通黏土砖（红砖）一样，都是烧结而成的。粉煤灰烧结砖（粉煤灰砖）以粉煤灰和黏土为原材料。粉煤灰是无塑性原料，掺灰量多少要根据黏土的塑性指数确定，粉煤灰的掺量随黏土塑性指数的提高而增多。每掺入 1％的粉煤灰，配合料的塑性指数会降低 0.10～0.13。所以，当胶结材料（黏土、页岩等）塑性指数在 7 以下时不能掺加粉煤灰；当胶结材料塑性指数在 7～10 时，掺灰量应控制在 30％以下（体积比）；当胶结材料塑性指数在 10～13 时，掺灰量应控制在 50％以下；当胶结材料塑性指数在 13～16 时，掺灰量应控制在 70％以下。

由于掺灰量的增加，粉煤灰烧结砖的单位体积质量降低，绝热性能达到或超过了黏土烧结多孔砖，成为既承重又有较好绝热性能的墙体材料。该产品能达到吃灰量大、节土、节能、利废和环保的目的。

2. 蒸压粉煤灰砖

《蒸压粉煤灰砖》（JC/T 239—2014）中规定，其各项主要技术指标与烧结普通砖大体相同，可代替黏土实心砖用于建筑工程。当时，因粉煤灰砖用灰量最大，投资较少，技术上比较成熟，成为建设比较快的项目。

近年来，发展起来的高强蒸压粉煤灰砖生产技术克服了传统的蒸压、蒸养粉煤灰砖所存在的缺陷，不仅粉煤灰掺量大（大于 65％），而且具有强度高、干缩性小、抗老化性能好等特点，其主要工艺参数和主要技术性能见表 4-4。

从表中可以看出：实心标准砖在粉煤灰掺加量达 70％的情况下，蒸压粉煤灰标准砖抗压强度达 29.8 MPa，孔洞率为 36％的空心砖抗压强度达 21.7 MPa，两者的干缩值达到 0.26～0.3 mm/m，抗冻性能良好，15 个冻融循环后强度损失小于 15％。

3. 蒸压粉煤灰多孔砖

蒸压粉煤灰多孔砖是以粉煤灰、生石灰（或电石渣）为主要原料，再加入适量的石膏等材料，经搅拌、压制成型、高压蒸气养护而制成的多孔砖。

蒸压粉煤灰多孔砖的强度等级分为 MU25、MU20、MU15 三个等级。孔洞率应不小于 25％，不大于 35％；吸水率应不大于 20％；线性干燥收缩值应不大于 0.50 mm/mm；碳化系数应不小于 0.85；放射性核素限量应符合《建筑材料放射性核素限量》（GB 6566—2010）的规定；其性能指标应符合《蒸压粉煤灰多孔砖》（GB/T 26541—2011）标准规范要求。

生产蒸压粉煤灰多孔砖的原料、生产工艺、设备、技术原理与粉煤灰砖相同。蒸压粉煤灰多孔砖的自重比混凝土多孔砖、红砖轻，强度比蒸压加气混凝土砌块高，孔洞率比现有的各类新墙材高，保温性能好，不开裂渗水，可用于承重墙体和隔墙等。

表 4-4　生产高强蒸压粉煤灰砖的主要工艺参数和主要技术性能

砖号	生产参数			DF 规格试样实验室检测试验结果							
	粉煤灰 /%(质量)	砂 /%(质量)	石灰 /%(质量)	长 /mm	宽 /mm	高 /mm	砖重 /(kg/块)	容重 /(kg/m³)	断裂力/kN	最大荷载 /(N/mm²)	干缩值 /(mm/m)
1	60.0	32	8	240.8	115.4	52.0	4.969	1 360	443	31.9	
2	60.0	32	8	240.9	115.3	52.0	4.969	1 360	436	31.4	
3	60.0	32	8	240.9	115.3	52.0	4.971	1 360	444	32.0	
平均				240.9	115.3	52.0	—	1360	—	31.7	
1	70.0	22	8	240.9	115.4	52.0	4.865	1 290	418	30.1	
2	70.0	22	8	240.9	115.4	52.0	4.867	1 290	408	29.4	
3	70.0	22	8	240.9	115.4	52.0	4.869	1 290	416	29.9	
平均				240.9	115.4	52.0	—	1 290	—	29.8	0.262
1	60.0	32	8	240.8	115.4	114.3	3.285	1 030	634	22.8	
2	60.0	32	8	240.8	115.4	113.0	3.188	1 010	668	24.8	
3	60.0	32	8	240.8	115.4	111.0	3.139	1 020	661	23.8	
平均				240.8	115.4	111.0	—	1 020	—	23.5	
1	70.0	22	8	240.8	115.4	113.2	3.035	960	617	22.2	
2	70.0	22	8	240.8	115.4	112.7	3.125	1 000	580	20.9	
3	70.0	22	8	240.8	115.4	113.0	3.035	970	610	22.2	
平均				240.8	115.4	113.0	—	980	—	21.7	0.3

4. 粉煤灰免烧免蒸砖

粉煤灰免烧免蒸砖是指自然养护、免烧免蒸的砖，是在 1990 年后国家提出墙材革新，限制黏土砖生产和节土、节能的形势下发展起来的。它以粉煤灰或各种煤渣等为主要原料，添加适量水泥、石膏和一些黏结剂，经搅拌压制成型，自然养护而成，产品尚无国家或行业标准。由于产品自然养护需要较大的坯场，所以一般生产规模较小。由于生产该产品工艺、设备比较简单，技术含量较低，投资又较少，所以在城乡地区建立了许多生产厂家，发展迅速。据不完全统计，全国范围内有几千家免烧砖企业，年生产免烧砖产品 6 亿～8 亿块，年用灰量 150 万 t。粉煤灰免烧免蒸砖具有以下优点：

(1) 节约土地

如果以 50%掺量计，那么每生产 10 万块砖，可节约 42 亩地，而且可以利用(大于)10 万 t 粉煤灰。所以从稳定利用粉煤灰、节约土地和粉煤灰利用的经济效益这三者综合考虑，粉煤灰制砖并用作墙体材料应该是粉煤灰利用的最主要途径。

(2) 节约能源

粉煤灰中含有一定的残炭，对于烧结粉煤灰砖却是一个有利条件，因为它可节约部分烧结时用的燃料。一般说来，每生产 1 万块 50%掺量的粉煤灰烧结砖，大约可节省 0.6 t 标准煤。

(3) 减轻墙体质量和提高隔热性能

由于粉煤灰的堆积密度小于黏土，因此一般说来每块粉煤灰砖比黏土砖要轻 0.6 kg。就导热性而言，黏土砖的热导率为 0.60 W/(m・K)，而粉煤灰砖则为 0.4 W/(m・K)，说明粉煤灰砖的隔热保温性能比普通黏土砖要好。

5. 粉煤灰透水砖

粉煤灰透水砖是以碎石、河沙为骨料，以粉煤灰和水泥为胶结料，以颜料为着色剂，按一定配合比计量，加水搅拌和液压振动成型、自然养护而制成的砖，见图 4-6。利用粉煤灰取代部分水泥，其掺量可达 60%～70%，能够有效降低生产成本。

图 4-6　粉煤灰透水砖

粉煤灰透水砖的透水能力强，能及时排干路面的积水，提高地表的透气、透水性，调节地表温度和湿度，是当前海绵城市建设中重要的路面材料。另外，它还具有抗压强度高，有较好的耐磨性、抗冲击性和抗冻融性，经久耐用的特点，广泛用于城市的人行道、园林、广场、停车场和住宅小区等，还可将路面砖制作成不同的色彩和形状，美化环境。

4.5.2 粉煤灰砌块制备原理与工艺

粉煤灰砌块是指以水泥、粉煤灰、各种轻重集料、水为主要成分(也可加入外加剂)拌和制成的砌块,其中粉煤灰用量不应低于原材料质量的 20%,水泥用量不应低于原材料质量的 10%。由于我国粉煤灰中适合作水泥混合材料与混凝土活性掺和料的优质灰较少(Ⅰ级、Ⅱ级灰只占 5%左右),大部分为Ⅲ级灰及等外灰,其活性较低,利用率最低。因此,充分利用大量堆积的低等级粉煤灰发展粉煤灰小型空心砌块,对于推进墙体材料革新与建筑节能以及治理环境污染具有十分重要的意义。

1. 粉煤灰小型空心砌块的制备

(1) 原材料及其配比

粉煤灰小型空心砌块各原料的配合比应根据砌块的性能,特别是强度等级,经过专门的设计计算和适配来确定。粉煤灰在砌块中既是胶凝材料的组分,也起细集料和微集料的作用,干排灰与湿排灰均可使用。为了节约优质灰及降低成本,一般采用低等级粉煤灰,如Ⅲ级灰以及灰渣混排灰。粉煤灰的技术要求应符合《用于水泥和混凝土中的粉煤灰》(GB/T 1596—2017)的规定,45 μm 筛筛余量不大于 60%。当采用灰渣混排灰或炉底渣生产粉煤灰小型空心砌块时,其 0.16 mm 筛上部分的烧失量应不大于 15%,以限制未燃尽炭的含量,以免含碳量过多使粉煤灰的活性组分减少并导致砌块强度降低。

水泥可采用普通水泥或矿渣水泥,为了在砌块中多掺粉煤灰,一般不宜采用火山灰水泥及粉煤灰水泥。当生产强度等级较低的砌块时,也可采用粉煤灰水泥及复合水泥。

根据粉煤灰小型空心砌块的用途,可采用不同品种的集料,如普通集料的建筑用砂、石,轻集料的建筑用炉渣、钢渣以及膨胀珍珠岩、高炉重矿渣等。由于空心砌块的最小允许肋厚为 20 mm,为保证成型,各种集料的最大粒径不应大于 10 mm。另外,集料还应符合各自的质量标准。

粉煤灰小型空心砌块一般采用活性较低的低等级粉煤灰,通常需加入化学激发剂激发其活性,这是制作粉煤灰小型空心砌块的一个关键技术。化学激发剂能促使粉煤灰玻璃体网络解聚、瓦解,释放出活性的 SiO_2、Al_2O_3,进而与水泥水化析出的 $Ca(OH)_2$ 发生火山灰反应,生成具有一定强度的胶凝物质。粉煤灰常用的化学激发剂有 Na_2SO_4、$CaSO_4$、$Ca(OH)_2$、$NaCl$、Na_2CO_3、$NaOH$、Na_2SiO_3 等,采用何种激发剂应经过试验确定。另外,一般用于普通混凝土的外加剂也均可采用。

(2) 粉煤灰小型空心砌块的生产工艺

粉煤灰小型空心砌块的生产流程为:分别计量的外加剂与水混均匀后和经计量的粉煤灰、集料、水泥一起搅拌、成型,经养护、检验、成品堆放、出厂。见图 4-7。

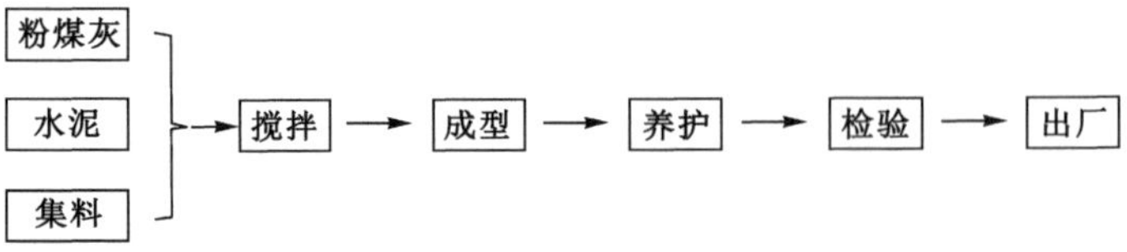

图 4-7 粉煤灰小型空心砌块生产工艺

搅拌可解决搅拌中物料成球的问题,大大提高原料混合的均匀性及成型质量,减少砌块强度的离散性。并且经过碾压后，粉煤灰表面致密的玻璃微珠结构有一定程度的破坏，有利于其活性的激发。

由于粉煤灰小型空心砌块拌和物黏滞性较大、流动性差，成型过程中卸料、布料困难，脱模时易形成真空，砌块的壁肋有被拉裂、破损的可能，因此，要注意解决下料、排气问题。可通过调整颗粒级配，加入炉渣、粗砂、碎石（瓜子片）等骨料来解决，加骨料后还可改善砌块的成型质量。

养护可采用自然养护与蒸汽养护两种方式。自然养护堆放场地应平整，堆放高度不宜超过 1.6 m，堆垛之间应保持适当通道，应有防雨措施，防止砌块上墙时因含水率过大而导致墙体开裂。

2. 粉煤灰小型空心砌块产品性能

表 4-5 列出了部分粉煤灰小型空心砌块的原材料配比及有关性能。由表中可见，粉煤灰小型空心砌块的表观密度较小，抗压强度较高，吸水率小于 22%，软化系数不小于 0.75，抗冻性合格，符合《轻集料混凝土小型空心砌块》(GB/T 15229—2011)的要求。干燥收缩率未超过 0.06%，与蒸汽加压混凝土砌块、粉煤灰砖、粉煤灰砌块等建材产品相比是较小的。另外，其热导率比普通黏土砖的热导率[0.78 W/(m·K)]小，说明其保温隔热性较好。

表 4-5 部分粉煤灰小型空心砌块的原材料配比及有关性能

砌块类别	原料配比					空心率 /%	表观密度 /(kg/m³)	抗压强度 /MPa	吸水率 /%	软化系数	碳化系数	热导率 /[W/(m·K)]	干缩率 /%	抗冻性 (D_{15})
	序号	粉煤灰	集料	水泥	外加剂									
非承重砌块	1	68	15	12	5	27.8	969	3.6	21.6	>0.75				达 D_{25}
	2	70	20	10	0.2	50.0	800	>3.5	18.5	0.83	0.90	0.50	0.050	合格
	3	60	28	12		46.6	867	6.0	7.9	0.95	0.95			合格
	4	85		15		44.0	663	3.3	13.2	0.98			0.043	
承重砌块	1	35	45	15	5	30.3	1112	8.3	19.0	>0.75	0.80	0.545	0.035	达 D_{30}
	2	56	20		适量		840	12.8		0.95	0.90	0.177	0.065	合格
	3	65	20	15	0.2	>38.0	1200	11.2	18.0	0.88	0.87	0.470	0.050	合格

3. 粉煤灰小型空心砌块的优点

与实心黏土砖相比，采用粉煤灰小型空心砌块作墙体材料可降低墙体自重约 1/3，提高了建筑物的抗震性；砌筑砂浆的用量可节约 60%以上，建筑物基础工程造价可降低约 10%，施工工效提高 3～4 倍；建筑物使用系数提高 4%～6%，增加了建筑使用面积，建筑总造价可降低 3%～10%；墙体热绝缘系数可达到 0.346 m^2 · K/W，建筑物保温效果提高 30%～50%，可有效降低建筑能耗。另外，它还具有隔声、抗渗、节能、方便装修、利废、环保等优点，经济效益、环境效益和社会效益均十分明显。目前，粉煤灰小型空心砌块已在全国许多城市的一些试点建筑中得到应用，使用效果较好。

4.5.3 粉煤灰发泡水泥保温板制备原理与工艺

粉煤灰发泡水泥保温板主要是由水、石灰、水泥和其他硅质材料（如粉煤灰、硅灰），掺入适当的发泡剂，经过配料、搅拌、浇筑成型、切割和蒸汽养护而成的多孔轻质材料。

1. 粉煤灰发泡水泥保温板特性

(1) 轻质

粉煤灰发泡水泥保温板密度等级一般介于 120～250 kg/m^3，为常用水泥基材料密度的十三分之一。这种低密度轻质特性使其作为建筑物的内外墙体保温材料可使建筑物自重降低 30%左右，且其成本低廉，尺寸较大，在建筑工程中具有显著的经济效益和较高的施工效率。因此，粉煤灰发泡水泥保温板在市场中具有巨大的应用前景和优势，是未来建筑保温材料中不容忽视的一类新型材料。

(2) 保温隔热性能好

相比普通水泥基材料和传统建筑材料，粉煤灰发泡水泥保温板保温隔热性能十分优异，主要缘于其内部结构中含有大量封闭的细小孔隙，闭孔率可达到 90%以上，这是普通水泥基材料所不具备的性质。采用粉煤灰发泡水泥保温板作为建筑物墙体、屋面保温材料或防火隔离带，具有良好的节能效果。

(3) 隔音防火性能好

粉煤灰发泡水泥保温板属多孔无机材料，闭孔率高达 90%以上，这种多孔状结构赋予其良好的隔音性能，可用作建筑物的楼层、墙面和高速公路的隔板、地下建筑物的顶层，起到隔音效果，避免噪声污染。粉煤灰发泡水泥保温板是无机质材料，不燃烧且耐高温(1 000 ℃温度下可以耐火 2 h 以上)，防火等级为 A1 级，在建筑物上使用，可显著提高建筑物的防火安全性。

(4) 抗震性能强

粉煤灰发泡水泥保温板抗震性能强，在地震荷载作用下所承受的地震力小，震动波的传递速度也较慢，可以及时地将冲击力分散到四周，对冲击能量的吸收快，因而减震效果显著。

2. 粉煤灰发泡水泥保温板的发泡机理

一般来说，在任何发泡工艺中，泡孔的形成主要经历 4 个阶段：聚合物/气体溶液体系的形成、气泡核的形成、气泡核的生长和气泡的稳定固化定型。

(1) 物理发泡方式及机理

物理发泡即机械发泡，是通过机械充分搅拌或剪切过程中引入空气，并利用专用的表面活性剂或表面活性物质的水溶液将空气包裹起来，形成稳定的气泡泡壁。而气泡的泡壁则是由一种或多种表面活性物质和水组成的一种稳定的双电子层结构。

物理发泡不产生新的物质。泡径的大小可以按照剪切速度等方式来控制，一般可以控制在 0.1 mm 左右，形成的气泡均匀且稳定。最终形成的泡孔结构是开孔还是闭孔，与表面活性剂和表面活性物分子微观结构和使用方法有直接的关系。因此，物理发泡方式制出的粉煤灰混凝土品质的好坏直接取决于发泡剂的种类。目前物理发泡剂主要有表面活性剂和蛋白质两大类物质。

(2) 化学发泡方式及机理

化学发泡的特点是所加入的发泡剂在粉煤灰混凝土浆体中发生了化学反应，产生了新的气体物质，所发出的气泡中的气体为单组分类型气体。但不是所有能通过化学反应产生气体的物质都可作为泡沫混凝土化学发泡剂，目前可适用于发泡水泥的主要有：碳化钙、铝粉和过氧化氢等。

发泡混凝土料浆属于弹-塑-黏性体系，浆体在搅拌、浇筑过程中发生化学反应析出游离的 $Ca(OH)_2$、CaO 等，使得料浆体系为碱性环境。发泡剂在高速搅拌下均匀分布于基体的各个点位上，在周围的碱性环境以及水化热量增大的刺激下开始发生化学反应，分解出的气体在各自点位上形成无数独立的气源，随后当气源处气体压力大于料浆的极限剪切应力、黏滞阻力和静水压力之和时，气源开始膨胀，形成一个个独立的气泡，气泡的长大与浆体的稠化过程形成一个动态平衡，最终形成一个个独立的气孔。发泡成型后的泡孔一般呈蜂巢状闭孔结构。

3．粉煤灰发泡水泥保温板的生产工艺

总的来说，粉煤灰发泡水泥保温板包括泡沫混凝土保温板和发泡水泥保温板，其制备工艺及流程略有区别。

（1）泡沫混凝土保温板

泡沫混凝土保温板生产工艺流程如图 4-8 所示。将硅酸盐水泥、粉煤灰、硅灰等原材料，充分拌和，制成干拌砂浆；再加入水、发泡剂后二次拌和，制成泡沫混凝土砂浆浆料；经发泡、养护、切割等工艺制成泡沫混凝土保温板（图 4-9）。

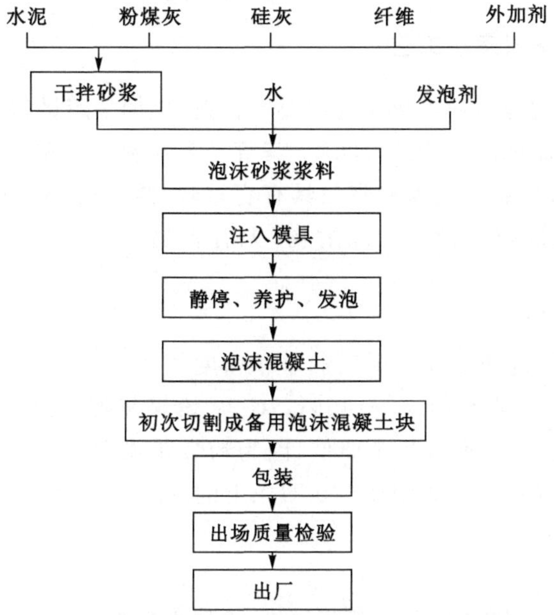

图 4-8　泡沫混凝土保温板的生产工艺流程图

图 4-9　泡沫混凝土保温板

(2) 发泡水泥保温板

发泡水泥保温板的生产工艺流程如图 4-10 所示。将水泥、粉煤灰、聚丙烯纤维及其他制备粉煤灰发泡水泥保温板所需的干料按配比称取并搅拌均匀，倒入事先用水湿润过的搅拌机中；整理好模具和养护措施；启动搅拌机，确保搅拌桶内无搅拌不均匀现象；加入相应比例的复合发泡剂(过氧化氢、三乙醇胺)；发泡完成后用塑料纸盖住表面保温；拆模后搬运到养护车间进行养护；养护 7 d 之后，测 7 d 强度，并养护至 28 d，然后测相应的性能。

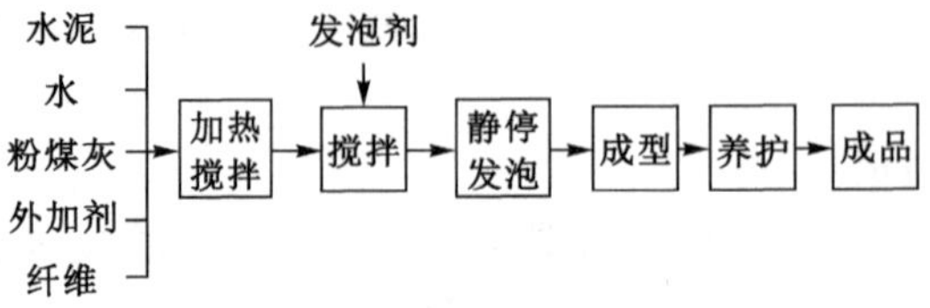

图 4-10　发泡水泥保温板的生产工艺流程图

4.5.4　粉煤灰陶粒制备原理与工艺

所谓粉煤灰陶粒，就是用粉煤灰作为主要原材料，再加一定量的黏结剂(如黏土、页岩)，经过混合、成球和烧结而成的球状或块状物，其直径与混凝土中的石子相仿，故用其来代替石子作混凝土中用的轻骨料。粉煤灰陶粒具有容重轻、强度高、热导率低、耐火度高、保温、防冻、抗腐蚀、抗冲击、抗震、耐磨、无放射物(无有害物)等特点，在建筑等领域具有广泛应用。

1. 粉煤灰陶粒的性能

粒径：5～15 mm；级配小于 5 mm：5%，堆积密度：700～800 kg/m^3；吸水率：8%～10%；筒压强度：9～12 MPa；空隙率：43%～45%。C-30 粉煤灰陶粒混凝土的热导率为 0.56～0.69 W/(m·K)，比 C-30 普通混凝土要低，因为粉煤灰陶粒的主要成分为 SiO_2 和 Al_2O_3，而且系烧结制品，所以又可以作为耐 1 000 ℃以上的混凝土的骨料。

2. 粉煤灰陶粒的制备技术

(1) 焙烧粉煤灰陶粒

焙烧粉煤灰陶粒是以粉煤灰为主要原材料，掺加少量黏结剂如黏土、页岩、煤矸石、固化剂和固体燃料，经混合、成球、高温焙烧(1 200～1 300 ℃)而制得的一种性能较好的人造轻骨料。其用灰量大，还可以充分利用粉煤灰中的热值，当使用的黏土塑性指数在 15%～20%时，粉煤灰占比为 85%～90%。

生产工艺一般包括原料的磨细处理、混合料加水成球、焙烧等工序。烧结通常采用烧结机、回转窑或立波尔窑。烧结机烧结技术对原料的适用范围大，生产操作方便，产量高，质量较好，工艺技术成熟。用烧结机生产的粉煤灰陶粒容重一般为 650 kg/m^3，可以配制 300 号混凝土。该法产量高、成本低、吃灰量大、对原材料要求不严格、机械化程度高，但陶粒表层质量不易控制，设备耗钢多，能耗大，产品质量不如回转窑好。

回转窑法焙烧粉煤灰陶粒在俄罗斯应用最广，年生产能力约 200×10^4 m^3。我国应用此法也比较成熟。此法对粉煤灰质量无特殊要求，物料在窑内受热均匀，陶粒质量好。不利方面是生料球强度要求高、热效率低、煤耗大。

机械化立窑适合于焙烧烧结粉煤灰陶粒，工艺流程与回转窑相同，产品质量好，热效率高，生产成本低，但对粉煤灰质量要求严格，不利于推广，而且产量低，陶粒易在窑内烧结，影响生产。

(2) 蒸养粉煤灰陶粒

蒸养粉煤灰陶粒是以电厂干排粉煤灰为主要原料，掺入适量的激发剂（石灰、石膏、水泥等），经加工、制球、自然养护或蒸气养护而成的球形颗粒产品。与烧结陶粒相比，不用烧结、工艺简单、能耗少、成本低，而且可以解决烧结粉煤灰陶粒散粒的问题，因而具有较强的竞争能力和社会效益。

新制成的陶粒外面裹有一层松散的粉煤灰，避免其在运输和养护过程中发生凝聚，其养护比较简单。通过控制养护条件可以控制陶粒内发生的火山灰反应，以使陶粒硬化。养护条件一般控制在：温度 80～90 ℃、相对湿度 100%、正常大气压。

(3) 全粉煤灰陶粒

全粉煤灰陶粒是一种用羧甲基纤维为黏结剂，取代传统粉煤灰陶粒生产所用黏土而制得的产品。它采用高温快速烧结、快速冷却工艺，使陶粒球外表烧结而内部又未充分燃烧，从而增加了陶粒的致密度。添加可燃物质炭可使陶粒气孔率增加且燃烧均匀。生产全粉煤灰陶粒最好用成分和细度均适宜的干粉煤灰。湿粉煤灰和粗灰应进行脱水和烘干处理，进行磨细或在使用中掺加细粉煤灰，控制粉煤灰中的 Fe_2O_3 和 SO_3 含量，前者含量应控制在 10%以下，后者含量按标准要求越低越好。

3. 粉煤灰陶粒的应用

(1) 粉煤灰陶粒混凝土

粉煤灰陶粒混凝土的强度通常较大，与其他轻集料相比，该陶粒更适于配制高强度轻集料混凝土。粉煤灰陶粒混凝土有利于降低混凝土的表观密度，改善混凝土的保温、耐火、抗渗、抗冻、抗震等性能。我国在永定新河大桥首次使用 CL40 粉煤灰陶粒混凝土代替原设计的混凝土，使桥梁跨度加大，改变立梁结构形式，减小下部结构尺寸，增强了结构的整体性和抗震性，节约工程造价 10%以上。粉煤灰陶粒混凝土复合屋面和粉煤灰陶粒钢筋混凝土复合屋面可有效解决传统保温屋面渗漏问题，且具有良好的隔热保温性能，构造简单，施工方便。

(2) 粉煤灰陶粒混凝土砌块

粉煤灰陶粒混凝土砌块不但轻质、保温性能好，而且收缩性和抗冻性符合国家规范要求，具有显著的技术、经济和社会效益。

(3) 保湿隔热、耐火材料

采用陶粒混凝土制品代替其他耐火材料具有良好的节能效果，被广泛用于冶金、建筑、炼油等部门的窑、炉等热工装置。

(4) 过滤材料

利用破碎型轻质陶砂的开口孔隙发育和高吸附比表面的特点，在滤水工程中使用效果颇佳，陶粒有吸水不吸油的特点，油田使用它可以除去重油中的水分。

(5) 吸音材料

利用陶粒制作的微孔吸音砖，可以控制交响回流时间效果。

(6) 农业方面

可作无土栽培的介质或作土壤的调节剂。

4.6 粉煤灰矿物棉制备原理与工艺

4.6.1 无机纤维棉的制备原理

无机纤维棉通常可分为石棉、矿棉、岩棉和玻璃棉四大类。石棉是天然纤维状硅酸盐类矿物质的总称。石棉具有高度耐火性、电绝缘性和绝热性，是重要的防火、绝缘和保温材料。但由于石棉不具备生物可溶解性，人体长期吸入会引发尘肺病、肺癌等疾病。因此，大部分国家目前已禁用石棉材料，比如欧盟就规定全面禁止开采、加工和使用石棉。

玻璃棉是以玻璃为主要原料，配加一定比例的辅料后，进入玻璃熔炉充分熔化，高温熔浆经漏板流出，进入高速运转的离心器分离成熔浆细流，在高温高速火焰的作用下，熔浆细流被进一步拉伸成玻璃纤维。玻璃纤维再经过固化、定型、切割等工序制成玻璃棉板。玻璃棉的渣球含量少，导热系数低，约 0.037 W/(m·K)，纤维韧性大，使用年限长；但玻璃棉的使用温度较低，只有 270 ℃左右，主要用于较低温度下的保温隔热。

岩棉与矿棉都属于矿物棉，是由硅酸盐熔融物制得的棉花状短纤维。矿物棉制造通常采用天然矿石或工业废渣为原料，先将原料破碎成一定粒度后加助剂等进行配料，再入炉熔化、成棉、装包。成棉工艺有喷吹法、离心法及离心喷吹法三种。矿棉与黏结剂再经成型、干燥、固化等工序可制成各种矿棉制品。矿物棉的主要化学成分是 SiO_2、Al_2O_3、CaO、MgO，同时还含有少量的 Fe_2O_3、Na_2O、K_2O 等，为使其成型，会加入少量的酚醛树脂。通常将用矿渣、粉煤灰为主要原料生产的矿物棉称为矿棉，而将用天然岩石如玄武岩、灰绿岩、白云石等为主要原料生产的产品称为岩棉。专业上一般用酸度系数作为区分岩棉与矿棉的主要标志，通常将酸度系数大于 1.8 的产品称为岩棉，但实际上随着生产技术水平的改进提高，矿棉的酸度系数也可以达到甚至超过岩棉，因此矿棉和岩棉往往在成分和性能上没有本质的区别。

4.6.2 粉煤灰矿物棉的生产原料及工艺

粉煤灰矿物棉是以粉煤灰为主要原料，经过高温熔融、喷吹或离心加工而成的棉花状短纤维，其主要成分是硅酸盐熔结物。粉煤灰矿物棉生产中的酸度系数值 M_K 值(以质量百分数计的 $SiO_2+Al_2O_3$ 与 MgO+CaO 的比值)通常控制为 1.2～1.6，在配制原料时常添加适量酸性物质来调节其酸度系数。物料高温熔融设备一般采用鼓热风的冲天炉，也可用池窑、电炉等。

制纤工艺主要有喷吹法、离心法和离心喷吹法三种。喷吹法是采用一定压力的高速空气或过热蒸汽作动力介质，将熔融物流股吹拉成纤维；根据熔融物流股与气流的相对位置，又可分为立吹法和平吹法，立吹法所得的纤维质量优于平吹法。离心法是借机械离心力，将熔融物流股离心甩制成纤维，常使用多辊离心机。离心喷吹法是综合了离心和喷吹两种方法的特点进行制纤的工艺方法。

矿棉制品加工工艺首先在成棉时喷入黏结剂，再经过成型、干燥、固化、切割等工序，最终制成各种矿棉制品。矿棉制品主要品种有板、毡、毯、垫、席、条带、绳与管壳等。矿棉制品按其品种和添加黏结剂类型的不同，可分为干法、湿法或半干法成型制品；所用黏结剂分为有机黏结剂(如合成树脂、淀粉、沥青等)和无机黏结剂(如水玻璃、膨润土、高岭土等)两种。矿棉制品具有质量轻、耐高温、不燃烧等特点,是优良的隔热保温、防火、吸音材料。

在常温下,纤维状的玻璃态物质由于黏度极大,难以自发释放能量向晶体转化,因此具有极好的稳定性,并具有一定强度和弹性,这也是矿棉在常温下能够长期稳定保存的原因。但是,在受热的情况下,温度的升高促进玻璃体的黏度变低,玻璃体中的质点容易重新排列,进而促进玻璃态物质向生成晶体的方向转化,出现析晶现象。矿棉玻璃体出现在析晶过程中,纤维棉中原有的少量晶体会成为析晶的晶核,起到了加速析晶的作用。随着析晶过程的进行,晶粒不断长大,矿棉纤维发生密度增大、体积收缩、表面粗糙、弹性和强度下降等一系列变化,最终导致纤维断裂,矿棉性能受到严重影响。

此外,矿棉长期在高温下使用时,纤维间接触点在温度低于自身熔点的情况下就会出现彼此黏结、密度变大的现象,通常称为矿棉纤维的烧结现象。矿棉纤维的烧结现象发生在纤维与纤维之间,与时间、温度和纤维直径密切相关,但其本质上是与纤维析晶过程有关。通常情况,保温时间越长,纤维中玻璃体析晶现象越明显,越容易导致纤维间的烧结现象;同样,温度越高,越有助于纤维中玻璃体黏度降低,加速析晶和晶粒长大,越容易导致纤维触点处物质的融合,造成烧结现象;纤维直径越小,表面能越大,越易于出现析晶,析晶引发纤维间触点的融合,造成纤维烧结。因此,一般要求矿棉纤维的直径不宜小于 4 μm。

4.7　粉煤灰地质聚合物制备原理与工艺

4.7.1　粉煤灰地质聚合物的制备原理

地质聚合物是一种利用粉煤灰的碱激发胶凝材料的新型材料。从分子结构定义上来看,地质聚合物是一种具有三维氧化物网络结构的高分子无机聚合凝胶材料,其制备过程中二氧化碳的吨排放量仅为普通硅酸盐水泥的 1/10～1/5,是一种环境友好的材料,在某些应用中可以替代普通硅酸盐水泥。

固体原料中的 Si、Al 元素在碱激发剂溶液中溶解,形成了大量 Si—O—Si 和 Si—O—Al 相连的地聚体,地聚体缩聚是以硅氧四面体和铝氧四面体为基本体系的三维网状结构,地质聚合物结构将未被溶解的固体颗粒包裹在此网状结构中。

普遍被认可的观点是:反应体系的碱度(OH^-)对 Al—O 键和 Si—O 键的断裂非常重要,体系的 pH 值越高,反应程度就越完全,作用过程如下:

$$\text{—Si—O} + OH^- \longrightarrow \text{—O—Si—OH} \tag{4-1}$$

$$\text{—Si—O—Si—} + OH^- \longrightarrow \text{—Si—O—} + \text{—Si—OH} \tag{4-2}$$

当金属阳离子 Na^+ 与 Ca^{2+} 存在时,

$$\text{—Si—O—Ca} + OH^- \longrightarrow \text{—Si—O—Ca—OH} \tag{4-3}$$

$$\text{—Si—O—Ca—OH} + \text{—O—Si—OH} \longrightarrow \text{—Si—O—Si} + Ca(OH)_2 \tag{4-4}$$

在碱激发制备地质聚合物的过程中,除了给体系中提供一部分 Ca^{2+} 外,还需要提供水化反应中的活化物质,例如 Al_2O_3、SiO_2,或者参与水化反应的$[SiO_4]^{4-}$、$[AlO_4]^{5-}$ 等单体,水化反应能生成可提供强度的 N—A—S—H 凝胶等产物。

地质聚合物的硬化涉及在碱性活化剂的作用下使 Si—O 键和 Al—O 键断裂并重新结

合。该模型由 Davidovits 于 1991 年提出，反应过程主要包括以下四个步骤。

（1）溶解：在碱金属活化剂的作用下，铝硅酸盐材料中的 Si—O 键和 Al—O 键断裂，并且释放 Si—O 和 Al—O 四面体单体。

（2）扩散：溶解的 Si—O 和 Al—O 四面体单体扩散到反应体系中。根据化学平衡原理，由于扩散，颗粒表面的硅和铝浓度降低，并且溶解过程继续进行。

（3）缩聚：Si—O 和 Al—O 四面体通过聚合形成非晶态—Si—O—Al—O—结构或沸石晶体。

（4）硬化：发生脱水反应，形成具有高机械强度的硬化地质聚合物。这些步骤是同时执行的。

而 Glukhovsky 概念模型中，只有前导步骤是不同的。对于具有不同原料的地质聚合物，聚合机理并不完全相同，但是它们基本上符合上述反应过程。

根据该模型，活化的硅铝胶结材料在碱性活化剂的作用下形成了地聚合物。该模型将聚合反应分为解构、凝胶形成、缩聚和结晶四个过程。如图 4-11 所示，Glukhovsky 模型中的地质聚合物有五种类型的反应过程。与 Davidovits 模型相反，Glukhovsky 模型中的缩聚过程分为胶凝和重构两个过程。当硅铝酸盐处于饱和状态时，凝胶化涉及脱水以产生低聚凝胶，并且重构涉及地聚凝胶的重排。凝胶脱水并浓缩，逐渐形成地质聚合物的三维网络结构。通常认为，Na_2SiO_3 在水溶液中水解成 NaOH，使液相中含有大量的氢氧根离子，溶液的 pH 值升高。在氢氧根离子的作用下，粉煤灰颗粒表面的非晶 Si—O 键和 Al—O 键断裂，氢氧根离子浓度越大，对 Si—O 键和 Al—O 键破坏作用越强，Si—O 键和 Al—O 键破坏后，形成富含硅、铝酸的低聚体。这些低聚体进一步发生缩聚反应形成离子团，最终形成网状结构。

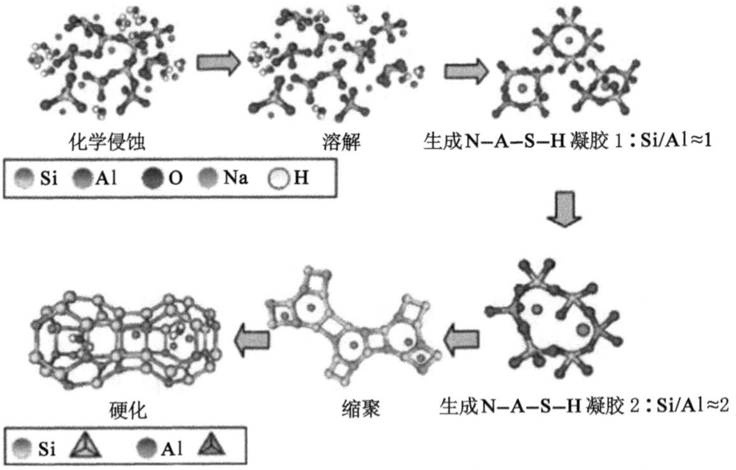

图 4-11　地质聚合物的概念模型

4.7.2　粉煤灰地质聚合物的制备工艺

将一定量粉磨好的粉煤灰和防水剂，放到水泥净浆机中搅拌均匀，倒入一定浓度的 Na_2SiO_3 溶液并充分搅匀，然后将粉煤灰浆料倒入 40 mm×40 mm×160 mm 的自制三联模中，在水泥胶砂振实台上振实成型。将成型后的样品放到恒温水浴锅中养护一定时间，分别测试其 7 d、28 d、60 d 的抗折强度和抗压强度。材料强度测试方法参照《水泥胶砂强度检验方法（ISO 法）》（GB/T 17671—2021）。其工艺流程如图 4-12 所示。

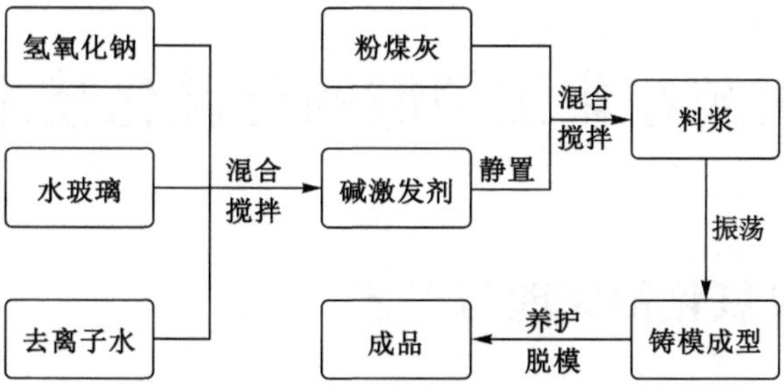

图 4-12　地质聚合物的制备工艺流程

4.7.3　地质聚合物性能的影响因素

1. 碱含量

碱激发是个定量反应的化学过程，合适的加碱量是保证材料强度的关键因素，加碱量一般应控制在 10%以内，但不能低于 6%。加碱过少，不能有效激发粉煤灰的活性；加碱过多，富余的 Na_2SiO_3 会在养护过程中形成 $Na_2SiO_3 \cdot 9H_2O$，在长期干燥及温度较高的环境中，$Na_2SiO_3 \cdot 9H_2O$ 会全部或部分失去结晶水，在材料内部形成不稳定结构，造成材料强度急剧衰减。特别是在水灰比很低的情况下，$Na_2SiO_3 \cdot 9H_2O$ 的形成会使材料内部收缩造成裂缝。

2. 养护时间

蒸养可以增加 SiO_2、Al_2O_3 的溶出度，更容易破坏硅铝玻璃体的网络结构，从而提高粉煤灰的活性，同时碱溶液在高温下碱性也可以得到增强，这样可以促进反应尽可能快及尽可能充分的进行。正交试验发现，对于抗折强度，在养护 4 h 的情况下达到最大，而抗压强度在养护 24 h 时强度达到最大，可见抗折强度与抗压强度的增强是不同步的。当养护时间超过 4 h 时，抗折强度变化规律不很明显而抗压强度缓慢增加。因此为了获得较高的抗折强度，养护时间应以不超过 4 h 为宜。

3. 水灰比

水灰比是影响地质聚合物强度和性能的重要因素，水灰比越低越好。但在工程实践中水灰比的确定还要考虑粉煤灰凝胶体的和易性，在保证和易性良好的前提下应尽可能降低水灰比，以提高地质聚合物的性能。

第5章 粉煤灰在化工领域的资源化技术原理与工艺

5.1 粉煤灰提取氧化铝原理与工艺

从粉煤灰中提取氧化铝是粉煤灰高值化利用的重要技术之一。我国铝土矿资源数量和质量均不高，因此，从粉煤灰中提取氧化铝对减少土地占用和环境负荷、保障我国铝行业可持续发展具有重要的意义。

粉煤灰中 Al_2O_3 的质量分数一般可达到 15%～50%，SiO_2 为 40%～60%。我国内蒙古中西部以及山西北部等地区存在大量高铝煤炭，这些高铝煤炭经脱碳或燃烧后形成的粉煤灰中氧化铝含量高达 40%～50%，相当于中等品位的铝土矿，成为我国特有的具有开发价值的非铝土矿含铝资源。

国内外开展粉煤灰提取氧化铝的研究已有数十年，也开发了多种工艺方案，大致分为碱法和酸法两大类，其中碱法主要包括碱石灰烧结法、石灰石烧结法和预脱硅-碱石灰烧结法等，酸法主要有盐酸浸出法、浓硫酸浸出法、氟化物助溶硫酸浸出法、硫酸熟化法等，以及近年来研究开发的硫酸铵焙烧法。

2021 年实施的《高铝粉煤灰提取氧化铝技术规范》(GB/T 39201—2020)，规定了高铝粉煤灰提取氧化铝的技术原理、原料要求、技术要求、产品质量要求、检测方法、副产物和废弃物回收利用。适用于采用预脱硅-碱石灰烧结法提取氧化铝的工业设计、工艺过程控制和产品质量控制。

5.1.1 粉煤灰的活性激发

粉煤灰的化学元素组成、矿物组成及含量决定了其用途和工业价值。粉煤灰作为典型的铝硅酸类固体废弃物，普遍存在高岭石或莫来石、石英等晶相矿物，其中莫来石和高岭石分别具有架状结构和层状结构，是最主要的含铝矿物。通常情况下，粉煤灰中的铝硅酸盐类矿物化学性质稳定，氧化铝难以直接提取，需要采用一定工艺处理后才能得到所需产品。

从粉煤灰中提取氧化铝并实现硅的有效利用，需要将莫来石、高岭石等铝硅酸盐矿物通过化学或物理激活将其转变成化学反应活性高的物相。活性激发的方法主要包括热活化、化学活化、机械力活化以及各种活化方式相结合的复合活化等。其中，热活化由于工艺简单、效果显著而得到最广泛的应用。

煤矸石中的主要含铝矿物为高岭石，通常采用热活化即可达到显著的活化效果，而粉煤灰中的主要含铝矿物为莫来石，它是煤或经高温燃烧后的产物，结构上更具稳定性，因此仅采用热活化并无明显效果，目前广泛采用的是化学活化与热活化相结合的复合活化方式。此外，矿物加工过程中普遍需要经过破碎、粉磨过程，机械力活化相对其他活化方式更易于工业实施，也常常作为一种重要的活化方式与其他活化方式加以复合。

1. 热活化

热活化是激发粉煤灰活性的有效手段。它主要是利用高温燃烧脱碳的同时，脱去硅铝酸盐矿物中的结合水，破坏其内部分子结构，从而形成热力学不稳定结构。这样，烧成后的产品中就含有大量的活性氧化铝和氧化硅。

高岭石在 450～980 ℃发生脱羟基反应转变为高活性的偏高岭石，这是热活化的原理，也是活性产生的主要来源。经热处理后，高岭石晶体的结构被破坏，转变为非晶态偏高岭石。此外不同粉煤灰的矿物成分相差很大，因此热活化条件也会有较大的差异。

2. 化学活化

化学活化主要是利用化学助剂在高温下破坏粉煤灰中稳定的高岭石和莫来石结构的方法。常用的助剂有 Na_2CO_3、NaOH 等钠助剂以及 $CaCO_3$、$Ca(OH)_2$等钙助剂等。目前化学活化主要用于粉煤灰活化。

通过向粉煤灰中添加 CaO，形成钙长石等含钙铝硅酸盐，然后通过酸、碱浸取将粉煤灰中的 Al_2O_3提取出来。通过活化过程，粉煤灰中莫来石等铝硅酸盐矿物在 CaO 作用下转变为钙长石等含钙铝硅酸盐。这些含钙铝硅酸盐可经酸浸或碱浸，将固相铝提取转化为液相铝盐，实现铝的浸取。

在 Al_2O_3和 SiO_2体系中加入 Na_2O，由 Al_2O_3-SiO_2组成的铝硅酸盐矿物如莫来石、偏高岭石等可以转化为霞石（$KNa_3[AlSiO_4]_4$），霞石是一种酸溶活性很高的非晶态物相，与酸反应可以将其中的 Al_2O_3溶解出来，从而促进粉煤灰中的 Al_2O_3在酸中的溶出。

钠、钙助剂活化粉煤灰这一现象可通过“电荷补偿效应”加以解释，当晶体中取代杂质离子与相应的被取代离子的氧化态不同时，产生的取代缺陷将带有一定的有效电荷，为保持体系的电中性，晶体中将产生出带有相反有效电荷的缺陷，使取代缺陷的电荷得到补偿。

3. 机械活化

机械活化是通过机械力的方式将样品磨细，常用于粉煤灰、矿渣等的活化，不仅可以大大强化铝、铁、硅等离子的浸出，降低过程温度和试剂消耗，提高产品的回收率，而且具有易于在工业实践中应用的特点。根据机械活化产生的作用，可将机械力的作用归结为物理效应、结晶状态以及化学变化，但详细的作用机理仍在探讨中。

5.1.2　粉煤灰提取氧化铝原理

1. 酸法提取氧化铝

酸法是用硫酸、盐酸等无机酸将粉煤灰中的 Al_2O_3浸取得到铝盐溶液，并将铝盐溶液进一步加工成各种铝产品，如结晶铝盐、氧化铝和絮凝剂等的方法。发生的主要反应如下：

$$Al_2O_3 + 6H^+ \longrightarrow 2Al^{3+} + 3H_2O \tag{5-1}$$

酸法多使用强酸（如盐酸、硫酸和硝酸等）为浸取剂。其优点是易于实现铝硅分离，对于原料铝硅比要求不高，所以用于高岭土、粉煤灰等铝硅比低的矿物或废弃物。其主要缺点为铝溶出率不高，需要昂贵的耐酸设备，酸液回收较困难，铝盐溶液的除铁也较困难。

2. 碱法提取氧化铝

碱法提取氧化铝主要源于铝土矿生产氧化铝的方法，是利用 NaOH 或 Na_2CO_3将粉煤灰中的氧化铝转变成铝酸钠溶液，而铁在碱性溶液中是不溶的，其他氧化物和氢氧化物同样对碱保持惰性，因此易于实现铝与铁、钙、镁等其他杂质的分离。主要反应如下：

$$Al_2O_3+Na_2O+4H_2O=\!=\!=2NaAl(OH)_4 \tag{5-2}$$

然而，原料中的含硅矿物与 NaOH 或 Na_2CO_3溶液作用会生成溶解性良好的偏硅酸钠，而偏硅酸钠会与铝酸钠反应转变成溶解性较差的水合铝硅酸钠。因此，碱法提取氧化铝主要需克服原料中含硅矿物的影响。如果原料含硅过多，转变为不溶性的沉淀则越多，提取的氧化铝就越少。在传统铝土矿生产氧化铝工艺中，开发了烧结法、拜耳法和拜耳-烧结联合法技术，目的主要是减小含硅矿物对氧化铝提取的影响。

(1) 烧结法

烧结法是将石灰、碳酸钠与含氧化铝的原料在高温(1 200～1 300 ℃)烧结得到铝酸钠熟料，然后用水或稀碱溶液对铝酸钠熟料溶出，得到铝酸钠溶液，通过向铝酸钠溶液中通入CO_2气体进行碳酸化分解得到氢氧化铝晶体，焙烧脱水得到氧化铝产品。原料中的二氧化硅在烧结过程中与石灰生成不溶于水的原硅酸钙($2CaO\cdot SiO_2$)，在铝酸钠熟料溶出过程残留在渣中，实现铝硅分离。反应方程式如下：

$$2CaO+SiO_2\longrightarrow 2CaO\cdot SiO_2 \tag{5-3}$$

$$Al_2O_3+Na_2CO_3\longrightarrow Na_2O\cdot Al_2O_3+CO_2 \tag{5-4}$$

$$2NaAlO_2+CO_2+3H_2O=\!=\!=2Al(OH)_3+Na_2CO_3 \tag{5-5}$$

烧结法生产氧化铝可以处理低铝硅比含铝原料，但生产流程复杂，烧结过程能耗高，产品质量不高。而且用于处理低铝硅比矿物，会导致生产流程中的物料流量大，设备产能低。从经济的角度，烧结法生产氧化铝工艺不适宜处理铝硅比低于 3～3.5 的原料。

(2) 拜耳法

拜耳法是 K. J. Bayer 于 1889—1892 年提出的，主要用于处理低硅铝土矿。目前，全世界 90%以上氧化铝均采用拜耳法生产。拜耳法的原理如下：

溶出：利用 NaOH 溶液溶出矿物中的氧化铝，生成铝酸钠溶液，铁、硅等杂质进入固体渣中，向分离固体渣后的铝酸钠溶液中添加氢氧化铝晶种，在不断搅拌和逐渐降温的条件下，溶液中的 Al_2O_3便以氢氧化铝形式慢慢析出。

结晶：析出氢氧化铝的母液含大量的氢氧化钠，经过蒸发浓缩后，得到碱浓度很高的浸取液，并返回系统中用于处理新的一批铝土矿。

拜耳法生产氧化铝的原理实质是上述两过程的循环，称为拜耳法循环。由拜耳法生产氧化铝的原理可知，NaOH 在整个生产过程中理论上是不消耗的，是循环使用的物质，物耗小，流程简单。但其缺点是仅适用于铝硅物质的量比大于 7 的矿物。由于粉煤灰中的铝硅比很小，比如小于 1 时，很难单纯采用拜耳法来生产氧化铝。

(3) 拜耳-烧结联合法

拜耳-烧结联合法是拜耳法和碱石灰烧结法联合生产氧化铝的方法，联合法可以兼具拜耳法和烧结法两种方法的优点，取得比单一的方法更好的经济效果，同时可以更充分利用铝矿资源。根据流程，可以分为并联、串联和混联三种基本流程，主要适用于铝硅比在 7～9 的中低品位矿物原料。

粉煤灰中氧化铝含量低，铝硅比一般低于 1，而拜耳法、烧结法、拜耳-烧结联合法等碱法生产技术至少要求铝硅比大于 3，因而，碱法生产技术并不适于粉煤灰提取氧化铝。酸法技术对原料中铝硅比的要求不高，但酸对设备、管件等腐蚀严重，需加强对低成本防腐材料的开发。

3. 铝盐分离方法

通过酸法或碱法可将粉煤灰中的氧化铝转化为含铝盐的液相，如氯化铝、硫酸铝、铝酸钠溶液等，然而，这些铝盐需要从溶液中分离出来。尤其是由酸法得到的氯化铝或硫酸铝溶液中常常含有铁、钙、钠等杂质，铝盐的分离尤为困难。针对不同的生产工艺，铝盐分离的方法有所差异，综合而言，主要有蒸发结晶、同离子结晶、盐析结晶、中和结晶等分离方法。

(1) 蒸发结晶

蒸发结晶是将溶液直接浓缩，通过水的蒸发使目标物相在溶液中达到过饱和而析出的方法。蒸发结晶操作简单，但随着水分的蒸发，杂质也会析出，导致蒸发结晶杂质夹带量大，难以制备高纯度的产品。为了控制杂质的夹带，常常需要二次或多次重结晶。蒸发结晶常常与冷却结晶相结合，即先在高温下浓缩，再降温冷却，得到结晶产品。由于氯化铝的溶解度随温度变化不大，降低温度对 $AlCl_3 \cdot 6H_2O$ 的形成影响不大，一般并不采用冷却结晶的方式。相对之下，硫酸铝的溶解度随温度变化较大，因此在结晶操作时常常先进行蒸发浓缩，然后通过降温冷却得到 $Al_2(SO_4)_3 \cdot 18H_2O$。

(2) 同离子结晶

采用同离子效应使物质结晶的方法称为同离子结晶，多用于氯化铝的结晶。20世纪80年代，美国矿务局利用盐酸浸取铝土矿中的 Al_2O_3，形成氯化铝溶液后，采用通入 HCl 气体的方法使氯化铝结晶，建立了同离子结晶的方法。近年来，保加利亚学者也采用通入 HCl 气体的方法从粉煤灰的盐酸浸取液中得到了高纯度 $AlCl_3 \cdot 6H_2O$。

通入 HCl 气体使 $AlCl_3 \cdot 6H_2O$ 结晶析出的主要原理是基于 $AlCl_3$ 和其他杂质氯化物在溶液中的溶解度随盐酸浓度的变化而呈现不同的变化规律。随着盐酸浓度的增大，$AlCl_3$ 的溶解度显著降低，而作为主要杂质的 $FeCl_3$、KCl 等随盐酸浓度的增加变化不大，因而通过调整溶液中酸浓度，可以在实现 $AlCl_3 \cdot 6H_2O$ 结晶的同时控制杂质的析出，实现高效结晶和有效分离杂质的目的。

(3) 盐析结晶

有些物质的溶解度比较大，与杂质的分离比较困难。为了解决这个问题，可将其转变为溶解度小的物质，使其结晶后再分离。在分离硫酸铝时常常采用该方法。在粉煤灰经硫酸浸取形成硫酸铝溶液后，可加入硫酸铵，使其形成 $NH_4Al(SO_4)_2 \cdot 12H_2O$，并在较低温度下结晶，随后，在800℃左右可分解生成 Al_2O_3，从而实现铝与其他杂质的有效分离，同时制备高品质产品。

(4) 中和结晶

粉煤灰经盐酸或硫酸酸浸后形成的氯化铝和硫酸铝浸取液呈酸性。这些酸性铝盐可与碱反应生成 $Al(OH)_3$ 沉淀。通常采用在该溶液中加入 NaOH 或氨水，通过控制溶液 pH 值，得到 $Al(OH)_3$ 沉淀，实现铝与杂质的有效分离。

另外，利用碱浸取粉煤灰形成铝酸钠溶液，其分离方法主要是中和结晶法。

4. 除铁

粉煤灰中除含有大量的铝硅酸盐矿物外，还含有铁、钙、钾、镁等杂质元素，这些杂质严重影响到氧化铝的溶出、分离和产品生产。一般而言，铁在这些杂质中的含量最大，对氧化铝提取过程的影响最大。目前已有的除铁方法很多，按照处理方式的不同，可分为磁选除铁、氯化焙烧除铁、酸浸除铁、络合除铁等。

5.1.3 粉煤灰提取氧化铝工艺

前面所述的提取技术可通过相应的工艺得以实现，现分别就碱法和酸法的工艺进行分析。

1. 碱法提取氧化铝工艺

(1) 石灰石烧结法

石灰石烧结法是处理中低品位铝土矿的一种重要方法，其主要优势在于可以有效利用低品位的铝土矿或高铝粉煤灰。蒙西石灰石烧结法采用了粗液氧化铝彻底碳分和低温拜耳法溶出相结合的工艺，从而能够得到一级砂状氧化铝；该工艺将水泥煅烧窑中产生的二氧化碳气体用于粗液彻底碳分工序中，从而增加二氧化碳浓度；提取氧化铝过程中产生的废弃物硅钙渣，用于生产硅酸盐水泥熟料。

石灰石烧结法与铝土矿烧结法生产氧化铝工艺相似，技术成熟，工艺和设备可靠性高，对原料的适应性强，易实现。石灰石烧结法包括烧结、熟料自粉化、浸出、碳分、煅烧等主要工序，其基本流程如图 5-1 所示。

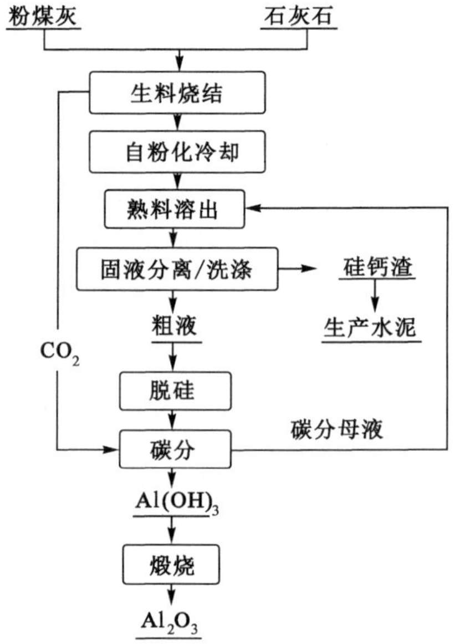

图 5-1 粉煤灰石灰石烧结法生产氧化铝流程

石灰石烧结法主要存在以下问题：消耗大量石灰石，一般为粉煤灰用量的 2～6 倍，物耗大；烧结温度高，烧结物料流量大，导致能耗非常大；熟料要经过长达 3～4 d 的缓慢冷却才能自粉化，耗时长；废渣产生量大，1 条氧化铝生产线需要配置一条 10 倍于氧化铝生产线的水泥生产线。

(2) 预脱硅-碱石灰烧结法

预脱硅-碱石灰烧结法是对碱石灰烧结法进行改良的一项创新技术。该技术首先将高铝粉煤灰与氢氧化钠溶液反应进行预脱硅，然后利用类似的碱石灰烧结法提取氧化铝，可以获得高纯度氧化铝产品。内蒙古大唐国际再生资源开发有限公司的高铝粉煤灰生产氧化铝联产活性硅酸钙工艺即为典型的预脱硅-碱石灰烧结法。

鉴于碱石灰烧结法处理粉煤灰存在原料中铝硅比低的问题，内蒙古大唐国际再生资源开发公司对碱石灰烧结法进行了优化，自主研发了“预脱硅-碱石灰烧结法”处理技术，主要用于处理煤粉锅炉燃烧产生的粉煤灰。粉煤灰在煤粉锅炉燃烧过程中，在1 000～1 500 ℃的高温下，煤灰中的SiO_2可形成非晶态SiO_2，这部分SiO_2活性高，可用NaOH溶液浸提出，达到预脱硅并提高原料中铝硅比的目的。

利用NaOH溶液将高铝粉煤灰（煤粉锅炉粉煤灰）中非晶态SiO_2溶出，粉煤灰中95%以上的Al_2O_3富集在莫来石和刚玉相中，在NaOH溶液中基本不溶出，主要反应如下：

$$2NaOH + SiO_2 \longrightarrow Na_2SiO_3 + H_2O \tag{5-6}$$

经过预脱硅，粉煤灰原料中的铝硅比得以提高。预脱硅后的粉煤灰再利用碱石灰烧结法处理，其他工艺环节及原理与碱石灰烧结法相同。

烧结工艺中，粉煤灰中的二氧化硅与石灰反应形成硅酸二钙从而实现粉煤灰浸出时的铝硅分离，由于粉煤灰中二氧化硅含量高达40%以上，因此需要配加大量的石灰或石灰石粉，导致烧结量大、能耗高。对粉煤灰进行碱浸预先脱除大部分非晶态的二氧化硅，从而提高粉煤灰中的铝硅比，对于减少石灰石配入量、降低烧结能耗、减少二次渣量具有重要作用。预脱硅-碱石灰烧结法的工艺如图5-2所示。

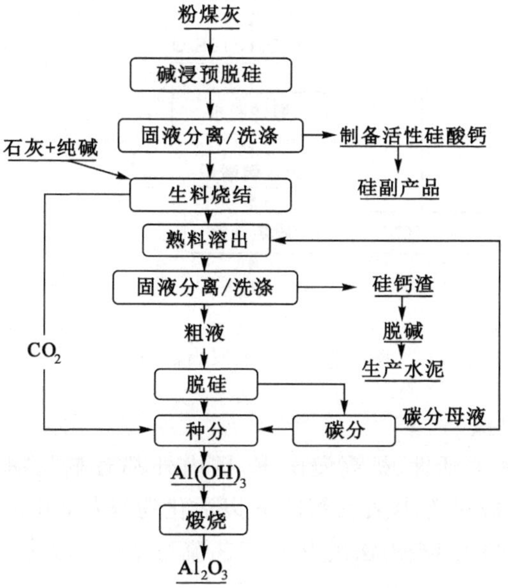

图5-2　粉煤灰预脱硅-碱石灰烧结法生产氧化铝流程

2. 酸法提取氧化铝工艺

直接酸浸法操作简单，但只能浸取以非晶态形式存在的铝，对于粉煤灰中以晶体形态存在的铝，如莫来石、高岭石等，直接酸浸很难浸出。因而，利用直接酸浸法处理一般电厂的粉煤灰很难达到高的氧化铝溶出率，通常不高于20%。为了强化直接酸浸的效果，一些研究者采用加压的方法提高氧化铝的溶出率。

通过酸浸法处理由循环流化床锅炉产生的粉煤灰以及直接脱碳后的产物，可以获得较高的溶出率。酸浸法主要包括浓硫酸浸出法、氟化物助溶浸出法、盐酸浸出法和硫酸熟化法。

(1) 浓硫酸浸出法

首先将粉煤灰细磨或细磨-焙烧活化后，于200～300 ℃用浓度90%以上的浓硫酸浸出，浸出后的矿浆通过过滤以分离出余酸，余酸返回浸出。然后，用水从滤渣中浸出铝，铝浸出率可达85%，随后净化、浓缩、结晶产出含18个结晶水的硫酸铝。硫酸铝结晶经干燥、脱水后煅烧分解，从而生产氧化铝，而浸出渣为高硅渣，可以进一步通过碱浸提取二氧化硅。其基本流程如图5-3所示。

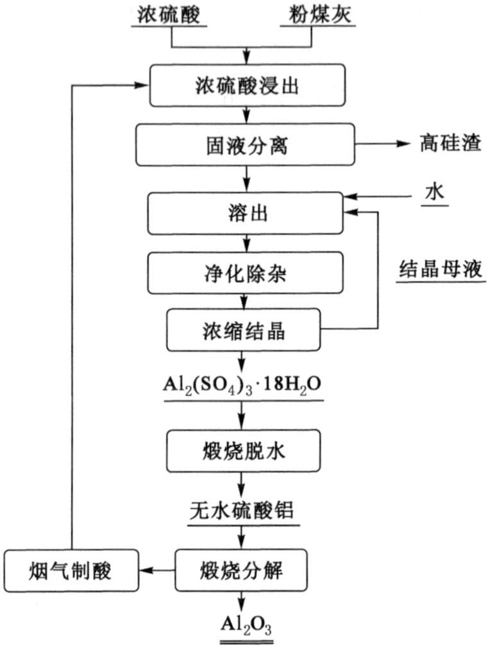

图5-3 浓硫酸浸出法流程

(2) 氟化物助溶浸出法

为改善原料中铝矿物的活性、提高浸出率，国内外都对氟化物助溶浸出法进行了研究，如以硫酸作浸出剂，在反应过程中加入NH_4F以活化粉煤灰，用NH_4F先络合硅氧化物，从而使氧化铝溶出。氟化物助溶浸出法的基本工艺流程如图5-4所示。

(3) 盐酸浸出法

将粉煤灰用盐酸加压浸出，浸出液净化后浓缩结晶析出氯化铝，氯化铝煅烧分解得到冶金级氧化铝，氯化氢气体经过回收、加水调节浓度后用于酸浸工序。也可以先将粉煤灰粉碎后经湿法磁选除铁，然后将除铁后的粉煤灰与盐酸反应浸出氧化铝。盐酸浸出法的基本工艺流程如图5-5所示。

盐酸浸出法采用盐酸与高铝粉煤灰按比例配料，在一定的温度及压力条件下溶出粉煤灰中的氧化铝，从而得到氯化铝溶液，氯化铝溶液经蒸发结晶、焙烧得到氧化铝产品。盐酸浸出法的优点是流程简单、渣量小。

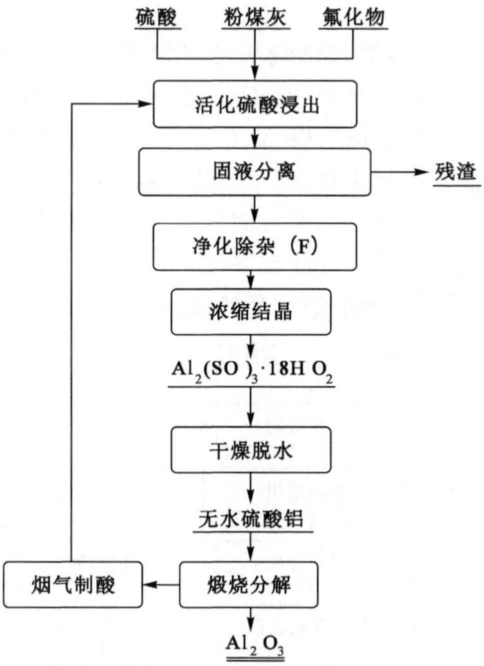

图 5-4　氟化物助溶浸出法流程

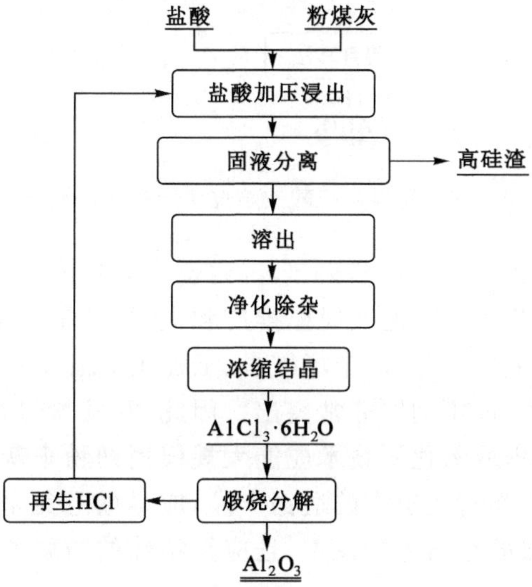

图 5-5　盐酸浸出法的流程

（4）硫酸熟化法

将粉煤灰与浓硫酸混合均匀后，于 200～450 ℃下焙烧或熟化。这个过程将粉煤灰中的铝转变成硫酸铝，然后用水浸出，浸出液经浓缩结晶析出硫酸铝晶体。硫酸铝晶体经焙烧脱水、煅烧得到粗氧化铝，粗氧化铝经低温拜耳法得到冶金级氧化铝。

3. 铵法提取氧化铝工艺

铵法主要为硫酸铵焙烧法，硫酸铵焙烧法是将粉煤灰与$(NH_4)_2SO_4$按比例混合、焙烧后，H_2SO_4溶出焙烧产物，粉煤灰中的Al_2O_3组分转化为可浸取的硫酸铝铵，重结晶得$NH_4Al(SO_4)_2 \cdot 12H_2O$中间体，煅烧后得$Al_2O_3$。其基本流程如图5-6所示。即将细磨后的粉煤灰与硫酸铵按比例混合得到生料，通过焙烧，将粉煤灰中的铝转变成硫酸铝铵或硫酸铝的形式，烧成熟料用水或稀酸溶出后，经液固分离得到硫酸铝溶液和高硅渣，硫酸铝溶液经氨水或氨气分解得到粗氢氧化铝和硫酸铵溶液，粗氢氧化铝洗涤后经拜耳法制备冶金级氧化铝，硫酸铵溶液浓缩结晶析出硫酸铵循环使用。

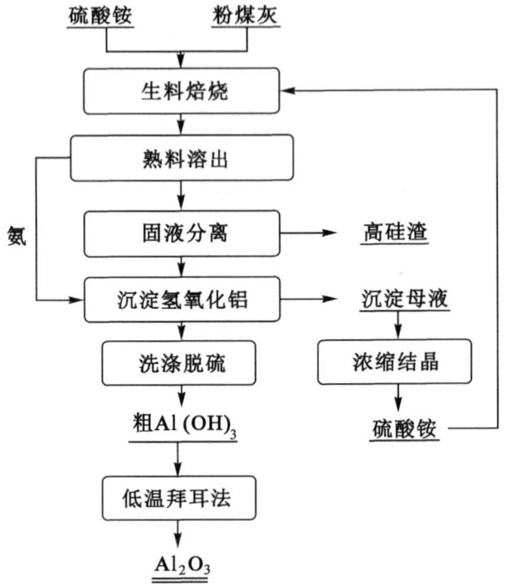

图5-6　粉煤灰硫酸铵焙烧生产氧化铝流程

采用粉煤灰提取氧化铝的方法虽然很多，国内也先后建成了多个基于不同工艺的中试或工业试验装置，但至今仍难以实现大规模推广和应用，其根本原因是现有技术在二次污染、工艺能耗、氧化铝生产成本、副产品市场需求、工程化实施难易度等方面依然存在诸多问题，而且部分问题如二次渣、成本问题非常突出。因此，开发粉煤灰提取氧化铝新技术依然十分重要。新一代粉煤灰提取氧化铝技术应能大规模消纳粉煤灰，同时实现二次渣量最小化和不产生二次污染，生产具有竞争力的适销产品，应尽量避免采用高能耗、高成本的单元操作，尽可能采用已有成熟的普通生产设备，且应无特殊的防腐要求，同时应加强工艺过程水的循环利用。

5.2　粉煤灰制备分子筛原理与工艺

分子筛是用纯碱、氢氧化铝、硅酸钠等原料人工合成的一种泡沸石晶体，广泛用于各种气体和液体的脱水、干燥，气体的分离、净化，液体的分离纯化及其他石化工业中。为了节约制造成本，20世纪70年代初，人们用粉煤灰、纯碱为主要原料，再配适量氢氧化铝研制并生产了4A分子筛。1 t粉煤灰分子筛可节约0.4～0.5 t氢氧化铝，1.2 t水玻璃，0.6 t烧碱，并且省去了稀释、沉降、浓缩、过滤等烦琐流程及化铝釜、化硅釜、真空泵等设备。产品达到甚至超过由化工原料合成的分子筛水准，该分子筛特别适用于制富氧空气。

5.2.1　粉煤灰制备分子筛的原料要求

4A 分子筛的硅铝比近似等于 2，而一般电厂排出的灰达不到此要求，因此，要求通过计算，给粉煤灰补加铝矾土或氢氧化铝。粉煤灰细度要求通过 100～200 网目筛，氢氧化铝和纯碱需要在 120 ℃下烘 2～3 h。原料的配比为粉煤灰：纯碱：氢氧化铝＝1：1.5：0.13。

5.2.2　粉煤灰制备分子筛的过程及工艺

(1) 将调好的粉煤灰等混合物料在 800～900 ℃之间进行高温燃烧 0.5～2 h，使其中的 SiO_2、Al_2O_3、$Al(OH)_3$、Na_2CO_3进行充分反应。最终烧结产物为浅绿色，原因是粉煤灰中的 Fe_2O_3在燃烧过程中生成亚铁盐。

(2) 将烧结物粉碎至通过 100～200 网目筛，并按料：水＝1：10 或 1.5：10 进行水热合成。第一阶段在 50～60 ℃搅拌反应 0.5 h 后，取液分析碱度，确保碱浓度为 1 mol/L；第二阶段提高到 75～80 ℃晶化 5～7 h；第三阶段在 96～100 ℃继续晶化反应 1～2 h。

(3) 将水热合成产物用水洗涤，然后加黏土成型。

(4) 将成型的分子筛在 90～100 ℃干燥后，进入活化炉在 450～550 ℃活化，即为成品。

需要注意的是，粉煤灰作为代用料生产 A 型分子筛易生成杂晶，这种杂晶一般为羟基方钠石，特别在高浓度的碱液中、高温下最容易生成。因此，必须严格控制碱的浓度、晶化温度、反应速度。

5.2.3　粉煤灰制沸石分子筛的应用

1. 化工领域中的应用

合成的沸石分子筛在化工行业已经得到广泛的应用，如填料、干燥剂、催化剂等。在洗涤剂制造业中，由于它具有良好的阴离子交换性能，可以取代三聚磷酸钠(造成富营养化)用作洗涤助剂。在制催化剂方面，国内成功地制备出活性和稳定性都比较好的 M2214 型甲苯歧化催化剂，为解决我国炼油厂增加苯的产量提供了有效途径。

2. 水处理方面的应用

合成沸石分子筛具有去除水中的氨氮和磷、去除或回收水中的重金属、去除氟及有机污染物等功能。根据国外专利(J52034549)介绍，将斜发、丝光沸石分子筛改型为 Na 型、NH_3型沸石分子筛后，利用其对溶液中某些离子有“离子筛”的作用，可以处理有色金属矿山、冶炼厂、化工厂排入的含重金属离子的废水，并通过解吸的方式回收金属。

3. 在治理废气方面的应用

从化工、轻工、涂料、运输业排放的碳氢化合物、硫氧、氮氧、一氧化碳、硫化氢等是污染大气的主要有害气体。沸石分子筛对这些气体有良好的吸附、净化功能，特别是在低温范围内具有其他吸附剂所不具备的吸附能力。美国联合碳化物公司用合成沸石分子筛回收 SO_2，使其浓度由 3 500 μL/L 下降至 15～25 μL/L，回收率达 98%～99%，酸雾浓度下降至 3.53 mg/m^3。杭州大学催化剂研究室将丝光沸石分子筛改型后载上微量贵金属和某些过渡性金属氧化物，制备出处理有机废气的高活性 NZP 系列有机废气催化剂，使有害气体净化率达到 95%以上。在合成氨工业中,沸石分子筛可以用作分离 NH_3 中的 SO_2、CO_2、H_2S 等杂质气体。

目前国内外在利用粉煤灰合成沸石分子筛方面已做了大量的工艺探讨工作,这些工作包括原料组成对沸石分子筛的影响、碱加入量对沸石分子筛的影响、温度对沸石分子筛的影响、晶化时间对沸石分子筛的影响等。用粉煤灰合成沸石分子筛虽已开发出多种方法,并合成了十几种沸石分子筛产品。但由于粉煤灰本身固有组分和成分的特点还不能得到纯度很高的沸石分子筛,并且现有合成方法也普遍存在反应时间过长、成本过高、粉煤灰转化率低和产品性能不够理想等缺点,需要在合成工艺、原料的活化预处理的方面进一步研究。

总之,利用粉煤灰合成沸石分子筛虽已有多年历史,在其制备方法、产品表征和应用方面已经做了很多工作,但在沸石分子筛的基础性和实用性方面的研究还有很多工作要做。各地粉煤灰的组分由于煤种和燃烧工况不同,组分也会不同或者有所波动,对粉煤灰合成沸石分子筛的实际操作也会造成影响。因此,如何进一步优化制备条件,制备出具有应用开发价值的粉煤灰沸石分子筛,获得理想的性能价格比仍是富有挑战性的课题。

5.3 粉煤灰制备微晶玻璃原理与工艺

微晶玻璃是近年来发展起来的一种新材料,不仅具有强度高、抗磨损、耐腐蚀、耐风化、不吸水、无放射性污染等特性,而且色调均匀,色差小,光泽柔和晶莹,表面致密无瑕,其力学性能、化学稳定性、耐久性和清洁维护方面均比天然石材优越,已被广泛用于建筑物内外墙、地面及廊柱等高档装修饰面,如星级宾馆、商务中心、金融大厦和展览馆等建筑物。采用粉煤灰制备微晶玻璃,将成为粉煤灰高附加值利用的一个新途径。

5.3.1 粉煤灰制备微晶玻璃原理

水淬法微晶玻璃的制备原理如下:取微晶玻璃原料,经混合后,用电熔炉在 1 500 ℃左右高温下熔制。将玻璃溶液经水淬法急冷,制成碎颗粒,经筛选、烘干后,制成基料。将基料装入模具中,进行二次结晶热处理。

微晶玻璃的主晶相是硅灰石,结晶形态为针状、纤维状。当 MgO、Fe_2O_3 等含量较高时也会伴有少量辉石、橄榄石及长石类矿物晶体。硅灰石结晶的形态决定了微晶玻璃具有较高的机械强度。为了获得硅灰石相并使玻璃在晶化过程中具有适当的流变特性,确定玻璃的基本组成为 Na_2O—CaO—Al_2O_3—SiO_2,其最终配方必须由试验确定。

表 5-1 是各种原料的化学组成。从表中可知,粉煤灰含 Al_2O_3 较高,含 CaO 较低,为了能制备出性能良好的微晶玻璃,必须引入其他原料来调整 SiO_2、CaO、Al_2O_3 的含量。为了最大限度引入工业废渣粉煤灰,选择主晶相为钙(镁)黄长石。

表 5-1 原料的化学成分 单位:%(质量)

原料	SiO_2	Al_2O_3	CaO	MgO	Fe_2O_3	K_2O+Na_2O	CaF_2	C	S
粉煤灰	57.68	23.31	2.52	1.08	7.27	2.41	—	2.45	—
长石	74.14	14.82	0.60	—	0.61	9.80	—	—	—
白方石	1.00	0.17	31.66	20.52	0.08	—	—	—	—

表 5-1(续)

原料	SiO_2	Al_2O_3	CaO	MgO	Fe_2O_3	K_2O+Na_2O	CaF_2	C	S
石灰石	0.80	0.48	54.28	0.64	0.13	—	—	—	—
萤石	27.36	—	—	—	0.16	—	72.35	—	—
高炉渣	40.67	7.69	42.66	6.04	0.24	—	—	—	1.00

粉煤灰含有一定量还原性物质,它们的存在会使玻璃颜色加重,影响微晶玻璃的色彩,并会在晶化过程中产生气体,使产品内部气孔增多,影响质量。在熔化玻璃料时加入乳浊剂,能有效去除原料中的还原物质,并降低玻璃的杂质着色程度,且晶化时产生的气泡大大减少,改善了原料的可利用性。

5.3.2　粉煤灰制备微晶玻璃工艺流程

粉煤灰制备微晶玻璃的工艺流程如图 5-7 所示。

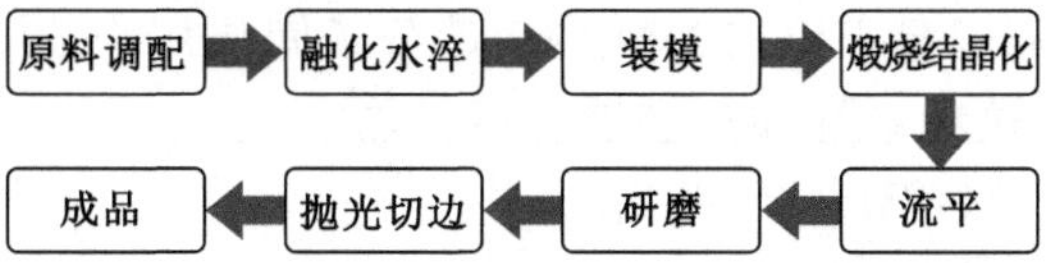

图 5-7　粉煤灰制备微晶玻璃生产工艺流程

5.3.3　玻璃熔化和晶化

微晶玻璃的熔化温度(1 500 ℃)高于陶瓷熔块和普通钠-钙-硅玻璃。熔化后将玻璃液倒入水中即淬化成颗粒状。微晶玻璃晶化是一个同时进行的结晶和成型的过程,通过窑炉中的适当温度下的烧结、结晶、流平三个基本步骤完成。

水淬-烧结法微晶玻璃的结晶机理是“成核-生长”,结晶从表面向内部延伸。玻璃的最大成核速率温度为 750～800 ℃,最大结晶速率温度为 900～1 000 ℃。在 800～960 ℃之间是玻璃成核与结晶同时进行的温度,应采用较慢的速度;在 960 ℃之上直至流平温度可用快速升温。

5.4　粉煤灰高分子填料在化工领域的资源化利用

在塑料、橡胶等高分子材料制品中,为了降低成本,提高某一方面性能,常常加入一定量的填充剂。对这些填充剂一般要求其价格低廉、相对密度小、易加工、与底材的混合性能好、填充量尽可能大、能开发出制品的特殊功效等。

粉煤灰基本具备填充剂的所有功能,同时,由于粉煤灰含有大量玻璃结构的球体,无毛刺和棱角,在材料中可以起到滚动轴承的作用,对成型设备、模具等磨损小,可提高制品的生产效率,延长机器的使用寿命。

5.4.1 粉煤灰高分子填料在塑料制品中的应用

1. 粉煤灰填充聚氯乙烯(PVC)塑料制品

聚氯乙烯(PVC)应用广泛,为进一步改善其性能,降低成本,拓宽应用范围,目前多采用共混改性办法。作为PVC常用的无机填料有碳酸钙、红泥、陶土、氧化物、硅铝炭黑等;有机填料多采用植物纤维、木粉以及某些与PVC具有一定相容性的聚合物。粉煤灰作为PVC的填充料,不仅可以降低制品成本,同时也是一种改性剂,可提高材料某些性能指标。粉煤灰粒度及添加量是影响PVC性能的主要因素。

(1) 粉煤灰粒度对PVC性能的影响

粉煤灰粒度是保证填充剂在PVC制品中分散均匀的重要因素。填充粉煤灰粒度越小,它在PVC中分散越均匀,被PVC包埋越好,与PVC间的黏结力增强,从而使制品的拉伸强度、伸长率、弯曲模量、弯曲程度、冲击强度呈增加趋势。

(2) 粉煤灰添加量对PVC性能的影响

一般情况下,随着粉煤灰添加量的增加,PVC制品的拉伸强度、弯曲模量、弯曲强度、冲击强度、伸长率均下降,原因是PVC试样中PVC分子间作用力比PVC与填充剂粉煤灰分子间作用力要大。但是,热稳定性和耐磨性有所增加。

2. 粉煤灰填充聚烯烃(PP)塑料制品

(1) 粉煤灰与其他填料在PP中并用

利用粉煤灰填充PP具有较好加工流动性的优点,将玻璃纤维、碳酸钙与玻璃微珠并用填充PP,最大负荷时的力矩可分别减少36%、16%。既利于加工成型,也利于玻璃纤维分散以减轻内应力,并补偿了单一填充玻璃微珠时材料性能较差的缺陷。

(2) 粉煤灰用PP母料化

福州福塑科学技术研究所有限公司研制的WZ改性粉煤灰填充母料,具有工艺简单、卫生、分散性好、填充量大、易于加工、密度低等优点,可广泛用于聚烯烃塑料提高冲击和弯曲强度,加工性能优于碳酸钙的母料。

另外,将粉煤灰母料和$CaCO_3$母料分别以相同的添加量填充PP、PE,对聚烯烃塑料的力学性能影响不大。

3. 粉煤灰作酚醛塑料的填料

添加1%～15%粉煤灰的酚醛树脂制成的纺织梭子线轴尺寸稳定性好,吸水率低,弯曲强度、冲击强度、压缩强度均有所提高,耐电压性能、绝缘电阻指标也能达到国家标准。添加40%粉煤灰的酚醛树脂制成的汽车隔热板,其机械特性不低于玻璃填充剂制品,耐高温性能有所提高。

不过,为了改善粉煤灰作为酚醛树脂成型材料的填料性能,首先,需要对粉煤灰进行偶联剂改性活化处理,以提高其与有机组分分子的相容性和相联作用;其次,要进行粒度筛选,粒径减小有利于其在酚醛树脂中分散,提高制品力学性能,增加填充量;第三,由于粉煤灰中含有未燃尽的炭,随粉煤灰添加量的增加,制品电性能降低。因此,添加量应根据酚醛塑料制品用途适当选择。

5.4.2 粉煤灰高分子填料在橡胶制品中的应用

填料是橡胶的重要配合剂之一,其作用是增大容积、降低成本、改进混炼胶和硫化胶性能。橡胶中常用的填料有软质炭黑、白炭黑、轻质碳酸钙、重质碳酸钙等，而这些组分在粉煤灰中都存在，只不过含量有多有少。粉煤灰中的 SiO_2 在橡胶中具有增强、补强作用，可代替黏土、白炭黑；Al_2O_3 在橡胶中具有增量作用，可代替特种碳酸钙；CaO 具有增量补强作用，可代替轻质碳酸钙、重质碳酸钙、特种碳酸钙；SO_3 具有硫化剂作用，可代替加硫；未燃尽的可燃物可起到炭黑的作用。

填料对橡胶性能的影响主要取决于填料粒子的大小、粒子形状和粒子的表面性质，而粉煤灰作为一种高分散度即固体颗粒集合体，其中各种形态的颗粒混杂在一起。因此，使用之前首先要采用分离技术将粉煤灰中不同形态和组分的颗粒分离出来，特别是球形颗粒的富集，以改善粉煤灰的性质。其次，由于粉煤灰与有机物的相容性差，影响了它在橡胶中的用量和性能，需将预处理的粉煤灰进行表面改性及研磨处理，以便让粉煤灰得到活化，适应橡胶加工工艺，满足产品性能要求。

不经任何处理的粉煤灰直接用来作橡胶填料，其拉伸强度与制品质量要求相差很远。在原粉煤灰粒度的基础上对其进行表面改性，其力学性能有很大提高，但仍不能满足质量要求。如果对粉煤灰进行筛分，收集 300 网目以下的组分，或是直接用分选出的微珠进行表面改性处理，或用活化剂与原粉煤灰一起研磨活化 4 h，用这些活化灰作填料，所得样品的性能却能达到质量指标的要求。

5.5　粉煤灰微珠在化工领域的资源化利用

粉煤灰微珠主要是指漂珠、沉珠、磁珠和炭粒，由于具有颗粒微细、中空、质轻、耐高温、绝缘（漂珠、沉珠）、隔热保温、耐磨、耐酸、耐碱、化学性能稳定等特性，因而作为一种新兴多功能材料，已应用在建材、塑料、橡胶、涂料、化学、冶金、航海和航天等各方面。

在塑料、橡胶工业中，空心微珠是塑料、橡胶的优质填料。在耐火材料方面，利用漂珠可生产出密度 0.4～0.8 g/cm^3 轻质耐火砖，沉珠可用于生产高效保温材料，如微珠保温帽、防火涂料等。在建筑工业中，空心微珠不但可制成人造大理石、消声材料、陶瓷材料，而且还可作为油漆、涂料的填充剂。在石油工业中，沉珠可作为石油精炼过程的一种催化剂，用漂珠制成低密度水泥可用于固井。在电气工业中，空心微珠可作为高压电瓷、轻型电气绝缘材料及密封材料的原料。在化学工业中，空心微珠可作为某些化学反应的催化剂。在冶金工业中，空心微珠可用于浇铸隔板填充料，用作砂芯的原料。在航海、航天领域中，空心微珠一方面可用于深水潜艇、航天工具的隔热绝缘材料，另一方面在民用运输飞机中，微珠可用来生产一种轻质高强、收缩性低的原料。在汽车制造工业中，磁珠和沉珠可用于生产耐磨性良好的汽车刹车片和塑料活塞环、汽车发动机净化器等。磁珠还可作为炼铁原料、海底管道或电缆护层混凝土的配料、高铁水泥的填充材料，更可以代替磁铁矿粉作为重介质选煤的加重质。此外，从粉煤灰中分选出的精炭可用作炭黑、燃料、橡胶补强剂以及制备活性炭等。

5.5.1　粉煤灰漂珠的资源化原理与应用

1. 轻质高温隔热耐火材料

利用电厂粉煤灰漂珠生产轻质漂珠砖是目前粉煤灰漂珠资源化利用最重要的一个方面。普通的轻质耐火砖存在热导率、密度与力学强度三者之间的矛盾，虽然可生产出热导率和密度都较小的隔热材料，但却往往由于强度低而无法堆砌。此外，传统的隔热材料还存在着热导率随温度的升高而递增率增大的缺点。而利用漂珠作主要原料生产的漂珠轻质砖，热导率低，而且随温度的升高其递增率比传统的轻质耐火材料都要小。在1 000 ℃时的热导率略低于普通硅酸铝纤维，而其使用温度却要高出150～200 ℃，而且生产漂珠砖的能耗仅为普通硅酸铝纤维的1/20，使生产成本大幅度降低。在电力、冶金、制药等行业得到了广泛应用。

利用漂珠制作的轻质保温材料，具有抗压强度高、热导率低、保温范围广、化学稳定性好等优点，可广泛用于各种类型的管道、塔、罐、炉等热工设备上的保温或保冷。另外，其还具有较低的吸收液体的能力，可用于有水汽或酸凝结的烟囱、烟道及其他装置内作衬料。

2. 漂珠填料

在塑料、橡胶、油漆、玻璃钢及工程塑料等有机或有机-无机复合材料中使用漂珠作填料，既可节省树脂、降低成本，又能减轻材料质量并改善其电学和热学性能。用漂珠替代碳酸钙作聚氯乙烯填料，不仅可提高生产效率20%，且使产品光亮坚硬，其强度、耐性、电性和加工性能均得到改善和提高。

3. 漂珠混凝土和低密度水泥

漂珠作为掺料用于超轻混凝土和低密度水泥，可大幅度减轻质量。例如，用4份漂珠和1份水泥再配以适量的阳离子表面活性剂，可制成能浮在水面上的混凝土构件，适用于生产深水工作平台、筑造沼泽地上的通道等。在油气田固井作业中，常常使用水泥进行固井防漏。然而，传统水泥的密度大，容易堵塞油气的孔隙且很难解堵。而使用漂珠作减轻剂不仅可减小水泥的密度，还能提高其强度，且其他性能也满足使用要求，优于其他的减轻剂。

4. 轻质浇注料

采用优质骨料和结合剂辅以漂珠，可配制优质隔热耐火浇注料。粉煤灰漂珠粒径小、质轻、中空、壁薄坚硬，因而能降低轻质耐火浇注料的体积密度；又由于其有一定活性，故对强度有一定贡献。粉煤灰漂珠的引入还能改善轻质浇注料的和易性，满足浇注料的施工性能。作为耐火浇注料的基质材料，粉煤灰漂珠与轻质多孔骨料组成较为均匀的气相连续结构，从而降低材料的热导率。轻质耐火浇注料的体积密度随漂珠用量增加而下降，但耐压强度变化不明显。

5. 机械制动和传动装置中的摩擦材料

传统的摩擦材料一直使用石棉作为摩擦基础增强材料，而石棉是一种强致癌物质，因此，各国都在研究开发石棉摩擦材料的替代材料。

粉煤灰具有作为摩擦材料的潜质，尤其是它具有良好的热稳定性。因此，将粉煤灰用作摩擦材料的组分材料，既可提高树脂基摩擦材料的热稳定性及改善其他性能，又可降低树脂基摩擦材料的成本，且使工业废料粉煤灰得到有效利用。

6. 漂珠在油田固井工程中的应用

油田固井工程中所用的水泥浆因地质层不同要求水泥浆的密度也不同，有的要求比正常水泥浆密度大，有的要求比正常水泥浆密度小。要求密度小的，就要用减轻剂来降低水泥浆的密度，以适应低压地层的固井施工。粉煤灰漂珠与水泥有极好的配伍性，能起到降低密度的作用。

7. 其他应用

漂珠在石油工业和化学工业中被用作某些化学反应的催化剂。在电器工业中,漂珠可作为高压电瓷、轻型电器绝缘材料及密封材料的原料。在高新技术材料领域,漂珠也已显示出良好的应用前景。国外已采用漂珠作填料生产航天器上的烧蚀材料。通过在漂珠表面镀铜改善其导电性,可用于制备特殊用途的复合材料。

5.5.2 粉煤灰磁珠的资源化原理与应用

我国选煤行业一直使用原生磁铁矿粉作重介质选煤的加重质,虽然效果好,但存在浪费矿产资源、加工成本高、价格昂贵、增加选煤成本等问题。若采用磁珠替代磁铁矿粉,不仅能节约矿产资源,降低选煤成本,而且能减少粉煤灰对环境的污染,是一条变废为宝的好途径。

对比分析大唐鸡西发电厂排放的粉煤灰经过二次精选和分级后获得的细粒级磁珠与鸡西市城子河区暖祥煤炭筛选厂使用的鞍钢集团矿业弓长岭有限公司选矿厂生产的磁铁矿粉作为重介质选煤加重质的情况如下。

1. 粒度组成

磁珠和磁铁矿粉的粒度组成见表5-2。磁珠中小于200网目和小于325网目含量均高于磁铁矿粉相应粒级含量,说明磁珠作加重质在粒度组成上优于磁铁矿粉,而磁珠中小于500网目含量小于磁铁矿粉,说明磁珠粒度均匀、泥化低、介质损失少。又因为磁珠为球形,对设备的磨损也低于磁铁矿粉。

表5-2 磁珠和磁铁矿粉的粒度组成

粒度级/网目	+200	200～325	325～400	400～500	−500	合计
磁珠含量/%	12.69	28.08	24.55	17.38	17.30	100.00
磁铁矿粉含量/%	19.20	22.20	13.47	9.24	35.89	100.00

2. 密度、黏度和稳定性

磁珠密度为3.6 g/cm^3,磁铁矿粉密度为4.5 g/cm^3,由于磁珠的密度低于磁铁矿粉,因此,在悬浮液密度相同的情况下,磁珠的容积浓度高、沉降速度慢;磁珠悬浮液的稳定性好于磁铁矿粉。

5.5.3 粉煤灰沉珠的资源化原理与应用

粉煤灰沉珠具有质轻、中空、熔点高、热导率小、热稳定性强及耐压强度大等优点,广泛用于建筑材料的生产与建设工程,也可作为填料而广泛应用于塑料、橡胶、树脂、人造大理石等多种材料的生产。沉珠用于生产地面涂料和隔热涂料,具有耐磨、耐高温、隔热和防火的特性,而表现出来的作用同漂珠涂料相似。此外,沉珠在石油、化工、精密陶瓷、航空航天等领域也具有广阔的利用前景。

沉珠填充PF综合性能见表5-3。由表可知,粉煤灰提取珠(沉珠)作为PF塑料填料,效果较好且成本有所降低,而且由于具有滚动轴承效应,整个填充体系黏度变化不大,易于工艺操作。

表 5-3 沉珠填充 PF 综合性能

项目	填充塑料	国家标准	项目	填充塑料	国家标准
冲击强度/(kJ/m²)	7.1	6	收缩率/%	0.68	0.5～1.00
弯曲强度/MPa	73.8	70	体积电阻率/(Ω·cm)	4.36×10^{12}	10^{10}
吸水率/%	0.7	0.8	表面电阻/Ω	4.6×10^{14}	10^{11}
耐沸水性	合格	合格	击穿电压/(kV/mm)	＞12	≥12

5.5.4 粉煤灰中炭粒的资源化原理与应用

粉煤灰中的炭粒主要是无晶质的无机碳，具有质轻、挥发分低、硫含量低、表面积大、有一定的吸附能力和发热量等特点。作为工业与民用燃料可降低能耗和成本，也可作用铸铁型砂掺和料及冶炼铁合金炭球还原剂等。用粉煤灰炭粒制备活性炭为粉煤灰的综合利用提供了有效的途径。以电厂粉煤灰炭作为基础原料，配以煤焦油和少量的沥青，选择合适的工艺条件就可制造出性能较好的粒状活性炭。

5.6 粉煤灰在废水处理中的资源化技术原理与工艺

5.6.1 粉煤灰处理废水的原理

从化学物理性质来看，粉煤灰去除废水中的有害物质主要是通过吸附，但在一定条件下，也有一定的絮凝沉淀和过滤作用。由于粉煤灰具有多孔性、比表面积较大、表面能高，且存在着许多铝、硅等活性点，因此对废水中的有害物具有一定的吸附性。处理废水的主要原理是以吸附为主，包括了物理吸附与化学吸附。

物理吸附的特点是：吸附热小，吸附速度快，无选择性，可逆，通常是发生在接近气体液化点的温度，一般是多层吸附。物理吸附效果取决于粉煤灰的多孔性及比表面积，比表面积越大，吸附效果越好。

化学吸附的主要特点是：仅发生单分子层吸附；吸附热与化学反应热相当；有选择性；大多为不可逆吸附；吸附层能在较高温度下保持稳定等。化学吸附又可分为需要活化能的活化吸附和不需活化能的非活化吸附，前者吸附速度较慢，后者则较快。

化学吸附主要是由于粉煤灰表面存在大量 Si—O—Si 键、Al—O—Al 键以及具有一定极性的有害分子之间产生偶极—偶极键的吸附作用，或是粉煤灰中次生带正电荷的硅酸铝、硅酸钙和硅酸铁与阴离子之间发生离子交换或形成离子对的吸附作用。

粉煤灰除了能够吸附去除有害物质外，其中富含的 Fe^{3+}、Al^{3+} 及 Ca^{2+} 离子还能与废水中的有害物质作用使其絮凝沉淀，实现吸附-絮凝沉淀协同作用。例如，CaO 溶于水之后产生 Ca^{2+}，Ca^{2+} 能够与染料中的磺酸基作用生成磺酸盐沉淀，也能与 F^- 生成 CaF_2 沉淀。因此，当用 CaO 含量较低的粉煤灰处理含氟废水或染料废水时，常采用粉煤灰、石灰体系，其目的之一就是增加溶液中 Ca^{2+} 的质量浓度。另外，由于粉煤灰是由多种颗粒组成的机械混合物，废水通过粉煤灰时，粉煤灰间空隙也能过滤截留一部分悬浮物，起到一定的过滤作用。

粉煤灰的物理吸附主要依靠其多孔性和较大的比表面积，对不同有害物的吸附没有特异性，但一般吸附能力有限，并且可能发生解吸附。化学吸附是利用了粉煤灰中的碱性基团对某些酸性成分的染料或有机物具有吸附性。化学吸附是单层吸附，具有一定的饱和性。

粉煤灰深度处理后可以用于处理含氰化物、硫化物、油、酚等污染物的工业废水。采用粉煤灰吸附的方法，可以吸附去除水中的污染物，然后进行进一步化学处理、过滤，使水质达到可作循环水的标准。吸附污染物的粉煤灰还可烧制成建筑用砖，达到以废治废综合利用的目的。

粉煤灰处理废水的机理主要表现在吸附性，其在处理城市污水、工业废水、含重金属离子、含 PO_3^{4-} 废水等方面都有较好的处理作用。提高粉煤灰吸附容量，妥善处理吸附饱和灰是当前急需解决的问题。

影响处理废水效果的因素主要有以下几个方面。

(1) 粉煤灰的粒径和比表面积

粉煤灰粒径越细、比表面积越大，处理效果越好。

(2) 粉煤灰的化学组分

粉煤灰中 SiO_2 和 Al_2O_3 等活性物质含量越高，越有利于化学吸附。CaO 含量对处理效果也有影响。当粉煤灰中 CaO 含量较低时，应投加石灰对粉煤灰进行改性。高温脱除粉煤灰中的结合水，能够使粉煤灰活化，提高处理效果。

(3) 溶液的 pH 值

pH 值直接影响处理效果，但 pH 值的影响结果与吸附质的性质有关。例如粉煤灰处理含氟废水，在酸性条件下效果好，而处理含磷废水时中性条件下磷的去除率最高。

(4) 温度

国内外研究表明，温度越低，粉煤灰对废水中有害物质去除率越高。比如，用粉煤灰处理含铬染料废水时，温度从 30 ℃升至 50 ℃，去除率从 91%下降到 69%。

(5) 吸附质的性质

废水污染物质的溶解度分子极性、相对分子质量大小、浓度等对处理效果有影响。相对分子质量越大、溶解度越小，处理效果越好。

5.6.2 粉煤灰在废水处理中的应用

1. 粉煤灰处理城市污水

城市污水一般是指城市地区范围内的生活污水、工业废水和径流污水。由于工业废水(占城市污水总量的 60%～80%)的水质日趋复杂和径流水污染日趋严重，城市污水中除含有大量有机物及病菌、病毒外，还含有各种类型、不同程度的各种有毒、有害污染物。城市污水的处理涉及很多方面，必须对下水道体制、污水处理厂的位置和处理工艺、处理后污水的利用和排放要求等进行综合规划。

城市污水中的磷来自生活污水和地面径流，生活污水中磷含量为 30%～75%。由于城市污水中掺杂有工业废水或地面径流携带的污染物，所以有的城市污水中可能含有非常规无机污染物和有机污染物(如氟、砷、酚、氰、重金属、农药类化合物、多环芳烃等)。

粉煤灰一般与聚合铝类絮凝剂复合使用来处理城市废水，处理后低 COD 的废水还可以采用生化的方式处理，从而可设计得到粉煤灰/絮凝剂加生化方法的工艺路线，处理后的生活污水可以达到排放的标准。

2. 粉煤灰处理工业废水

粉煤灰通常具有多孔结构，比表面积较大，其表面上的原子力均为不饱和，存在着一定的表面能。当粉煤灰与工业废水接触后，就吸附废水中的BOD、COD、色度等污染物，直至达到吸附平衡为止。另外，粉煤灰中含有的沸石、炭粒等无机离子，有交换特性和很强的吸附脱色作用。它可制成絮凝剂、高分子筛和过滤介质等，对造纸、电镀、印染、中草药等行业产生的废水（含氟、酚、铁、油、铬、铜）具有一定的净化作用，还可利用不同pH值的粉煤灰处理酸性和碱性废水。研究证实，粉煤灰还可有效去除富营养型湖泊表层水和间隙水中的磷酸酶。

3. 粉煤灰处理含重金属废水

当今水污染问题已遍及世界各地，尤其是电镀、农药以及铬、锌、铅工业废水中含有铬、铅、铜、镉等重金属离子，严重污染环境，危害人体健康。近年来，有人利用无机非金属材料如海泡石、膨润土、凹凸棒土、硅藻土等处理重金属废水，并已取得可喜成绩。粉煤灰是具有一定活性的球状细小颗粒，对于水中杂质具有较好的吸附性能。利用粉煤灰对含重金属离子的工业废水进行处理可谓以废治废，且费用低廉，处理效果好。

废水中的铬是一种致癌物质。国家工业废水排放标准规定，Cr^{6+}含量不能大于0.5 mg/mL，而一般电镀废水的Cr^{6+}含量是国家排放标准的数十至数百倍。试验表明，随着水中Cr^{6+}浓度增加，去除率相对降低，酸活化粉煤灰处理Cr^{6+}的效果比粉煤灰好得多，特别在低浓度时，这种差别特别明显。酸活化粉煤灰实质是通过金属元素氧化物Al_2O_3和Fe_2O_3与硫酸反应，生成硫酸铝、硫酸铁盐，从而使粉煤灰在酸活化后具有吸附、混凝的性能。与单一粉煤灰相比，酸活化粉煤灰吸附性能更强，因此处理效果更好。

国内外许多研究结果表明，粉煤灰对金属离子具有较好的吸附能力，其等温吸附规律一般符合Freundlich吸附等温式。粉煤灰对溶液中吸附质的吸附包括三个连续的过程。第一为颗粒外部扩散过程，吸附质由溶液扩散到吸附剂表面；第二为孔隙扩散过程，吸附质在粉煤灰孔隙中继续向吸附点扩散；第三为吸附反应过程，吸附质被吸附在粉煤灰孔隙的内表面上。

褐煤产生的粉煤灰因含有较多的碱性物质，是一种优良的低浓度SO_2烟气脱硫吸附剂，本身还可吸附大气颗粒物；通过使用$Ca(OH)_2$改性的粉煤灰制备的吸附剂，其比表面积增大许多倍，可用来处理SO_2。粉煤灰还能更有效地遏制城市固体废物燃烧过程中$HgCl_2$的排放。

通过一些物理与化学预处理后得到的粉煤灰基吸附材料对砷具有良好的吸附效果。一般认为化学处理方法较优于物理处理方法，但预处理后粉煤灰对高含量砷的去除率不够理想，改性粉煤灰在低含砷废水的处理中具有发展前景，应探究有机改性处理及多种处理方式联合使用的改性方式，期望未来预处理后的粉煤灰可用于处理工业含砷废水。

第 6 章　粉煤灰在农业领域的资源化

粉煤灰在农林牧业中的应用，实际上就是通过改良土壤、覆土造田等手段，促进种植业的发展，以便达到提高农作物产量、绿化生态环境、培植优良饲草等目的。与工业综合利用相比，农林牧业利用粉煤灰有投资少、容量大、需求平稳、波动少，且大多对灰的质量要求不高等特点，是适合我国国情的一条综合利用途径，潜力很大。

根据粉煤灰的化学性质，粉煤灰在农业领域的应用主要包括用作土壤改良剂和煤灰复合肥两大类。土壤改良剂主要是利用粉煤灰的多孔结构、吸附性能、pH 变化等特性，达到改善土壤理化性质和土壤微生物活性等的综合效果。粉煤灰复合肥主要是利用粉煤灰中含有铝、硅、钙、钾、钠、铁、镁等植物营养元素以及锰、锌、铜等微量元素，促进植物（农作物）生长和抗倒伏、抗虫害的能力，使之满足植物（农作物）生长发育的需要。

粉煤灰对土壤物理性质的影响主要是改善土壤结构，降低容重，增加孔隙率，提高地温，缩小膨胀率，特别是对改善黏质土壤的物理性质具有很好的效果。此外，它还有利于保湿保墒、增强土壤中微生物活性与促进养分转化，使水、肥、气、热趋向协调，为作物生长创造良好的土壤环境。

6.1　粉煤灰用作土壤改良剂

6.1.1　粉煤灰覆土造田与纯灰种植

1. 覆土造田

粉煤灰中含有的氮、磷、钾、镁、钴、铝、铜等元素的化合物可以满足树木生长对无机营养物的需要。粉煤灰颗粒之间形成的网络结构提供了树木根部呼吸及各种营养物质输送的通道，而粉煤灰内部的孔隙则可作为树木根部呼吸气体（O_2 和 CO_2）以及树木所需的营养液或水的贮存空间。这样既可使微量化合物的作用得到应有的发挥，也有利于表层土壤中微生物的繁殖，加速有机质的分解，同时还能提高地温，起到防冻保墒的作用，使根系发达，枝繁叶茂。另外，粉煤灰中还含有具有杀虫作用的钛、锗等元素的化合物。因此，粉煤灰可以用来填充涝洼地、塌陷地、山谷、烧砖毁田造成的坑洼地，或对堆满粉煤灰的贮灰场覆土 40～50 cm 造田。

然而，使用粉煤灰也存在一些不利因素，如粉煤灰的物理性质（导热性、导电性、膨胀性、渗透性、热辐性等）与土壤有显著差别，因此利用粉煤灰进行淤地造田、植树造林时需注意以下几个问题：

（1）严格掌握覆土厚度。在灰场植树前要覆盖 30～60 cm 厚的黏土，最低不得少于

30 cm，以免土壤脱水、漏风和移栽树苗时根部形成土台降低成活率。

(2) 选择适宜树种。由于粉煤灰中含有大量的氧化钙，土壤呈现碱性。因而要挑选适合在中性或弱碱性土壤中生长的洋槐、榆树、侧柏、紫穗槐等荆条树种栽种。

(3) 补充有机肥。粉煤灰中含有大量的无机肥，但不含有机质，因而在植树前最好用较好的有机肥作底肥。树木成活后，地面的落叶之类的有机物不要清除，待其腐烂后渗入土层，增加土壤的有机物质，补充树木生长所需的营养成分。

(4) 浇水保墒。由于粉煤灰粒子之间孔隙较大，渗透性好，因而植树前后要浇足水，待树木成活后的 2～3 年内还要坚持浇好封冻水和浇清水，以保证树木成活。

2. 纯灰种植

纯灰种植与覆土造田相比，不需要动用土方，成本较低。特别是在旧灰场上进行种草植树压尘是治理粉煤灰污染的一条有效途径。种植草坪可选用沙打旺、苜蓿草等品种，可以起到防尘、固灰、保持水土的效果，但要解决灰场扬尘问题还应以植树为主。灰场植树选用扎根较深、成活率较高的树种，如杨树、柳树。

6.1.2 粉煤灰在农业种植中的作用

1. 提供农作物所需的营养元素

粉煤灰本身含有多种植物可利用的营养成分。用粉煤灰改良砂质土壤可以提高土壤对磷的吸附量，这对保持土壤磷的有效性有重要意义。

粉煤灰中富含硼，硼是油料作物的良好肥源，生长在粉煤灰改良土壤上的花生、大豆的产量及品质均有明显提高。粉煤灰同腐殖酸结合施用，可以提高土壤中有效硅的含量。

粉煤灰含有多种元素成分，有些元素有利于提高土壤磷的有效性，并增加土壤铁、锰、锌、硼、铜等微量元素，直接影响植物(农作物)的生长发育和抗病虫害。研究显示，增加粉煤灰施用量，可有效增加土壤 pH、SO_4^{2-}、CO_3^{2-}、Cl^-、P、K、Ca、Mg、Mn、Cu、Zn 和 B 的可利用性；粉煤灰对磷具有锁固缓释作用，施加粉煤灰后的土壤样品在干湿交替 60 d 后，其有效磷含量较不施粉煤灰土壤样品提高了 13.59%～22.51%。

此外，粉煤灰能够改善土壤理化性质，促进土壤微生物的生长繁殖。研究表明，粉煤灰可以显著提高白浆土微生物活性，促进有机物的腐殖化程度，增强土壤的生物抗性，使有益微生物处于优势地位。但随着粉煤灰加入量的增加，微生物的氧化作用会显著降低，磷酸酯酶、硫酸酯酶、脱氢酶和转化酵素的活性也会受到明显抑制。因此，施用粉煤灰改良土壤应合理控制粉煤灰的用量。

2. 改善黏土的物理性质

经粉煤灰改良后的土壤，容重降低，孔隙度增大，土壤的通气性变好，有利于好气性微生物的活动，土壤的养分易于被农作物吸收利用。由于粉煤灰的酸性特征，它所含的三氧化二物水解时会形成不溶的氢氧化物和可解离的酸，这些酸有利于改善土壤的物理和化学性质。另外，高硫煤产生的酸性灰可用于改良盐碱土，以降低土壤 pH 值，高 pH 值的碱性灰同样是酸性土壤的改良剂。

粉煤灰溶于水后的 pH 值与其化学组成密切相关，一般而言，含碱土金属氧化物(CaO、MgO)和碱金属氧化物(K_2O、Na_2O)高的粉煤灰，其 pH 值较高，呈碱性；含酸性氧化物

(SiO_2和 Al_2O_3)较高,而碱性氧化物(CaO、MgO、K_2O、Na_2O)较低的粉煤灰,其 pH 值较低,常显酸性。碱性粉煤灰可用于提高土壤 pH 值,改良酸性土壤;酸性粉煤灰可用于降低土壤 pH 值,改良碱性土壤;粉煤灰在盐碱化土壤上的试验表明,施用粉煤灰可使盐碱化土壤的 pH 值从 9.42 降到 8.78。

由于粉煤灰主要由多孔颗粒物组成,其堆积密度为 400～800 kg/m^3,仅为土壤密度的 1/2～1/3,所以,将粉煤灰施入黏质土壤后可降低黏土中黏粒含量,增加孔隙度,降低容重,可有效防止土壤表面结壳。山西省农业科学院土壤肥料研究所的粉煤灰改土试验结果表明:施粉煤灰后黏质土壤的平均容重由原来的 1.33 g/cm^3 降低为 1.18 g/cm^3,平均容重减小 0.15 g/cm^3。

3. 改善土壤的含水量

粉煤灰的平均含水率为 57.7%。黏质土壤每亩施灰量每增加 5 000 kg,土壤视密度下降 0.11%,孔隙率增加 3.53%,含水量增加 1.14%。所以,经过改良后的黏质土壤提高了保水供水性能。

多孔颗粒组成的粉煤灰具有一定的吸附性,可有效防止土壤水分的蒸发流失,具有保水功能;另粉煤灰呈灰黑色,有利于吸收太阳光热量,再加上粉煤灰丰富的孔隙率和多孔性,可防止热量散失,从而提高了土壤温度。粉煤灰对土壤具有综合改良的功能,有利于使土壤耕层的水、气、热、肥等达到良好平衡,有利于活跃土壤微生物,加速有机物分解,促进土壤养分的释放和植物吸收;赵亮等用粉煤灰改良沙质土壤的试验表明,经粉煤灰改良后,沙质土壤的保水性能增加了 7～19 倍。吴家华等研究表明,施用粉煤灰对 5 cm 和 10 cm 土层(与作物苗期生长密切相关)的温度影响较大,5 cm 土层温度升高 0.5～1.1 ℃;10 cm 土层温度均提高 0.5 ℃左右。西北农林科技大学的研究表明,亩施粉煤灰 1.5 t,可使土壤膨胀 2.11%,有利于防止土壤流失。

4. 具有协调地温的作用

黏质土壤的特性之一是导热性好,昼夜温差大,冬季地温低,小麦越冬易受冻,夏季地温偏高,不利于作物生长,冬季利用粉煤灰导热性差的特性可以提高地温,粉煤灰质地疏松,热容量大,夏季可以利用其降低地温,适宜农作物生长。表 6-1 和表 6-2 是对施用粉煤灰的黏土地所做的地温记录,从表中看出,冬季亩施 3.5×10^4 kg 时,平均增温 2.4 t,夏季亩施 3.5×10^4 kg 时,地温下降 1.1 ℃。

6.2　粉煤灰用于生产肥料

目前,粉煤灰用作土壤改良剂主要采用直接施用于农田和土壤的方式进行,而将粉煤灰制备成复合肥用于田间和土壤,不仅可以改良土壤,还可以补充植物(农作物)所需有益成分。

粉煤灰用作复合肥更多地利用了粉煤灰丰富的元素组成,粉煤灰含有农作物生长所需的各种元素,包括大量元素:碳、磷、钾;中量元素:钙、镁、硫;微量元素:铁、锌、锰、铜、硼;稀土元素:镧、铈、镨、钕、钪、钇等,这为粉煤灰用作复合肥提供了物质基础。

表 6-1 粉煤灰不同施用量与 5 cm 地温记录(冬季)

项目	时间										
	5 个月	6 个月	7 个月	8 个月	9 个月	15 个月	16 个月	小计	平均	与对照田相比	与气温相比
气温/℃	0	1.3	0.2	0.4	0.8	2.8	2.1	7.6	1.1	—	0
对照田地温/℃	1.0	2.0	0.8	0.7	1.8	3.3	2.0	11.6	1.7	0	0.6
亩施 1×10^4 kg,地温/℃	1.3	2.3	1.2	1.4	2.5	4.1	3.3	16.1	2.3	0.6	1.2
亩施 1.5×10^4 kg,地温/℃	1.7	2.6	1.8	1.6	2.8	4.3	3.8	18.6	2.7	1.0	1.6
亩施 2×10^4 kg,地温/℃	2.2	3.0	2.3	1.0	3.1	4.7	4.0	20.3	2.9	1.2	1.8
亩施 2.5×10^4 kg,地温/℃	2.7	3.3	3.7	2.3	3.5	5.0	4.4	24.9	3.6	1.9	2.5
亩施 3×10^4 kg,地温/℃	3.1	3.7	2.7	2.6	3.8	5.4	4.8	26.1	3.7	2.0	2.6
亩施 3.5×10^4 kg,地温/℃	3.5	4.0	3.1	3.1	4.2	5.7	5.1	28.7	4.1	2.4	3.0

表 6-2 粉煤灰不同施用量与 5 cm 地温记录(夏季)

项目	时间												
	11 日	12 日	13 日	14 日	15 日	16 日	17 日	18 日	19 日	20 日	平均	与对照田相比	与气温相比
气温/℃	20.8	20.3	21.2	23	21.0	20.3	21.2	21.2	22.2	22.5	21.4	—	0
对照田地温/℃	20.0	19.3	20.0	20.5	20.6	20.6	18.3	18.3	18.0	18.0	19.4	0	−2.0
亩施 1×10^4 kg,地温/℃	20.0	20.0	20.2	20.3	20.8	20.2	18.5	18.8	18.8	19.2	19.7	0.3	−1.7
亩施 1.5×10^4 kg,地温/℃	19.6	19.8	20.0	19.8	20.0	20.2	18.5	19.0	19.3	19.2	19.5	0.1	−1.9
亩施 2×10^4 kg,地温/℃	20.0	20.5	20.3	20.0	20.0	18.2	18.4	19.0	19.1	19.4	19.5	0.1	−1.9
亩施 2.5×10^4 kg,地温/℃	19.6	20.8	20.6	20.0	20.3	20.3	18.6	18.8	19.6	19.5	19.8	0.4	−1.6
亩施 3×10^4 kg,地温/℃	20.8	20.6	21.3	21.6	21.2	21.2	18.8	19.2	20.0	19.3	20.4	1.0	−1.0
亩施 3.5×10^4 kg,地温/℃	21.2	21.2	21.8	21.8	21.5	21.2	18.3	18.8	19.5	19.5	20.5	1.1	−0.9

6.2.1　粉煤灰中化学元素与植物生长

粉煤灰中不同元素对植物(农作物)的生长发育具有不同的功效和作用。硅是稻、麦、甘蔗等禾本科植物所必需的营养元素之一。钙是细胞壁中胶层的组成成分和某些酶的组成部分,有利于植物根部生长,延缓作物衰老。镁不仅是叶绿素的构成元素,而且是作物体内多种酶的活化剂。硫是作物所必需的且需要量较多的营养元素。铜能增强光合作用,有利于作物的生长发育、增强抗病力和抗寒抗旱能力。铁有利于叶绿素的形成和氮素的代谢、增强作物抗病力。钾可以增强光合作用和促进氮素代谢,有利于作物生长发育和降低病害感染率。锌能增强光合作用,也是一些酶的重要组成部分,有利于生长素的合成,增强抗病抗寒能力。硼能促进碳水化合物的正常运转,促进生殖器官的形成和发育,促进细胞分裂和生长,提高豆科植物的固氮能力。

6.2.2　粉煤灰生产肥料的种类

粉煤灰可通过加工处理制成具有多重功效的复合肥料。目前市场上已经投入使用的粉煤灰复合肥主要有:粉煤灰硅钾肥、粉煤灰磁化肥、粉煤灰复合肥、粉煤灰磁化复合肥。粉煤灰复合肥投入使用后,能够显著改善农作物生长发育的土壤环境,提高其抗倒伏和抗病虫害能力,增加果实产量,且肥效作用较长。

1. 粉煤灰硅钾肥

粉煤灰中含 SiO_2 含量高达 50%～60%,直接施入土壤,仅有 1%～2%的有效 SiO_2 能被植物利用。以 60%～70%的粉煤灰和 30%～40%的钾盐为原料,在富含空气和水蒸气气氛中,850～900 ℃温度下焙烧,再经自然冷却和磨粉、装袋可制得粉煤灰/硅钾肥。粉煤灰/硅钾肥富含植物所需的不溶性 SiO_2 和可溶性的 K_2O,可以有效增强植物抗病菌能力和氮吸收能力,提高农作物产量。但是,由于我国钾资源稀缺,钾盐原料成本较高,且粉煤灰/硅钾肥生产过程需高温焙烧,能耗大,成本高,因此难以大规模推广应用。

2. 粉煤灰磁化肥

粉煤灰中含有一定量易磁化的矿物质,以含铁类矿物质为主,故利用电磁场可以使粉煤灰中的易磁化矿物质磁化,磁化后的粉煤灰可用作磁化肥。磁化肥施入土壤后,可使粉煤灰肥效增强,改善土壤团粒结构,促进农作物生长发育,在减少粉煤灰肥料用量的情况下,实现农作物增产的目标。实际应用中,粉煤灰经 0.3～0.5 T 的电磁场磁化处理 3～5 s,粉煤灰磁化肥施用量为 2.25～3.75 t/hm^2。粉煤灰磁化肥适用于酸性、黏性、板结的土壤,作物增产效果较好,一般能增产 15%左右。

3. 粉煤灰复合肥

粉煤灰复合肥是目前使用最广泛的粉煤灰肥料之一。该肥料主要由粉煤灰与氮肥、磷肥和钾肥以及有机肥等进行复配加工而成,其加工工艺通常包括:原料配制、物料混合、造粒、干燥、冷却、筛分、包装等环节。用混料法生产的粉煤灰复合肥具有缓释效果,可有效提高肥料中氮、磷、钾的利用率,减小其流失率。粉煤灰复合肥能够增强豆科作物的固氮能力,有效提高豆科作物的产量;而且有助于提高农作物的抗病菌能力,尤其是对小麦锈病、稻瘟病、大白菜烂心病、果树黄叶病等的抵抗能力较强。粉煤灰复合肥较普通的氮、磷、钾复合肥更具优势,粉煤灰复合肥不仅可以改善土壤结构,优化农作物生长环境,还可以为农作物生长发育提供更多、更综合的营养元素，有利于农作物均衡生长。

粉煤灰也可与粪便、腐殖质和生活垃圾等复合，生产无害全营养有机复合肥料。粉煤灰复合肥的施用量与农作物的种类、土质特性等因素有关，一般为 100～200 kg/亩，其增产效果可达 10%～15%。

4. 粉煤灰磁化复合肥

粉煤灰磁化复合肥是利用粉煤灰复合肥和粉煤灰磁化肥原理进行组合制备而成的。该肥料以粉煤灰作为磁性载体，再按比例添入一定量的氮、磷、钾等营养元素或加入一定量的有机肥组分或加入适量的添加剂，经配料、混合、造粒、干燥、冷却、磁化、包装等工序加工而成的一种新型复合肥料。粉煤灰磁化复合肥同时具有粉煤灰磁化肥和复合肥的优势，营养稳定，肥效长，主要用作基肥和追肥。研究表明，对相同土壤和农作物而言，与等量氮、磷、钾化肥相比，施用粉煤灰磁化复合肥，可使小麦增产 7%～11.5%，玉米增产 4.5%～5.9%，水稻增产 9.8%～10.8%。

6.2.3 粉煤灰在农业中应用的注意事项

尽管粉煤灰在农业领域的应用对改良土壤和促进农作物生长发育具有积极意义，但由于粉煤灰自身化学组成中含有少量的重金属元素，如 Hg、Cd、Cr、Pb、Cu、As 等，会造成土壤中有害元素的富集问题和土壤排水性变差等问题。

特别需要注意的是，粉煤灰中有害元素对地下水污染问题。国内外研究发现，粉煤灰渗沥水易使地下水水体 pH 值升高，Cr、As 等有毒有害元素增加，从而造成地下水污染。因此，粉煤灰在农业中应用需要控制好施用量。通常，粉煤灰在农田中的应用量一般不超过 5 000 kg/亩。同时，还应进行生物监测和对土壤、地下水和作物系统进行环境影响评价，避免发生二次污染。

第 7 章　煤化工渣资源化技术原理及工艺

7.1　煤气化渣的资源化利用

7.1.1　煤气化渣的组成

煤气化渣是煤气化过程中产生的大宗固体废弃物。煤气化渣可分为气化细渣和气化粗渣，这是根据气化渣的产出位置和粒度差异而决定的。其部分代表炉型及排渣方式见表 7-1。煤气化过程中，由于温度较高，煤中的无机矿物质会转变为熔渣。气化粗渣是熔渣在高温高压条件下经过熔融、冷凝等流程后流入气化炉底部，冷却后形成的含水渣，占 60%～80%。气化细渣是随粗煤气流出，并进入后续洗涤、净化等程序，冷却后最终由过滤器收集的含水渣，占 20%～40%。现有的气化主流技术都会产生大量的气化渣。随着煤气化技术的推广，煤气化产量与日俱增。据统计，2021 年我国气化渣产生量为 7 100 万 t，资源综合利用率仅为 31.6%，大部分煤气化渣无法得到妥善处理，只能作为固体废弃物进行填埋或堆积。

表 7-1　部分气化炉型及排渣方式

炉型分类	代表	入料煤状态	粗渣(底渣)排出方式	细渣排出方式
固定床（移动床）	美国 UGI	块煤粒径 25～50 mm	固态干法	飞灰旋风分离干法
	德国 Lurgi	块煤 5～75 mm	固态水力排渣	黑水过滤脱水
	英国 BGL	块煤 6～50 mm	熔融水冷	黑水过滤脱水
流化床	德国 HTW	碎煤 0～8 mm	固态干法	飞灰陶瓷过滤干法
	中国 CAGG	碎煤 0～6 mm	灰团聚成球，固态干法	飞灰二级旋风分离干法
	美国 U-GAS	碎煤 0～6 mm	灰团聚成球，固态干法	飞灰二级旋风分离干法
气流床	德国 GSP	粉煤 80%<200 μm	熔融水冷	黑水过滤脱水
	美国 Texaco	水煤浆	熔融水冷	黑水过滤脱水
	荷兰 Shell	粉煤 90%<90 μm	熔融水冷	飞灰陶瓷过滤干法，黑水过滤脱水
	中国四喷嘴	水煤浆	熔融水冷	黑水过滤脱水
	中国航天炉	粉煤 90%<90 μm	熔融水冷	黑水过滤脱水

煤气化渣的化学组成和原煤产地、气化炉型及进样方法都有关系，表 7-2 从陕西、宁夏、贵州和山东等地选取的代表性气流床煤气化渣的化学组成。尽管各类渣样化学成分存在一定差异，但均由 SiO_2、残余炭以及 CaO、Fe_2O_3、Al_2O_3、MgO 等碱金属氧化物组成，其中 SiO_2、Al_2O_3、Fe_2O_3 是参与火山灰反应的主要氧化物，其含量的多少直接关系到后期作为建

材、建工原料的优劣性。

表 7-2 煤气化渣的化学成分

炉型	炉渣类型	化学组成/%								
		SiO_2	CaO	Fe_2O_3	Al_2O_3	MgO	TiO_2	Na_2O	K_2O	烧失量
陕西未来能源化工有限公司四喷嘴气化炉	粗渣	41.44	17.37	17.37	13.91	2.26	0.65	1.40	1.46	18.79
	细渣	35.93	17.19	18.13	15.48	2.11	0.88	2.31	1.39	30.57
宁夏煤业有限责任公司四喷嘴气化炉	粗渣	30.43	19.68	22.74	14.90	3.76	1.31	1.72	1.64	13.40
宁夏煤业有限责任公司Texaco	粗渣	31.83	19.80	18.40	15.83	4.68	1.33	2.13	1.46	6.09
宁夏煤业有限责任公司GSP	粗渣	50.59	8.77	12.06	18.44	3.27	1.18	1.20	2.13	7.40
贵州天福化工有限责任公司Shell	粗渣	48.12	7.15	10.47	30.63	0.74	0.32	0.46	0.62	1.20
	飞灰	47.36	6.82	10.80	30.85	0.91	0.38	0.48	0.66	1.36
山东瑞星集团股份有限公司航天炉	粗渣	46.70	11.36	10.56	22.07	0.85	1.55	—	1.60	5.00

煤气化渣中的矿物组成主要来自原煤中的矿物、无机物以及在气化工艺过程中加入的助溶剂等。煤气化渣中的无机组分主要为非晶态物质，含量在90%以上，小部分晶相物质为莫来石、石英、高岭石、方解石等。煤气化渣中的无机小球包括完全熔融状态和部分熔融状态。完全熔融状态的无机小球表面光滑，含有较多低熔点的金属氧化物，如 Na_2O、CaO 等；部分熔融状态的小球表面粗糙，含有较多高熔点的金属氧化物，如 TiO_2、Fe_2O_3 等。

煤气化渣中主要物质除了无机矿物质成分之外，还有较多的残炭。残炭主要由在气化炉中未充分反应的热解炭、部分气化炭以及原煤热解后的挥发性物质组成。这些炭具有完整的孔隙结构和较大的比表面积及孔容。一般情况下，细渣中含有的残炭较多而粗渣中含有的残炭较少。细渣为不完全反应的细颗粒，含有20%～40%残炭成分，颜色呈灰黑色。粗渣的残炭含量比较低，颜色呈现棕色、灰色、黄褐色。导致两者残炭含量相差较大的主要原因为粗渣是炉内熔渣沿炉壁向下进入气化炉激冷室，在水浴中激冷固化形成，停留时间长，温度高，反应更充分；细渣是未燃尽炭颗粒与微细矿物质颗粒在合成气的夹带作用下从合成气出口直接排出，在炉内停留时间比粗渣短。

通常情况下，煤气化细渣具有较小的粒径和较大的比表面积，而粗渣具有较大的粒径和较小的比表面积。此外，粗渣和细渣的结构也有较大的差别，煤气化粗渣和细渣扫描的形态如图 7-1 所示。由图可知，煤气化粗渣主要由光滑的片状物质(A1)和球状颗粒(A2)组成；煤气化细渣则由大量大小不同的光滑球形颗粒(B1)和具有孔隙结构的絮状物(B2)组成。

7.1.2 煤气化渣的性质

煤灰中各元素的组成及质量分数将决定灰渣的熔融特性、黏温特性以及结渣特性等。根据煤灰中化学成分的离子势，可将这些氧化物分为两大类：酸性氧化物(SiO_2、Al_2O_3、

图 7-1　煤气化粗渣(a)和煤气化细渣(b)的扫描电镜图片

TiO_2)和碱性氧化物(Fe_2O_3、CaO、MgO、Na_2O、K_2O)。

1. 熔融特性

(1) 熔融过程

灰渣的熔融特性与其理化性质密切相关;煤气化过程中灰渣的熔融特性会影响其结渣过程,进而影响炉内的传热,改变气化炉的性能和效率;因此,理解灰渣的熔融特性对实际煤气化系统的操作及稳定运行具有非常重要的指导意义。

灰渣是由各种矿物组成的混合物,没有确定的由固相转为液相的熔融温度,熔融要经历一个较宽的温度区间。煤中矿物成分经高温灼烧,大部分被氧化分解。反应后产物的性质和含量决定灰渣熔融温度,在灰渣某些组分开始熔融时,会与另一些组分发生反应生成复合晶体,它们的熔融温度大多较低,在一定温度下,会形成熔融温度更高的某种共熔体,有进一步溶解灰渣中其他高熔融温度矿物杂质的能力,从而改变灰渣的熔融特性。

熔融过程通常有 3 个特征温度,即变形温度、软化温度、流动温度。在变形温度下,已产生熔融组分,软化温度下熔融组分增加很多,这时灰渣是塑性状态,而在流动温度下,灰渣的绝大部分组分已融化成液相,一般还会残留一些分散状态的高熔融温度的微晶颗粒。

(2) 灰渣成分对熔融特性的影响

① 氧化硅与氧化铝的综合影响

灰渣中硅、铝氧化物主要存在于黏土矿物群中,即形成云母岩、高岭石、高岭土,灰渣的 $SiO_2+Al_2O_3$ 含量与流动温度有关,当 $SiO_2+Al_2O_3$ 含量增高时,灰渣流动温度将大大增高。灰渣的熔融特性还与 SiO_2/Al_2O_3 有关。对于低硅煤,$SiO_2/Al_2O_3\approx1$,硅、铝差不多完全在黏土矿物中,熔融时生成多铝红柱石,它在熔体中具有很高的熔解温度,将增加煤的灰熔点。当 $SiO_2/Al_2O_3\geqslant1$ 时,灰渣中还存在含硅的氧化物群和硅酸盐矿物群等。它们在熔融时会与其他组分形成低熔融温度共熔体,使灰熔点下降。

氧化硅的影响:氧化硅含量在 10%～40%影响不大,在 40%～80%时煤灰熔点温度略有升高,氧化硅是影响灰渣黏度的主要物质,高硅煤黏度高。

氧化铝的影响:煤灰的流动温度随 Al_2O_3 含量增高亦有规律地上升。Al_2O_3 含量在 35%～40%以上,灰熔点将高于 1 500 ℃,Al_2O_3 对灰渣黏度影响不大。

② 氧化铁的影响

在德士古气化炉弱还原性气氛中,铁转化为 2 价铁(FeO),其流动温度最低,更重要的是 FeO 与 SiO_2 及 Al_2O_3 分别生成低熔融温度铁橄榄石和铁铝尖晶石,使煤灰的熔融温度显著降低。实践证明,煤中 Fe_2O_3 含量增高时,灰渣的熔融温度显著降低。有研究表明,在锅炉内气氛条件下,在灰渣中 Fe_2O_3 含量低于 20%的情况下,其含量每增高 1%,则灰渣软化温度相应降低约 18 ℃，流动温度降低了约 1 217 ℃。在还原气氛中，全铁含量对煤灰熔融温度的影响幅度较在氧化气氛下大得多。同样，在同一温度下，铁含量升高，灰渣黏度下降。

③ 氧化钙的影响

灰渣中氧化钙含量变化幅度较大，通常在褐煤中其含量较高，氧化钙对煤灰熔融特性的影响，可按（$SiO_2+Al_2O_3$）/（$CaO+MgO+Fe_2O_3$）来判定，当比值在 1.60～2.13 时，灰渣的熔融温度最低。我国大多数煤种其灰渣的（$SiO_2+Al_2O_3$）/（$CaO+MgO+Fe_2O_3$）值都大于上述范围，因而随 CaO 含量增高，煤灰的流动温度降低。这是因为 CaO 是形成低熔融温度共熔体的主要组分。

氧化钙对灰渣熔融特性的影响还与 SiO_2/Al_2O_3 有关，当 $SiO_2/Al_2O_3<3$ 时，CaO（MgO 及 Fe_2O_3 并入 CaO）为 30%～35%，灰渣的流动温度最低。当 $SiO_2/Al_2O_3>3$ 时，则 CaO 为 20%～25%，灰渣的流动温度最低。这是因为在少硅情况下，需要更多的 CaO 以形成 $CaO\cdot FeO+CaO\cdot Al_2O_3$ 类型的低熔融温度共熔体，而在多硅情况下，由于可复合出 $2FeO\cdot SiO_2+SiO_2$ 类型的低熔融温度共熔体，替代了部分 CaO，所以可在较低的钙含量下达到最低的熔融温度。

④ 其他成分的影响

氧化镁与氧化钙作用相同，可并入 CaO 考虑，碱金属对灰渣熔融特性的影响比较明显，向一般酸性灰渣中每添加 1% 的 Na_2O 或 K_2O，流动温度降低 15.6 ℃。

2. 黏温特性

煤气化渣的黏温特性关系到渣的流动性和炉温控制。渣的流动性与黏度、温度密切相关。温度升高，黏度降低，则流动性越好。Shell 煤气化采用“以渣抗渣”理念，其液态排渣方式对渣的流动性要求很高：炉内熔渣流动黏度介于 2～25 Pa·s 之间，气化炉操作温度高于灰渣流动温度 150～250 ℃。

3. 结渣特性

结渣性是指煤在气化或燃烧过程中，煤灰受热软化、熔融而结渣的特性。对于 Shell 气化炉，结渣性太强容易发生堵渣现象，而结渣性太差则不利于在膜式水冷壁表面形成均匀渣层。一般来说，煤的灰熔点越低，结渣性越强，灰分含量越高，结渣性越强。此外，结渣性与碱酸比、硅铝比、铁钙比等有关，碱酸比在 0.4～0.7 时最易结渣；硅铝比小于 1.7 时不结渣，大于 2.8 时易结渣；铁钙比小于 0.3 或大于 3.0 时都不结渣，接近 1 时会严重结渣。另外，还可以使用基于灰渣黏度、灰熔点和灰成分的结渣指数来预测结渣性强弱。

气化炉制出的煤气和煤气所夹带的炭粒经炉膛出口高温分离器分离后，大部分粗炭粒由下料管进入气化炉下部。从高温分离器出来的粗煤气中含有大量高含碳量的细灰，如直接将这部分细灰分离下来送回气化炉内，由于颗粒太细，会立即从炉内被吹走。因此，可以将飞灰与气化炉产生的大渣混合后与煤掺混，送入锅炉作为锅炉燃料，这样不仅可以提高碳的综合利用率，而且使灰转变成惰性物质，可用作水泥熟料、制砖或铺路。碳的利用率可达到 95%，热效率可达到 85%～90%。由于煤气化渣灰分高，挥发分低，因此需要采用燃渣锅炉，或选用燃煤掺烧造气灰渣锅炉来处理。

7.1.3 煤气化渣的综合利用

煤化工企业的残渣废物是工业废物中占比最大的一部分。煤气化渣如处理不当会带来巨大危害，主要表现在占用土地和污染生态环境方面。每万吨固体废弃物需要占用 4～5 亩的土地资源。煤气化细渣颗粒较细，在堆存和运输过程中受到风力作用容易产生大量的扬灰。在堆积的过程中，废渣中的无机矿物质和重金属离子会浸出到土壤中且十分难降解，导致土地无法耕种。为满足环保要求，煤化工企业需要建设大型渣场进行填埋，这不仅会提高处理成本，而且会导致严重的环境问题。因此，为实现煤化工企业项目建设的循环可持续发展，就必须提高煤气化企业的附加值，对气化渣进行资源化利用。

目前，国内外针对煤气化渣应用的研究主要集中于以下几个方面：

（1）建工建材制备：骨料、胶凝材料、墙体材料、免烧砖等；

（2）残炭利用：残炭提质、循环掺烧等；

（3）土壤、水体修复：土壤改良、水体修复等；

（4）高附加值材料制备：催化剂载体、橡塑填料、陶瓷材料、硅基材料等。

1. 煤气化渣用于建工建材

（1）制备砌体材料和陶粒

目前煤气化渣制备砌体材料的利用方法是将煤气化渣作为主要原料，通过单掺或复掺水泥、粉煤灰、黏土、石膏、石灰等胶质的活性原料，优化其孔隙结构，使得制品更加密实。将各组分充分混合、消化、养护后采用挤压、蒸压、烧结等物理方法制备建筑用砖、粉煤灰砖、烧结灰砖、煤灰水浸砖、免烧砖等性能良好的砌体材料。与传统的砌体材料制备相比，用煤气化渣制备砌体材料的过程更节能环保，因而具有良好的发展前景。有研究表明，将 80％的煤气化渣加入石膏和复合外加剂压制成石膏煤渣空心砖，在自然状态下养护，该空心砖抗压强度较好，并且其隔热保温性能明显增强。另外，将煤气化渣作为主材料，当煤气化渣、水泥、粉煤灰比例为 6∶3∶1 时，以石膏作为激发剂在温度为 100 ℃的条件下蒸养 18 h，可以制备出满足要求的免烧砖。同时，研究指出煤气化渣的颗粒粒径会影响这种蒸压砖的强度，因此制备时需要破碎较大颗粒的煤气化渣。

烧结砖和陶粒是利用黏土、页岩、煤矸石、粉煤灰、污泥等无机材料经混料、成型、烧结而成的建筑材料，主要用于建筑物承重部位，陶粒的直径为 5～25 mm。制备烧结砖及陶粒是利用气化渣中的 SiO_2、Al_2O_3、Fe_2O_3 等活性成分，在 1 100～1 200 ℃高温环境下，使其形成钙长石、莫来石、石英、方石英等骨架及液相成分，从而赋予制品强度。由于气化渣中残炭和 Fe_2O_3 在烧结过程中可释放气体，形成气孔，从而降低制品的密度，还可以充分利用气化炉渣中残炭热量。与其他原料相比，气化渣具有一定的膨胀性与降低能耗的作用。《烧结普通砖》(GB/T 5101—2017)、《轻集料及其试验方法 第 1 部分：轻集料》(GB/T 17431.1—2010)中对烧结砖及陶粒强度进行了分类与规范，由于气化渣中 SiO_2、Al_2O_3 含量低，添加过多会减少钙长石、莫来石骨架成分的形成，影响烧结砖或陶粒的强度。研究发现，要得到质量较好的烧结制品，原料中必须添加高硅铝成分，同时加入黏结剂、造孔剂等外加剂，达到降低密度、提高强度的目的。

（2）制备水泥和混凝土

煤气化渣中 SiO_2、Al_2O_3 等物质与混凝土中胶凝材料相似，经高温高压的熔融重塑后其中游离的 CaO 和 SO_3 含量低。由于煤气化细渣中的玻璃相含量高，在火山灰活性作用下易发生反应而形成新物相，因而，可用煤气化渣掺制水泥和混凝土。对宁夏煤业有限责任公司的煤气化渣的特性进行了详细的研究，表明 SiO_2 含量为 50.59％的煤气化渣可替代硅质原料制备水泥熟料，玻璃相含量为90%左右的煤气化渣可替代矿渣作为混凝土的矿物掺和料。目前其利用方法主要包括掺制煤气化渣的细渣、粗渣，或是细渣、粗渣的混合掺制。

硅酸盐水泥熟料是以含CaO、SiO_2、Al_2O_3、Fe_2O_3等主要成分的物质为原料，按适当比例磨成细粉，煅烧至部分熔融，形成以硅酸钙为主的水硬性胶凝物质。硅酸盐水泥熟料加适量石膏共同磨细后，即得到硅酸盐水泥。气化渣具备满足熟料生产所需化学成分的要求，并且在水泥窑中经二次燃烧后，气化渣的残炭含量低，但热值极高，所以用细渣来替代矿渣和硅质原料的集料，可以提高材料的预烧性，从而提升水泥熟料的产量与质量，达到节约能耗和燃料的目的。目前，该技术是气化渣资源化利用的主要方式之一。《硅酸盐水泥熟料》(GB/T 21372—2008)中规定($2CaO \cdot SiO_2 + 3CaO \cdot SiO_2$)质量分数≥66%、$CaO/SiO_2 \geq 2.0$,《用于水泥中的火山灰质混合材料》(GB/T 2847—2022)中规定烧失量质量分数不得大于10%，因此气化渣只能作为石灰石和黏土等原料的掺混料使用。

同时煤气化渣具有一定的颗粒级配，可作为混凝土的骨料或掺和料。研究发现，煤气化粗渣与水泥之间存在正相互作用，这有利于胶凝反应并提高砂浆强度。石灰能有效地活化粗渣中的SiO_2和Al_2O_3矿物相，形成水化产物，而方解石的水化反应有利于提高煤气化矿渣混凝土的强度。而且研究表明，混凝土中掺入煤气化粗渣后，抗压强度能明显提高，尤其是掺入研磨后的煤气化粗渣，既能提高抗压强度，又能更好地降低干缩率。

(3) 用作道路材料

煤气化粗渣的成分与锅炉灰渣相似，因此可以将其与一定量的石灰混合均匀用作道路建筑材料。这种材料具有较大的强度和良好的抗变形能力，是一种新型的铺路材料。煤气化渣颗粒较稳定且基本无毒无害，与路石材料相比粒径更小，在拌和过程中可以填充孔隙从而增大密实度。煤气化渣外形呈球状，表面光滑，在外力作用下起到缓冲作用，能降低和延缓材料裂纹的产生与发展，从而可以改善路面的抗裂性、耐久性，并且能增强混合料的强度和密实性。同时煤气化粗渣可以作为填料改性特殊的道路材料，也可用作石油沥青铺面混合物或者取代水泥中的矿物成分制备道路材料。

煤气化粗渣的残炭含量比细渣低，且具有一定的级配，并且诸多研究表明经过简单的处理，煤气化粗渣可达到道路材料的应用标准。它本身不存在明显的缺陷，因此，煤气化粗渣作为路基材料具有很好的发展前景。然而细渣由于烧失率较大一般不能用于路基材料，但从粉煤灰的研究角度出发，细渣分选后得到的低炭粉煤灰可充分应用于路基材料，但目前尚无类似的研究。

路基材料掺入煤气化渣不仅强度满足标准要求，且抗冻性良好。有研究依托实体公路修筑了200 m水泥稳定煤气化渣路面底基层试验段，煤气化渣路面基层7 d钻芯样如图7-2所示，钻芯取样结果表明煤气化渣路面基层材料7 d无侧限抗压强度达2.2～6.8 MPa，并且经历冬季−15 ℃的冰冻，春季消融后未见冻融破坏现象，而90 d强度增长至11.9 MPa，表明煤气化渣路面基层材料不仅可满足各等级公路基层材料强度要求，而且抗冻性良好。

(4) 提取氧化铝

提取氧化铝技术是煤气化渣资源化利用技术的重要方向。目前，我国的氧化铝土石精矿原石资源量有限，但是这些资源在国内的消耗量较大，因此，我国不得不进口氧化铝土石等资源。有研究人员统计，近几年来我国氧化铝土石的进口数量已经达到了5 000万t，说明了我国对氧化铝土石进口的依赖性较强。因此，铝再生技术的应用是缓解资源紧缺的重

(a) 水泥稳定煤气化渣取样　　(b) 水泥粉煤灰煤气化渣取样

图 7-2　煤气化渣路面基层 7 d 钻芯样

要途径，同时也能减少水体污染情况的出现，避免气化炉渣大量占用土地的情况出现，从而从根本上加快铝合金工业的发展和创造更多收益。

针对大型铝矿的再生技术，一般应用铝合金含量浓度超过 30％的煤质炉渣型煤作为再生的原材料，例如山西、陕北、内蒙古中西部的煤质符合铝合金含量浓度的要求，可以被用在铝再生技术中，具有较大的开发价值。近年来，经过人们的不断努力，应用新型高铝粉煤灰工艺进行氧化铝灰石再生，生产工艺技术有了较大技术突破。目前，浓硫酸溶法和硫酸烧结法是氧化铝灰石再生生产工艺中发展比较成熟的两种方法。烧结法的生产流程主要分为石灰烧结、浸泡取出、脱硅和碳化四个流程。烧结法主要应用在大规模工业生产中，具有介质综合利用率高的特点。但是不容忽视的是，烧结法使用时会消耗大量的能量，成本高，排渣量大，需要相关人员不断研究和创新，以改善铝再生技术应用的不足之处。

此外，煤气化渣作为其他建筑材料也具有广泛的应用。作为其他建筑材料的利用方式、利用方法和利用效果总结见表 7-3。

表 7-3　煤气化渣作为其他建材使用

用途	加工方式	材料特性	
		优点	缺点
用于工程回填	对煤气化渣的含碳量进行鉴定，满足回填要求	重金属浸出率低，风险低，易成浆，强度和稳定性高	尚未有可进行回填的含碳量具体范围的研究
生产玻璃纤维、陶瓷	粉碎研磨，加水成浆，注具成型，脱模干燥，烧结	强度高，吸水率良好，耗能小，重金属浸出毒性低	处于研究阶段，技术复杂，投资大，风险高
生产介孔材料（吸附材料、泡沫陶瓷）	高温烧结、煅烧	硅元素含量高，多孔蜂窝状不规则结构	
生产保温、隔热材料	煤气化渣进行加热、加压	绝缘效果良好	

煤气化渣在建工建材方面的资源化利用是煤气化渣规模化消纳的重要途径。但目前中国煤气化渣建筑材料资源化利用的 4 个方面基本处在实验室研究的起步阶段，综合利用率

低于 30%，远低于 2019 年国家发展和改革委员会、工业和信息化部的《关于推进大宗固体废弃物综合利用产业聚集发展的通知》中指出的基地废弃物综合利用率达到 75%以上的标准。因此，目前煤气化渣作为建筑材料的资源化利用与实现规模化利用的目标还有很大的差距，煤气化渣建筑材料的资源化利用尚有诸多方面需进一步深入研究，尤其缺乏在实验室研究基础上的基于实体工程的研究与验证。

此外，工艺条件的不同导致煤气化渣中的残炭含量各不相同，并且煤气化渣中残炭含量普遍较高，使其烧失率变高，进而影响其综合利用效果。在实际生产中，由于分选富集过程受温差、设备稳定性、仪器精密程度、含氧量高低等因素的影响，很难保证煤气化渣的残炭含量。目前通常通过提高反应温度、压力、含氧量来保证低残炭量的要求，但由于生产过程中投资高、效率一般、人工成本高等因素的影响，煤气化渣中的残炭含量较高的问题目前尚未得到较好的解决。同时，由于工艺复杂，现有的利废企业投资大，效益低，致使利废项目难以生存，综合利用产业发展缓慢，循环经济产业链的规模还远未形成。

2. 煤气化渣的残炭利用

(1) 煤气化残渣炭提质

煤气化渣资源化利用主要利用其中的残炭和无机矿物质，但二者的利用相互制约，气化渣的炭灰分离对实现其规模化消纳与高附加值利用极其重要。在分离工艺方面，针对煤气化渣的分离研究主要有重力分选、浮选等工艺。

① 重力分选

煤气化渣中未燃尽炭颗粒（$<2.0\ g/cm^3$）和高灰分颗粒（$>2.4\ g/cm^3$）之间明显的密度差异为采用重力分选方法进行炭-灰分离提供了可行性。有研究表明，通过采用水介质旋流器对煤气化渣进行分选，经一次分选可得到富炭产品、高灰产品和富灰产品三种产品，实现了残炭与灰的高效分离与富集。表 7-4 为水介质重力分选试验结果。

表 7-4　水介质重力分选试验结果

产品	粒级/mm	产率/%	灰分/%
富炭产品	+0.1	8.37	12.69
富灰产品	−0.1	67.27	58.72
高灰产品	+0.1	18.48	94.72
	−0.1	5.88	98.71
合计		100	63.87

② 浮选

经过气化炉高温作用后，煤表面性质发生了很大的变化，但其表面仍有部分疏水官能团，而其他 Si、Al 等矿物成分则以亲水性矿物为主，因此可以采用浮选工艺对气化渣进行炭灰分离。如图 7-3 所示，采用一粗一精一扫的浮选工艺流程对煤气化细渣进行脱炭试验，可以取得较好的分选效果。

(2) 煤气化渣掺烧利用

煤气化渣烧失量过高是其难以利用的原因之一，对高含碳量气化渣进行循环掺烧，不仅利用了其中的炭资源，而且使高炭渣转变成低炭渣，有利于气化渣的建材化利用。

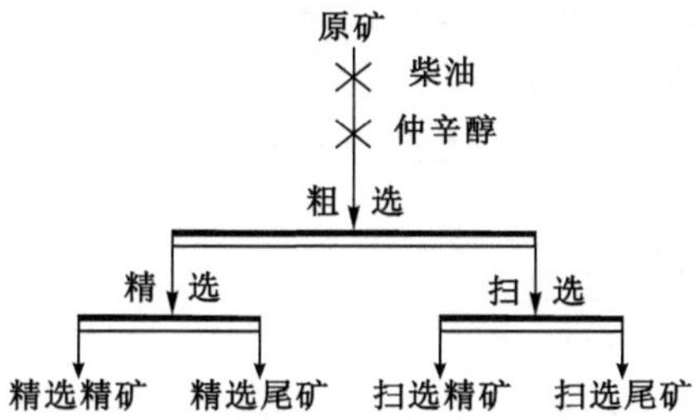

图 7-3　煤气化细渣深度分选工艺流程

残炭含量高且粒径在合适范围内的煤气化渣可以应用循环流化床锅炉掺烧。国内已有企业采用循环流化床锅炉掺烧干气化细渣工艺，经运行发现基本保证了锅炉的正常稳定运行，年节约煤耗 937.6 t。浙江国宁实业集团有限公司采用循环流化床锅炉，以质量分数 14.7％的比例掺烧湿气化细渣，通过物料热量衡算及经济性分析，此方案一年可节约 5.3 万 t 燃料煤。

此外，针对气化细渣的特点，许多学者提出了改进的气化细渣掺烧工艺。有研究提出了气化残炭燃烧技术，通过优化炉膛结构、延长颗粒反应时间、使用返料腿加料等措施，实现了燃料预热并进一步延长了燃料在炉内高温区的停留时间；试验结果表明，该技术可将气化细渣中炭的质量分数从 40.00％降至 0.88％，燃烧效率达到 98.60％，工业规模燃烧稳定，燃烧效率达到 99.18％。另外，还有一种改进方案是将湿气化细渣(含水质量分数为 55％～60％)送入循环流化床锅炉进行掺烧。气化细渣掺烧前处理流程如图 7-4 所示，经运行证明，该改造方法最大掺烧比例达 30％，能够减轻磨损、延长锅炉寿命，大比例掺烧后锅炉整体运行更加稳定。

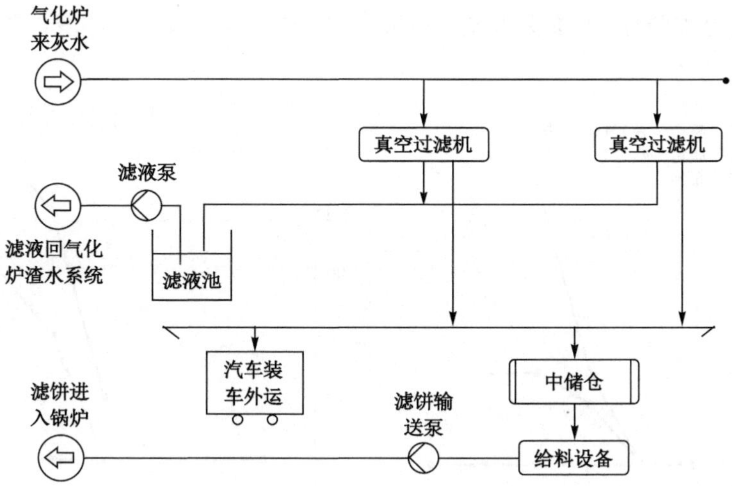

图 7-4　气化细渣掺烧前处理流程

目前，煤化工行业工厂配套的循环流化床锅炉居多，因此现有气化细渣掺烧利用基本集中在循环流化床锅炉掺烧，不同的锅炉运行状态及气化细渣本身含碳量、水分的高低会对掺烧比例及燃烧效率产生不同的影响。此外，虽然气化细渣含碳量高于粗渣，更适合作为掺烧原料。但是,由于湿法排放粗渣、细渣含水率普遍达到 40%~60%,即使是含碳量较高的细渣,残炭质量分数通常在 10%~30%(不包括 Shell、SE 气化炉黑水滤饼),收到基发热量低于锅炉入料最低热值 14.64 MJ/kg。因此,气化渣作为燃料掺烧,其环境效益大于经济效益。

3. 煤气化渣用于水体、土壤修复

(1) 用于废水处理

煤气化渣富含铝、硅、碳资源,是制备硅吸附材料、碳吸附材料、碳硅复合材料以及聚合氯化铝等水处理剂的优良原料。有研究表明,以煤气化渣为原料制备出高比表面积的活性炭,并采用浸渍法负载 Fe^{3+},用于非均相 Fenton 体系降解染料废水中甲基橙,在最佳条件下甲基橙降解率可达 97%。当前,气化炉渣在废水处理中的应用可以分为两类:一是以煤气化渣为原料,经过烧结、化学法制成硅基多孔材料进行吸附;二是直接利用煤气化渣中多孔残炭颗粒进行吸附。煤气化渣由于成本低、吸附效果明显,被用作废水处理材料并逐渐受到关注。

(2) 用于土壤修复

煤气化渣的产生经过高温激冷过程,其物理特性表现为多孔均匀,比表面积丰富,加之煤气化渣富含有机碳及微量元素,这为气化渣在土壤改良方面提供了可能性和潜力。煤气化渣可以通过改善土壤状态等手段,提高农作物的产量,实现其在农业中的有效利用,同时也能优化生态环境。目前煤气化渣在土壤改良方面的研究主要集中在制备土壤调节剂、硅肥原料、种植砂等方面,利用煤气化细渣硅铝含量高、比表面积大、孔隙结构发达等特点,对我国较大面积的盐碱地、沙化土地进行土壤改良,经试验验证或实际种植情况均达到了较理想效果,为气化细渣资源化应用于农业生产领域提供了技术指导。

将气化细渣作为碱性沙地土壤改良剂,种植试验表明,当施用肥料中气化细渣质量分数为 20%时,土壤容重降低,土壤保水能力提高,可以显著提高玉米和小麦的发芽率,如图 7-5 所示。

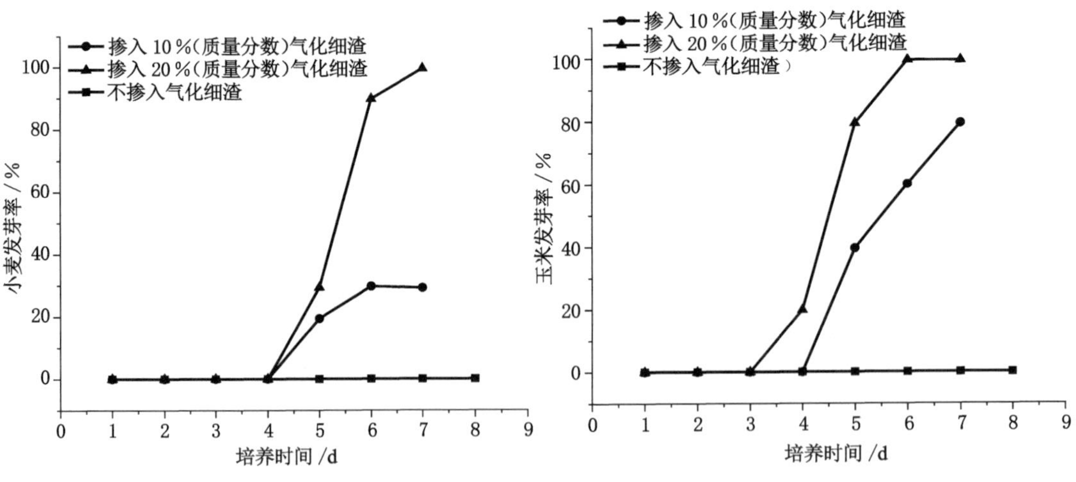

图 7-5　气化细渣施用量对玉米和小麦发芽率的影响

4. 煤气化渣的高值化利用

煤气化渣高值化利用主要包括制备催化剂载体、橡塑填料、硅基材料等。现阶段利用煤气化渣能够制备出高附加值的产品，但是由于技术不成熟，无法实现规模化利用。

通过研究发现，煤气化渣负载钒催化剂对 NO 的选择性催化还原活性具有良好效果，浸渍 1%钒的煤气化渣基催化剂具有最佳的脱硝活性，随着温度的升高(200～250 ℃)，NO 转化率可从 60%提高到 100%。另外，研究表明，将气化细渣用作新型橡胶填料，随着气化细渣粒径的减小，材料的力学性能得到改善，气化细渣中的未燃炭使材料的固化性能、力学性能和分散性能得到改善，提高了填料与基体的相容性，具有替代橡胶中 $CaCO_3$ 的潜力。此外，针对煤气化渣中硅、碳资源丰富的特点，许多学者以气化渣为原料制备了高附加值硅基材料。通过将煤气化细渣玻璃珠填充到聚丙烯中制备复合材料，并对其力学和非等温结晶性能进行研究，发现气化细渣玻璃珠能够提高聚丙烯材料的热稳定性，但会降低结晶能力，同时发现气化细渣玻璃珠经 KOH 改性或 HCl 活化后制得的复合材料的抗拉强度、热稳定性和结晶能力均有明显提高。

目前，煤气化渣的资源化利用尚未得到充分系统的解决，其原因在于：

(1) 人们普遍认为煤气化是一种清洁技术，煤气化渣对生态环境和人类健康的危害并没有得到充分重视；

(2) 原煤、气化工艺条件和排渣方式等因素的不同使煤气化渣的理化性质差异较大；

(3) 在传统资源化领域，粉煤灰占据了很大比例，煤气化渣与之相比缺乏竞争力；

(4) 煤气化渣在高值化利用方面仍旧处于探索研究阶段，未达到规模化应用，经济效益较低。

合理处理煤气化渣，既能回收部分能量，也有利于环境保护。同时，开发操作简易、适应性强且具有一定经济效益的煤气化渣综合利用的技术路线，是目前煤气化渣能够综合利用的技术途径和迫切需求。

7.2　焦粉的资源化利用

焦粉是指焦炭生产及使用过程中产生的粉末状焦炭，是一种黑色粉末状固体颗粒。它是化工、冶金等行业在焦炭生产和利用过程中产生的一种副产物，主要来自焦化厂的筛分工段，其产量约占总产量的 4%，可连续大量产出，少量也来自环境除尘站以及干法熄焦工艺除尘站。如图 7-6 所示，我国每年产生 1 700 万 t 以上的焦粉。在燃烧过程中，焦粉与传统焦炭、煤炭有一定的差别，其粒度小，不符合工艺生产要求，因此废弃的焦粉只能作为低级燃料进行低价处理，不仅造成了资源浪费，更对环境造成了极大的污染。然而焦粉中固定碳含量高达 70%以上，是一种宝贵的含碳原料。合理利用焦粉，以焦粉作为炭源，制备高附加值产品，实现含碳资源的分级分质利用，对环境和经济的可持续发展非常有利。

7.2.1　焦粉的组成及性质

焦粉是指粒径小于 5 mm 的焦炭，因此其具有焦炭的一切物理、化学性质，如表 7-5 所示，以碳为主要成分，内部含有裂纹和缺陷的不规则多孔固体。由于焦粉是煤在隔绝空气的条件下加热到 950～1 050 ℃，经过干燥、热解、熔融、黏结、固化、收缩等阶段形成的产物，因

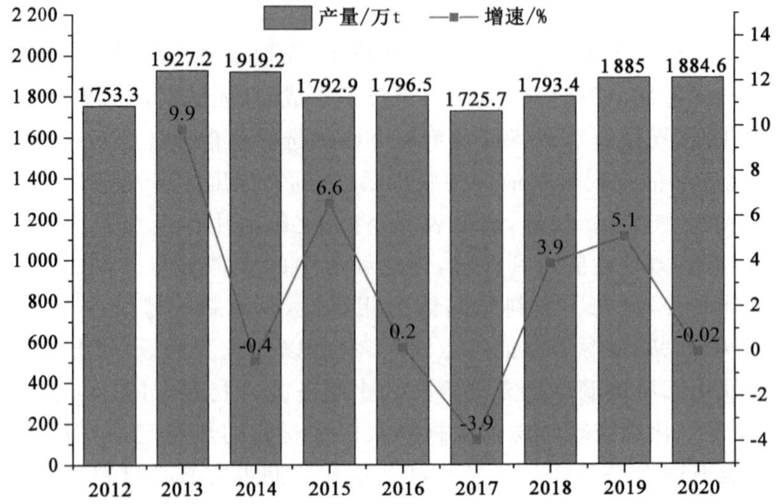

图 7-6　2012—2020 年中国焦粉产量及增速

此比煤质地坚硬。焦粉具有固定碳含量高、灰分和挥发分含量低、强度高、来源途径多等特点，具有一定的反应性。

表 7-5　焦粉的性质

参数	FC_{ad}	V_{daf}	A_d	M_t	CRI
含量	≥70%	≤1.8%	≤15%	≤12%	≤35%

注：FC_{ad}表示固定碳，V_{daf}表示挥发分，A_d表示灰分，M_t表示全水分，CRI 表示反应性。

7.2.2　焦粉的综合利用

焦粉粒径小，在高炉内易导致空气通道堵塞，且无法满足冶金工艺需求，导致大部分焦粉被作为固体废物废弃或只能当作低级燃料廉价处理。同时由于某些地方的某些企业对焦化生产缺乏有效管理，导致大量废弃焦粉露天堆积，造成了严重的环境问题，进而影响生产厂区和周围居民的生活和工作环境。大量焦粉的产生，如果不进行合理的利用，将造成环境污染以及巨大的资源浪费。

焦粉的性质与焦炭类似，具有高的固定碳、低的挥发分及一定的强度和孔隙度。从利用规模和附加值的角度来看，可以把焦粉的利用分为规模化利用和高附加值的精细化利用两大类，其中规模化利用包括生产焦炭和制备型焦/型煤。

(1) 焦粉配煤生产焦炭：由于焦粉的黏结指数较低，在添加焦粉炼焦时往往需要添加黏结剂或瘦化剂，焦粉的加入往往能提高焦炭的强度。

(2) 焦粉成型制备型焦/型煤：焦粉由于具有高含碳量、低挥发分，与粉煤复配制备型焦/型煤可以提高型焦/型煤的热值和强度并可以降低燃烧产生的污染。

(3) 焦粉具有高的碳含量，因此可以作为炭源制备高附加值炭材料，如活性炭、炭纳米球、电极材料、炭分子筛等。

1. 回配炼焦煤

早期炼焦只用单种煤或者很少的煤种搭配，随着炼焦工业的不断发展，优质炼焦煤储量明显不足。而且随着高炉规模的日益大型化，高炉在冶炼过程中对焦炭的要求也越来越高，即机械强度高、热性能好、灰分低、含硫少。就目前国内传统的炼焦工艺来看，如采用单种煤炼焦，不仅炼焦成本高，生产出来的焦炭也很难满足高炉大型化和现代化的苛刻要求。

因此，为了降低炼焦成本，充分利用现有的煤种资源，必须寻求一种最优化的配煤方式，从而达到资源最优利用，进而来满足不同类型高炉生产过程中对焦炭的质量要求。不同变质程度的煤各有特点，它们在配煤中所起的作用也不同。通过合理配煤，可以充分利用各种煤的结焦特性，发挥各自的优势，从而使配合煤的质量满足炼焦生产要求，节约优质炼焦煤的使用，同时改善冶金焦炭质量。这对合理利用煤资源、节约优质炼焦煤、扩大炼焦煤资源使用范围具有重要意义。

焦化企业通常使用配煤技术来调控焦炭的质量。配煤技术是指将不同种类的煤按照一定比例混合，利用各煤种资源的特性相互补充，以改善产品煤的质量，生产符合各种用途焦炭的技术。采用配煤炼焦，既合理利用了煤资源，也可以保证良好的焦炭质量。根据煤岩学理论，可以将煤的显微组分分为黏结组分(活性组分)和纤维组分(惰性组分)两大类。黏结组分主要决定了煤的黏结能力，影响胶质体形成的数量和质量；纤维组分主要决定焦炭的强度。当煤的黏结组分和纤维组分所占比例适当时，可以炼制出质量较好的焦炭；当煤的黏结组分和纤维组分指标达不到要求时，则可通过添加黏结剂或者瘦化剂进行调整，其关系如图 7-7 所示。

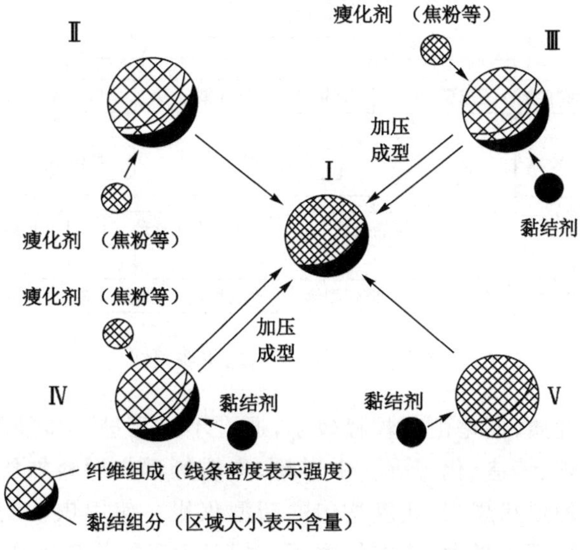

图 7-7　黏结组分与纤维组分的配合关系

在配煤炼焦过程中，肥煤一般作为主炼焦煤。焦煤的主要作用是提高结焦性和焦炭的机械强度；气肥煤的主要作用是提高焦饼收缩性，减少过程膨胀压力和增加化学产品产率；1/3 焦煤在配煤炼焦的过程中可以起到很好的骨架作用；瘦煤则可以在一定程度上提高焦炭的块度，并能起到瘦化作用。在保证焦炭质量的前提下应尽量多配入气煤；与肥煤配合炼焦时可以适当配入一定比例的贫瘦煤，贫瘦煤的加入能起到瘦化作用，但贫煤配入前，须提前进行细粉碎；配合煤中可以适量配入中黏结性煤。为了降低配合煤的灰分和硫分，可以适当配入低灰、低硫的弱黏煤。当配合煤中肥煤配比较高时，可少量配入长焰煤；无烟煤经过细粉碎可与较“肥”的煤配合进行炼焦。

焦粉常作为瘦化剂回配炼焦，以增加焦炭的强度。这是由于焦粉在配煤炼焦过程中不会熔融，无黏结性，可以吸附部分配合煤热解产生的液相物质，降低胶质体的流动度和膨胀度，使气体产物易于析出，降低焦炭的气孔率，并减慢了结焦过程的收缩速度，减少了焦炭裂纹，进而提高了焦炭强度。目前，焦粉配煤生产焦炭在我国已经有工业化应用。山西焦化集团有限公司在焦粉回配炼焦过程中发现，将焦粉替代 50% 的瘦煤用于配煤，不仅可以保证焦炭的质量，还可有效地降低生产成本。近年来，国内不少企业和研究人员进行了焦粉回配炼焦的试验和生产，取得了良好的效果。对于年产粉焦 4.5 万 t 的焦化厂，采用立式磨工艺焦粉制备回配炼焦技术，每年可节省成本 630 万元，为独立焦化厂提供了一条降本增效的途径。焦粉配煤炼焦对钢铁联合企业发展循环经济、实现降本增效具有重大意义。

2. 生产型焦/型煤

型煤技术是指以无/弱黏结性的煤粉或焦粉为主体原料，采用无黏结剂或有黏结剂压制成型，再经干燥和固化等工艺获得一定形状和强度型煤块的技术。型焦技术是指预先将煤粉或焦粉与黏结剂配合成型，然后经碳化工艺制得具备一定强度焦制品的技术。相比煤炭直接燃烧，型焦/型煤代替散煤燃烧可有效减少大气污染，热效率较高。

型焦/型煤工艺由煤料成型和型煤后处理两部分构成，其主要路线如图 7-8 所示。从煤料成型温度来讲，型焦/型煤工艺分为冷压和热压两种工艺。

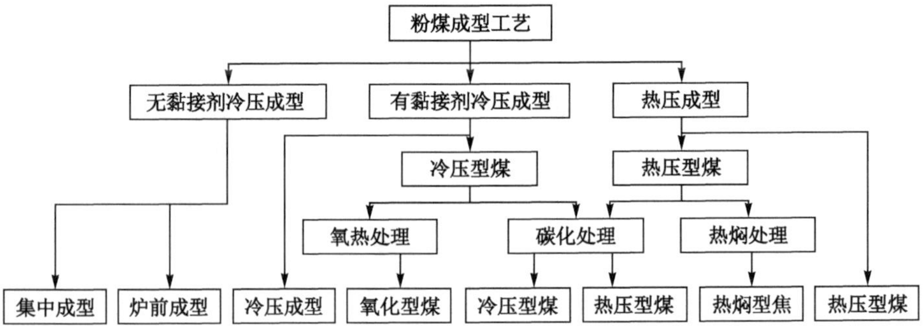

图 7-8　型煤/焦工艺主要路线

焦粉具有焦炭的性质，但是由于粒径较小，通常不满足进一步使用的要求，因此可将其制备成型焦后用于冶炼、铸造、化工等。由煤粉、焦粉等型焦用料加压成型煤，再经过氧化、碳化等后处理制成一种形状规则、块度均匀的新型焦炭。使用焦粉制备气化型焦具有众多优点，如原料来源广泛、配入量大、成本低廉等。相对于将焦粉单纯作为燃料燃烧，使用型焦更加清洁高效。焦粉自身无黏结性，成型性能较差，需要添加黏结性能良好的黏结剂来加压成型。因此，在焦粉成型过程中，黏结剂的选择和研发尤为重要，直接影响型焦的性能和应用。目前，用于焦粉成型的黏结剂主要分为有机黏结剂（如树脂、糖浆等）、无机黏结剂（如膨润土、水玻璃等）和复合黏结剂（如膨润土、胶化淀粉及三聚磷酸钠的混合物等）三大类。

研究表明，使用淀粉或羧甲基纤维素黏结剂，肥煤焦粉质量比为 33% 或焦煤焦粉质量比为 38% 时制得的型焦强度符合常压固定床气化炉用煤要求。使用羧甲基纤维素钠（CMC-Na）作为黏结剂，制备型焦微观结构如图 7-9 所示。图中 1 处为 CMC-Na，2 处为焦粉颗粒。CMC-Na 与焦粉颗粒间的黏结紧密，在黏结处几乎没有缝隙出现，可以有效提高型焦的强度。但是同时可以观察到 CMC-Na 在焦粉颗粒间分散程度较低，这主要是因为 CMC-Na 是离子型纤维素胶，其遇水后生产黏度极大的胶体，黏结性大，其在焦粉颗粒间的分散程度降低，导致型焦内部存在部分缝隙从而对型焦强度具有一定的影响。

图 7-9　CMC-Na 在型焦内部分布扫描电镜照片

此外，半焦粉配适量肥煤或 1/3 焦煤成型后干馏可以得到质量较好的气化型焦。以废弃半焦粉为原料，添加合适的黏结剂，通过压制成型以及共碳化热解来制造工业型焦，确定了在共碳化温度 800 ℃、共碳化时间 90 min 的条件下，型焦的抗压强度可达 7.55 MPa，转鼓强度为 41.03%，孔隙率为 51.94%，型焦的水分质量分数为 0.78%，灰分为 16.42%，挥发分为 4.02%。

由于焦粉的固定碳含量高，挥发分低，并具有一定的强度，因此可与粉煤复配加入黏结剂成型制备成洁净型煤，从而提高型煤的强度和热值并降低在燃烧过程中因挥发分的释放而造成的环境污染。

3. 制成合成气

焦粉可以通过黏结剂制成型焦，然后再气化为合成气或洁净燃料使用。这种用于生产发生炉煤气或水煤气的型焦被称为气化型焦。采用焦粉制备的型焦冷、热强度和反应性能够满足水煤气生产的要求，且由型焦气化后所得煤气的热值、组成、灰渣碳含量和块焦气化结果基本一致。研究发现，以质量分数约 70%的焦粉为原料，再添加一定比例的煤泥和烟煤混合料，配合造纸黑液和苦荞土混合制成的复合黏结剂成功制备出了满足气化要求的型焦。试验研究证明，利用粉焦生产气化用型焦技术是可行的，并且制得的型焦不仅各项指标均能满足生产水煤气的要求(如冷、热强度，耐水性，反应性等)，而且该型焦气化所得煤气各项指标(组成、热值、灰渣、碳含量等指标)均与块焦气化结果基本接近。此外，用焦粉成型制成的球型焦来代替传统的块焦进行气化也得到了试验验证。试验结果表明，由焦粉制备的球型焦气化后所得煤气的组成、热值及灰渣中的碳含量与块焦气化的结果相当。

近年来，随着环保压力的增大，对洁净型煤的研发提出了明确的要求。由于焦粉的挥发分低，在燃烧过程中对环境的污染低。因此，焦粉制备取暖用的民用型焦也成为一种新的研究热点。山东巨铭能源有限公司研发了一种以焦粉和少量黏结剂制备民用型焦的技术，前期试验效果较好，正准备投入使用。

4. 制备高附加值产品

(1) 焦粉制备活性炭

活性炭是一系列非晶质炭质吸附剂的总称，是一种以石墨微晶为基础的无定形结构，包括二维有序的微晶和一维不规则交联六角形空间晶格。其具有较大的表面积、发达的内部孔隙结构和丰富的表面官能团，决定了活性炭具有较强的物理化学吸附能力。因此，活性炭成为分离各种化学污染物的理想材料，被广泛地应用于气相和液相中污染物的去除。焦粉制备活性炭已成为活性炭制备的重要途径之一。废弃焦粉的活化是活化剂与焦粉颗粒发生氧化还原反应使其形成丰富孔结构的过程。制得的活性炭与煤制活性炭相比具有产品得率高、价格低廉、性能优良等特点。产品可用于净水处理、除味、脱色、吸附等领域，未来应用前景广阔，市场竞争力强。

目前，用焦粉制备活性炭主要分为两种方式：一种是以焦粉作为原料，采用 KOH 直接活化制备活性炭；以 1～3 mm 粒径的焦粉制备的活性炭与用煤制备柱状炭相比，具有中孔和大孔发达的特点，可作廉价的净水材料。研究试验表明废弃焦粉制备粉状活性炭的最佳条件为：80 min 活化时间，900 ℃活化温度；碱炭比（氢氧化钾与废弃焦粉的质量比）4，废弃焦粉粒径小于 0.05 mm。在此条件下制备的焦粉活性炭处理浓度为 60 mg/L 的含 Cr^{6+} 模拟废水，在 pH 值为 3～4、焦粉活性炭加入量为 4 g/L、吸附时间为 50 min 的条件下，可以使 Cr^{6+} 去除率达 93.2%。

另一种是以焦粉作为配料，采用水蒸气活化制备活性炭。工业生产中有采用焦粉作为配料制备活性炭的应用，有专利指出使用焦粉作为添加剂，与煤和黏结剂复配成型后，经过碳化、水蒸气活化后制备成颗粒活性炭；所得到的活性炭具有强度高、耐磨损、使用寿命长等特点，可以用于烟气净化和废水处理。

(2) 焦粉制备电极材料

以焦粉为原料制备的电极材料在许多方面表现出独特的性质。对焦粉经氧化硼处理后作为锂离子电池阳极材料进行研究，结果表明，焦粉在首次充放电过程中不可逆放电能力较大。纳米炭质材料作为锂离子电池负极材料使用能够提高锂离子电池的充放电容量、循环寿命及电流密度，因此，纳米炭质材料的研究成为目前研究的热点。由焦粉制备纳米炭管（炭质纳米材料）比原煤有较大的优势。另有研究表明，以焦粉为原料（焦粉直径小于 0.2 mm 占 90%以上），进行了制备纳米炭管、纳米炭球作为锂离子电池负极材料的研究。通过制备，得到内径约为 30 nm、外径为 60～100 nm 的纳米炭管，首次放电容量达到 224 mAh/g，可逆容量达到 73.7%。经过氢氟酸、盐酸和硫酸洗涤，焦粉的含灰量降到 0.35%以下，可作为锂离子电池材料，经过 50 次的充放电循环后，电池的放电容量仍能达到 257.4 mAh/g，可逆容量达到 95%。说明焦粉制备的纳米炭材料具有稳定的充放电性能，可以作为优良电极材料的原材料。

(3) 焦粉制备炭分子筛

炭分子筛是一种具有较为均匀微孔结构的炭质吸附剂，具有与被吸附分子直径相近的楔形狭缝状微孔，能将立体结构大小有差异的分子分离开来。炭分子筛广泛应用气体分离、环境保护、石油工业、化学工业、食品加工、药物精制等领域。以焦粉为原料制备炭分子筛具有原料来源丰富、价廉、技术成熟、工艺过程比较容易等众多显著特点，是目前已知的焦粉高价值利用方向之一。以煤焦油、环氧树脂为黏结剂、焦粉为原料，采用浸渍碳化方法制备了用于空分制氮的炭分子筛。在 20%的黏结剂、700 ℃碳化温度、30 min 恒温 30 min 浸渍时间为条件下制备的炭分子筛可使空气中的 N_2 含量达到 90%。

目前，焦粉在配煤炼焦、制备型煤和处理焦化废水等方面得到了较好的研究应用且取得了客观的经济、社会效益。但是，利用焦粉制备高附加值产品尚处于开发研究阶段，如果能利用焦粉制备出性能良好的高附加值产品并进行实际应用，将会产生巨大的经济、社会效益。

7.3　焦油渣的资源化利用

焦油渣是煤在气化与焦化过程中产生的固体废弃物。在炼焦生产过程中，高温条件下生成的高沸点、高相对分子质量的有机化合物冷凝后形成煤焦油，与煤气中夹带的煤粉、焦炭微粒等混杂在一起，形成形状各异、大小不等的团块，这些团块被称为焦油渣。随着煤化工的快速发展，生产能力的不断扩大，产生的煤焦油渣的数量也逐渐增加。焦油渣是一种危险固体废弃物，不能随意排放，必须对其进行无害化处理。

7.3.1　焦油渣的组成及性质

焦油渣呈黑色黏稠泥沙状，易黏结成块，表观上由水、油质和固体渣组成，其中油质是指可被三氯甲烷完全溶解的组分，固体渣是指三氯甲烷的萃取剩余物。焦油渣的组成十分复杂，而且受原料煤性质和工艺过程的影响明显。焦油渣按来源可分为机械化焦油氨水澄清槽焦油渣、超级离心机焦油渣和焦油贮槽自然沉降后的清槽煤焦油渣。这 3 类焦油渣构成了焦化厂的主要煤焦油废渣。

焦油渣的主要成分是苯类、酚类、多环芳烃、焦油等有机物质以及煤粉、焦粉等，其中重金属含量较少。焦油渣中有机组分的元素组成主要有 C、H、O、S、N，其中以 C 最为丰富，其他元素含量与原料煤性质有关。表 7-6 列出了来自焦化和气化技术中焦油渣的一些基本性质。由表可知，和煤气转化产生的焦油渣相比，焦化厂的焦油渣中含油量相对较高，含水率较低；几种焦油渣的发热量都较高，均大于 7 500 cal/g，焦化厂的焦油渣中的弹筒发热量均大于煤气转化产生的焦油渣，这和焦化厂的焦油渣中高含油量相关。这些焦油渣均含有大量的固定碳和有机挥发物，而灰分和含硫量都较低，是一种高价值的二次能源。

表 7-6　不同工艺焦油渣性质

	焦化焦油渣				气化焦油渣	
	聚源	金桃源	东义	梗阳	天脊	中煤
原样弹筒发热量/(MJ/kg)	33.06	34.16	33.19	30.51	19.37	29.77
无水无灰发热量/(MJ/kg)	38.77	39.56	38.56	37.97	37.67	37.49
含油率/%	47.51	44.82	24.52	49.82	23.02	28.23
含水量/%	12.7	6.3	11.5	17.5	44.9	16.3
挥发分/%	51.10	52.27	31.87	50.10	22.62	36.86
固定碳/%	34.17	34.10	54.22	30.26	28.81	42.54
灰分/%	2.03	7.33	2.41	2.14	3.67	4.30
硫含量/%	0.53	0.75	0.91	0.57	0.22	0.31

中温焦油渣初沉渣中多环芳烃的含量见表 7-7，焦油渣中的 16 种多环芳烃的含量都较

高，总量高达 9 638 mg/kg。多环芳烃组分含量远超过国际健康与环境组织规定的最高含量标准，对周围环境和人体健康都会造成很大的危害。

表 7-7　中温焦油渣初沉渣中多环芳烃的含量

样品	多环芳烃	环数	含量/(mg/kg)
中温焦油初沉渣（中煤龙化）	萘	2	32
	苊烯	3	224
	苊	3	20
	芴	3	46
	菲	3	246
	蒽	3	212
	荧蒽	4	356
	芘	4	348
	苯并[a]蒽	4	1 230
	䓛	4	1 244
	苯并[b]荧蒽	5	1 314
	苯并[k]荧蒽	5	338
	苯并[a]芘	5	1 138
	茚并[1,2,3-c,d]芘	6	1 308
	二苯[a,h]蒽	6	424
	苯并[g,h,i]苝	6	1 158

7.3.2　焦油渣的综合利用

焦油渣是一种有害有毒的废渣，处理不当会造成严重的环境污染。目前焦油渣常用的处理工艺主要涉及油渣分离和资源化利用两种途径。油渣分离是采用物理的或化学的方法将焦油渣中的油、渣进行分离，并从中回收有价值的焦油和煤粉，然后对其进行进一步的加工再利用。油渣分离回收技术是处理焦油渣的一种理想途径。资源化利用即直接利用焦油渣，如将焦油渣作为燃料、配煤添加剂或进行其他资源化的开发利用等。焦油渣的几种处理技术见图 7-10。

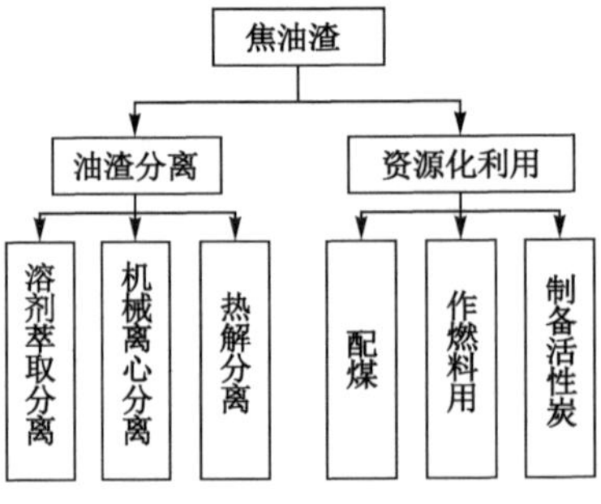

图 7-10　焦油渣的处理及利用技术

1. 油渣分离技术

先将高价值的芳烃化合物从焦油渣中分离回收，再将剩余残渣无害化处理。分离技术主要有离心分离、热解分离、溶剂萃取分离等。如表 7-8 所示。

表 7-8　焦油渣的油渣分离技术

处理方法	方法原理	优　点	缺　点
溶剂萃取分离	利用渣中有机组分与有机溶剂互溶的原理，利用过滤、离心、沉降方法实现油渣分离	高效、经济、处理量大	溶剂易挥发、易燃、易爆
机械离心分离	高速旋转设备产生强大离心力，根据密度差实现油渣分离	工艺流程简单，操作性强	电、蒸汽、热能消耗大；分离处理质量不稳定、油渣分离不彻底
闪蒸-卧螺离心分离	利用闪蒸罐、焦油分离器和卧螺离心机实现焦油渣的三相分离	工艺流程简单，操作性强，经济效益高	设备费用高、油渣分离不彻底、分离后的固渣仍面临再处理的问题
自由沉降（或溶剂萃取）-离心分离	焦油渣简单处理实现油渣初步分离，再利用离心方法实现油渣分离	工艺流程简单、操作性强	—
热解分离	在无氧或缺氧的条件下，高温加热使有机物的大分子裂解成为小分子的可燃气体、液体燃料和焦炭，获得可燃气体、油品和焦炭等化工产品	适应能力强，几乎不会造次二次污染	耗能较高

为综合处理焦油渣，焦油厂采用了将其先物理分离为焦油和渣粉的处理工艺，其中焦油可满足现行行标的质量要求，能进一步加工处理，而渣粉则可以配煤炼焦加以利用，有利于焦炭质量稳定，同时大大改善现场环境。具体工艺流程如图 7-11 所示。

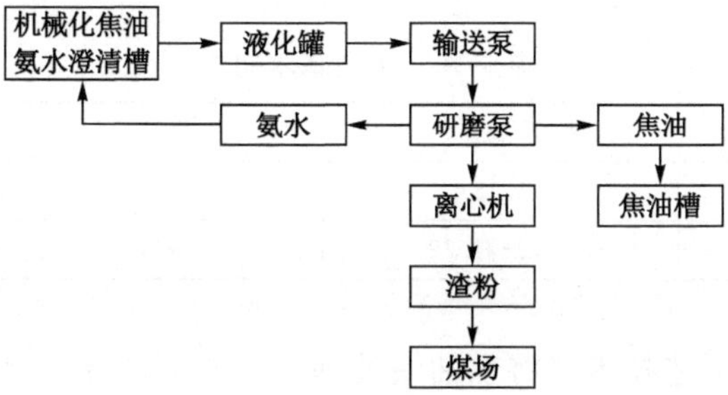

图 7-11　焦油渣油渣分离处理工艺流程

焦油渣首先被密闭收集到原有的收集槽中，然后转移至一个称为“液化罐”的容器中。在液化罐中，使用夹套加热循环氨水来对焦油渣进行加热。如果循环氨水的热量不足，可以适量添加蒸气。为了进一步破碎焦油渣中的大颗粒，液化罐内采用了特殊的刮筛结构，并将其与焦油混合物混合。通过加热和焦油混合，焦油渣的流动性增加，使其成为易于输送的流体。随后，焦油渣通过管道输送至研磨泵，通过研磨泵进一步碾碎大颗粒。最后，焦油渣通过齿轮泵送至离心机，进行固液分离。整个过程采用密闭操作。液化罐的上部接口与机械化澄清槽中的焦油渣出口连接，通过管道将焦油渣输送至离心分离机。离心分离机与现有的尾气回收装置连接，实现在分离过程中对尾气进行回收和净化。这个工艺流程可以将焦油渣分离成液态焦油、氨水和渣粉。液态焦油进入焦油槽以进行产品回收；氨水进入机械化焦油氨水澄清槽，并通过循环氨水系统进行循环利用；渣粉进入渣收集盒，然后运往煤场用于配制炼焦煤。

焦油厂采用该装置处理焦油渣后，所得渣粉与焦油渣的组成见表 7-9。经过此工艺流程的处理，渣粉中焦油和水分的含量显著降低，与焦油渣的表观性质相比，渣粉呈现固体粉末状，便于运输和计量。这种处理方式避免了配煤炼焦时计量不准的问题，有助于焦炭质量的稳定。焦油渣和渣粉如图 7-12 所示。焦油渣分离后得到的焦油基本组成如表 7-10 所示，此工艺所得焦油满足现行行标的要求，可以进行进一步的加工处理。

表 7-9　焦油渣和渣粉的组成

样品	焦油/%	水分/%	固含量/%
焦油渣	38	26	36
渣粉	1.8	14	84.2

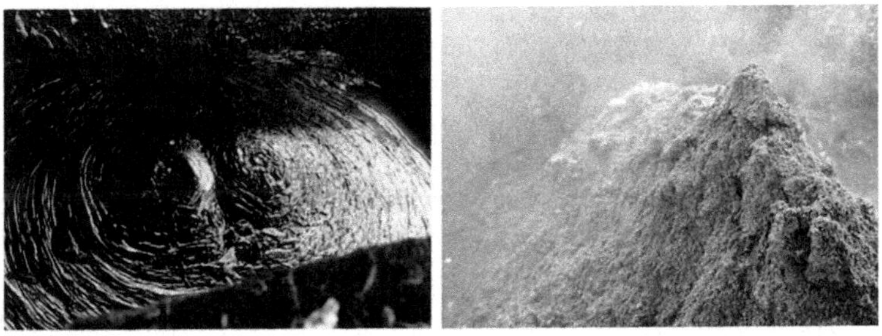

图 7-12　焦油渣和焦粉

表 7-10　焦油基本组成

样品	密度/(g/m^3)	水分/%	灰分/%
分离焦油	1.18	<3.8	<0.06
焦油行标	1.13～1.22	<4.0	<0.13

焦油渣的焦渣分离工艺技术可将焦油渣处理成含水量小于 15%的渣粉，并生产出符合现行行业标准要求的焦油。这不仅提高了配煤的准确率，有利于焦炭质量的稳定，还改善了现场环境，解决了困扰多年的环保问题，同时回收的煤焦油可提高经济收益。该工艺有效地兼顾了经济效益、环保效益和社会效益，值得进一步推广。

2. 资源化利用

(1) 配煤炼焦工艺技术

由于焦油渣具有灰分量低、含硫低、挥发分高及黏度较高的特性，从理论与实践上看，只要适量配加焦油渣，将焦油渣同煤粉充分混匀后直接配入装炉煤炼焦，不会影响所得焦炭的质量，并有助于提高焦炭及煤气的产量。国内早期对焦油渣的利用主要是通过配煤炼焦来实现的，工艺流程如图 7-13 所示。通过将焦油渣回用配入煤炼焦，可将污染物控制在炼焦系统循环中。焦油渣配煤炼焦过程是将焦油渣和煤同时转化为焦炭、焦油和焦炉煤气。焦油渣中的沥青质在高温下能充分浸润吸附在煤粒表面并形成化学键，对抵抗应力集中、提高焦炭强度、改善焦炭块度等方面起到重要作用，故可用于配煤炼焦。此外，焦油渣中较高的挥发分在炼焦过程中对改善焦炭的气孔率和孔壁结构具有积极作用。

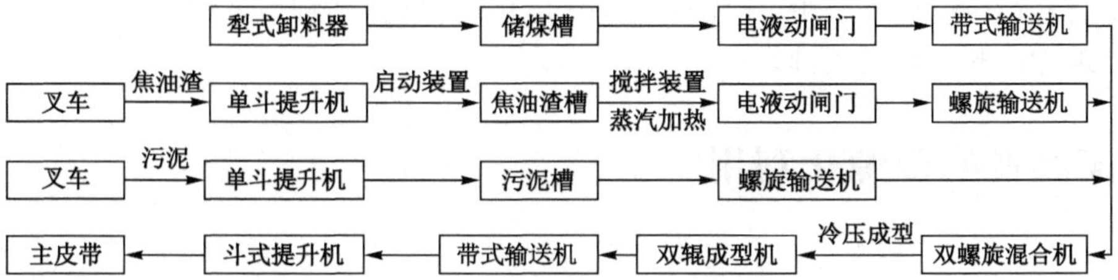

图 7-13　焦油渣配型煤炼焦工艺流程

在工业实践中，有一些企业采用焦油渣与煤料直接混合进入焦炉进行炼焦处理焦油渣，然而焦油渣直接回配炼焦方式也因企业条件及焦油渣的性质不同而多样化。但是，由于焦油渣的黏稠性和组分的波动性，精确配料变得困难，从而造成焦炭质量不稳定，也使焦炉的热负荷增加。目前，焦油渣配入量可占炼焦干煤质量百分数 0.19%～0.21%。因此，焦油渣仅可作为助剂或黏结剂用于混配炼焦，其消纳能力有限。

(2) 制成燃料利用

由前面的介绍可知，焦油渣具有较高的发热量，为 7 000～8 000 cal/g，并含有大量的固定碳和有机挥发物，是一种高价值的二次能源。但将其直接作为一般燃料进行燃烧会因燃烧不充分，从而污染环境。另外，土窑燃烧是最粗放的利用方式，在简陋的燃烧环境下会导致焦油渣中大量致癌性芳烃挥发入大气造成严重污染，而且焦油渣的热值也未得到有效利用，土窑直接燃烧不是合理的处置方式。因此，一些企业将焦油渣和煤粉以 1∶1 的配比制成煤球作为锅炉燃料，产生的热量较高，足以满足锅炉的要求。也可将焦油渣经过改制后制成高温炉的燃料使用。另外，研究人员还研发出另一种焦油渣制备燃料的方法，按一定比例向焦油渣中加入两种稀释剂和稳定分散剂，使焦油渣因乳化形成均匀混合态，避免油、水、泥分离现象，使其形成优良燃烧性能的流体燃料。经过处理后，所生产的焦油渣燃料油发热量可达 31.65 MJ/kg 以上，水分小于 8%，灰分小于 5%，闪点大于 100 ℃。经处理过的煤焦油渣作为燃料燃烧稳定且完全，可以从中获得大量的能量。

(3) 制备活性炭

焦油渣中含有大量未燃尽的炭，内部多为介孔结构，具有天然多孔结构和比表面积较大的特点，适用于制备活性炭等吸附材料。此类转化技术得到各领域学者的广泛关注，各类技术也应运而生。用焦油渣为炭基原料，以 KOH 或磷酸为活化剂，采用分步碳化法可制备出活性炭。添加适量的磷酸有助于活性炭形成更多的孔隙和提高它的吸附能力。当以氢氧化钾为活性剂时，在适宜的条件下可制备出比表面积更大、吸附能力更强的多孔活性炭。

针对不同企业焦油渣性质的差异，煤炭科学研究总院设计了焦油渣制活性炭的主工艺路线和制燃料的备选工艺路线。主技术路线包括预处理、碳化和活化三大工序，低活性焦油渣制燃料是基于主工艺路线延伸的路线，经预处理和碳化工段回收部分轻质油后，选取高活性炭化料制备活性炭，剩余渣滓完全可以作为锅炉高热值洁净燃料使用，从而实现分级分质利用，拓宽了原料的适用范围。整套工艺内含多重工序耦合技术以及系列预处理与活化调配技术，还包括焦油渣输送、物料装填、干燥等工程放大技术。目前已经完成工业放大验证，并与国内各热解企业开展前期合作。利用焦油渣制备活性炭技术能够充分发挥焦油渣内在结构物性特征，实现价值的最大化，具有广阔的企业应用前景。但是目前利用焦油渣制备活性炭吸附材料的研究成果较少，还没有工业化应用的报道。因此，发展经济、绿色、高效、可持续的处理方法和设备是关键。

7.4 煤沥青的资源化利用

7.4.1 煤沥青的组成及性质

煤焦油沥青简称为煤沥青，是煤焦油蒸馏加工去除液体馏分（如酚油、洗油、蒽油等）后的残余物，其产量占进料煤焦油总量的 50%～60%。常温下，煤沥青的外形特点表现为黑色的块状物，其密度为 1.25～1.35 g/cm^3，无固定的熔点，在水中溶解性很差，疏水性强，易溶于芳香性有机溶剂，如四氢呋喃，吡啶等。煤沥青在受热后软化变为黏稠液体，并释放黄色刺激性有毒气体，对环境造成污染，同时会对人体内各器官产生致癌的可能性。

煤沥青种类繁多，根据来源不同可分为高温干馏焦油沥青、中温干馏焦油沥青、低温干馏焦油沥青、煤气化焦油沥青和煤液化沥青。通常所指的煤沥青是高温干馏焦油沥青，占煤焦油总量的 50%～60%。而中低温煤沥青是低阶煤气化、中低温干馏过程中所得的中低温煤焦油经蒸馏提取轻质馏分的残余物，约占焦油总量的 30%。根据其软化点的不同，煤沥青可以进一步分为低、中、高温煤沥青以及改性煤沥青，对应的软化点分别为 30～75 ℃、75～95 ℃、95～120 ℃、100～120 ℃。煤沥青的技术指标如表 7-11 所示。

表 7-11 煤沥青的技术指标

指标名称	低温煤沥青		中温煤沥青		高温煤沥青	改性煤沥青	
	1号	2号	1号	2号		一级品	二级品
软化点/℃	35～45	46～75	80～90	75～95	95～120	108～114	105～120
甲苯不溶物/%			15～25	≤25		28～32	26～34
灰分/%			≤0.3	≤0.5		≤0.25	≤0.3
挥发分/%			58～68	55～75		≥56	≥54
水分/%			≤5.0	≤5.0	≤5.0	≤5.0	≤5.0
喹啉不溶物/%			≤10			8～12	6～15

煤沥青是一种复杂的混合多相系统，是由高度稠合的碳和杂环化合物及其缩合产物组成。其中，大部分由三环以上的多环芳烃构成，同时，还含有 O、N、S 等元素的杂环化合物和少量直径很小的炭粒。煤沥青中主要含有大量的 C 元素（88%～93%）和较少的 H 元素（3.5%～5%）。通过对中温煤沥青和高温煤沥青的结构组成进行研究，发现相比于高温煤沥青，中温煤沥青单元结构的缔合度低，芳环结构少；选用 Flynn-Wall-Ozawa 模型估算出两者的平均热解活化能分别为 84.24 kJ/mol 和 104.47 kJ/mol。采用索氏抽提的方法对中温

煤沥青进行多级萃取，高分辨质谱分析表明各级萃取物中含有 3 000 多种化合物，其中相对分子质量集中在 100～400 之间。XPS 结果显示 C 元素多以 C═C 形式存在，N 元素以吡咯-N 和吡啶-N 形式存在，S 元素则以噻吩硫为主。

7.4.2　煤沥青的族组分分析

在某些生产高等级沥青产品的应用领域中（例如：针状焦、炭纤维和浸渍剂等），需制备高碳含量、低杂质、高芳香度的精制沥青。鉴于煤沥青是复杂多相系统，稠环芳烃及其化合物在结构和组成方面等都存在差别，因而在不同溶剂中的溶解度也不同。根据相似相溶原理，可以采用溶剂（如甲苯、吡啶、喹啉、四氢呋喃、正庚烷等）分离的方法，对煤沥青内性质相似的芳香族组分进行分离，开发制备具有优异性能的煤沥青产品。将煤沥青切分成几种组分，它们具有相近的组成和相似的结构，即族组成分析。目前国内大部分研究采用甲苯和喹啉将沥青逐级萃取后分为重组分的 α 树脂（即喹啉不溶物 QI）、β 树脂（甲苯不溶而喹啉可溶物 TI-QS）和轻组分的 γ 树脂（甲苯可溶物 TS）。煤沥青的族组分分离物质如图 7-14 所示。各组分特点见表 7-12。

- 煤沥青（甲苯）
  - 甲苯可溶物（TS）
    γ 树脂/低分子树脂
    [主要组分为环数小于 6 的分子]
  - 甲苯不溶物（TI）（喹啉）
    - 喹啉不溶物（QI）
      α 树脂/高分子树脂
      [主要组分为芳环大分子]
    - 甲苯不溶而喹啉可溶物（TI-QS）
      β 树脂/中分子树脂
      [主要组分为稠环大分子]

图 7-14　煤沥青的族组分分离物质

表 7-12　煤沥青族组分特点

名称	外表特征	相对分子质量	C/H 原子比	苯环数量	作用
TS（γ 树脂）	褐色的可流动的黏稠液体	200～1 000	0.56～1.25	4～6	起溶剂作用，降低软化点、黏度，保持流动性；提高针入度，有利于吸附及增塑；含量过高，会导致机械性能变差
TI-QS（β 树脂）	黑棕色固态粉末	1 000～1 800	1.25～2.0	>7	起黏结作用，决定炭糊塑性，影响炭素制品理化性能；含量一般控制在 35%以下
QI（α 树脂）	黑色固态粉末	1 800～2 600	>1.67	大分子苯环缩聚物	分为原生 QI 和次生 QI，适量的 QI 可提高炭制品强度和导电性，限制生坯膨胀；含量过高会降低润湿和黏结能力，影响流动性和可塑性

在相同的中间相制备工艺下，不同族组成的沥青会形成具有不同结构和性能的中间相产品。研究指出，含有更多 TS 和较少 QI 的煤沥青在碳化过程中更容易形成具有流线型结构的产物。沥青中的 QI 粒子会黏附到中间相球体的外面，阻碍其融并，降低煤沥青热处理

产物光学结构的有序性，从而形成镶嵌结构。这主要是因为在煤沥青的聚合反应过程中，γ树脂的加入会使体系处于低黏度且可高温流动的状态，增加分子间碰撞概率，有利于芳烃分子的聚合。而QI包含体系中的重组分以及一些不可溶的杂质，它们在沥青缩聚反应过程中起到成核的作用，增加QI的含量，不利于体系的流动性以及有序性。但γ树脂过多，会导致残炭减少，产品的机械性能、导热系数以及电阻率也会降低。

7.4.3 煤沥青的改性

煤沥青的改性涉及改变煤沥青结焦值、黏结性能以及抗氧化性能等方面。在聚合物改性剂与沥青混合搅拌的过程中，聚合物自身会产生化学反应生成改性剂，或者与沥青中的一些化合物分子发生物理化学反应，从而达到改善沥青性能的目的。通过对煤沥青的改性，可以改变煤沥青的碳化过程，从而改变煤沥青基炭材料的内部结构，使其变得更加容易石墨化或炭材料结构变得更加有序、规整，改善煤沥青基炭材料的应用性能。实现煤沥青高附加值的利用对于提高我国煤化工以及炭材料领域的发展有重大的意义。煤沥青的改性方法可分为物理法和化学法。

1. 物理改性

物理改性包括减压蒸馏、溶剂萃取分离和超临界抽提等方法，通过对煤沥青切割并分离，进而调整煤沥青的组成和相对分子质量分布，获得流动性能适宜和结焦值较高的沥青，最终实现煤沥青改性目标。如在针状焦、炭微球、炭纤维等材料的制备过程中，需要通过物理方法对原料煤沥青进行净化处理。此外，还可以采用向煤沥青中添加改性剂的方法，进而改善煤沥青的各种性能。沥青改性剂的种类很多，包括热塑性弹性体、橡胶聚合物和树脂类化合物三类，此种方法多用于道路沥青的改性。改性剂的具体分类和功能如表7-13所示。

表7-13 改性剂的分类和功能

分类	改性剂	应用范围	功能
热塑性弹性体	苯乙烯-丁二烯-苯乙烯共聚物(SBS)、苯乙烯-异二烯-苯乙烯共聚物(SIS)	道路工程	改善煤沥青的温度敏感性及老化性能
橡胶聚合物	丁苯橡胶(SBR)、氯丁橡胶(CR)、聚苯乙烯-异戊二烯(SIR)、乙丙橡胶(EPOM)等	各种沥青路面的黏结料、应力连接层以及低模量消应力薄膜	改善煤沥青的低温弹性及黏附性，促进可逆弹性变形
树脂类化合物	聚乙烯(PE)和乙烯-乙酸-乙烯共聚物(EVA)、聚苯乙烯等	对沥青低温性能要求不高的路面工程	改善煤沥青的高温黏性和抗车辙能力

2. 化学改性

化学改性主要是利用高温高压和加压催化等手段对煤沥青进行处理，促使沥青组分发生化学键断裂、重构和聚合等反应，形成新的组分，进而得到性能优良的改性沥青。化学改性方法包括但不限于高温热聚法、化学交联法、混融法。

(1) 高温热聚法

高温热聚法是指在高压反应釜内保持一定的温度和压力下对原料煤沥青进行热聚合反应，进而获得改性沥青的方法。该法操作简单，改性程度较大，但反应时间较长，改性后的残炭率较低(一般约为 60%)。我国鞍山焦化耐火材料设计研究总院开发了国内首套热聚法改性煤沥青装置,随后在攀钢、武钢等地建厂投产。常用的高温热聚法有釜式连续加热聚合法、Cherry-T 法和真空闪蒸法。

① 釜式连续加热聚合法

釜式连续加热聚合法是我国于 20 世纪末自主研发的改性沥青技术,以中温煤沥青为原料,通过沥青泵连续泵送煤沥青至改性反应釜,加热温度一般为 390～400 ℃,通过控制加热温度及煤沥青在反应釜内停留时间等对改性煤沥青软化点以及性能指标进行调控。该法工艺相对复杂,但是优点在于所得改性煤沥青性能指标容易控制以及该法对中温煤沥青处理量大,该法目前在我国应用较广。其工艺流程如图 7-15 所示。

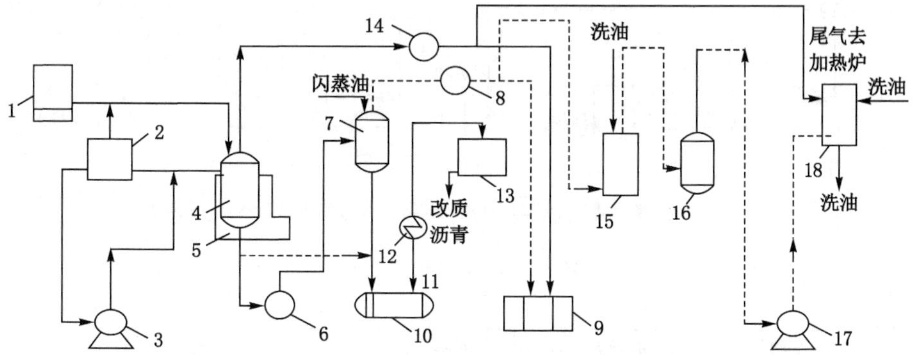

1—蒸发器;2、10—中间槽;3、6—沥青泵;4—反应釜;5—加热炉;7—闪蒸塔;8、12、14—冷凝冷却器;9—闪蒸油槽;11—埋入式沥青泵;13—高置槽;15—洗涤塔;16—真空罐;17—真空泵;18—尾气清洗塔。

图 7-15　釜式连续热聚合工艺流程

② Cherry-T 法

Cherry-T 法(简称 C-T 法)是 20 世纪 60 年代由日本大阪煤气公司研究开发的一种新工艺,用于通过脱水焦油生产改性煤沥青。该工艺的优点在于在煤焦油蒸馏过程中直接进行改性煤沥青的生产,主要用于生产黏结剂沥青。该工艺流程如图 7-16 所示。

该工艺是将焦油在高温高压反应器内于 320～470 ℃、0.5～2 MPa 压力下进行处理,使得煤焦油中重组分及不稳定的杂环类化合物经过聚合直接转变成沥青质。该法可生产得到软化点为 80 ℃左右、β 树脂含量 23%以上的任意等级改性煤沥青。该法具有良好的应用前景。

③ 真空闪蒸法

真空闪蒸法又称减压热聚法,是 20 世纪 60 年代由澳大利亚考伯斯公司研发的改性煤沥青技术,主要用于制备浸渍剂沥青。20 世纪 80 年代,鞍山化工总厂引进了该技术,并建立了年产 12 万 t 的改性煤沥青生产装置;考伯斯炭素化工有限公司也引进了真空闪蒸法改性煤沥青技术并于 2000 年建成了年产 7.5 万 t 的改性煤沥青装置。该工艺流程如图 7-17 所示。

该工艺中的闪蒸塔顶部为蒸气喷射泵,蒸气喷射泵在运行时使闪蒸塔内形成真空状态(8.0～10.6 kPa),随后煤沥青在 350～370 ℃高温下进行减压蒸馏,馏分于闪蒸塔内快速挥发,短时间内可将煤沥青软化点提高至 110～120 ℃。通过该法所得的高软化点煤沥青缩合

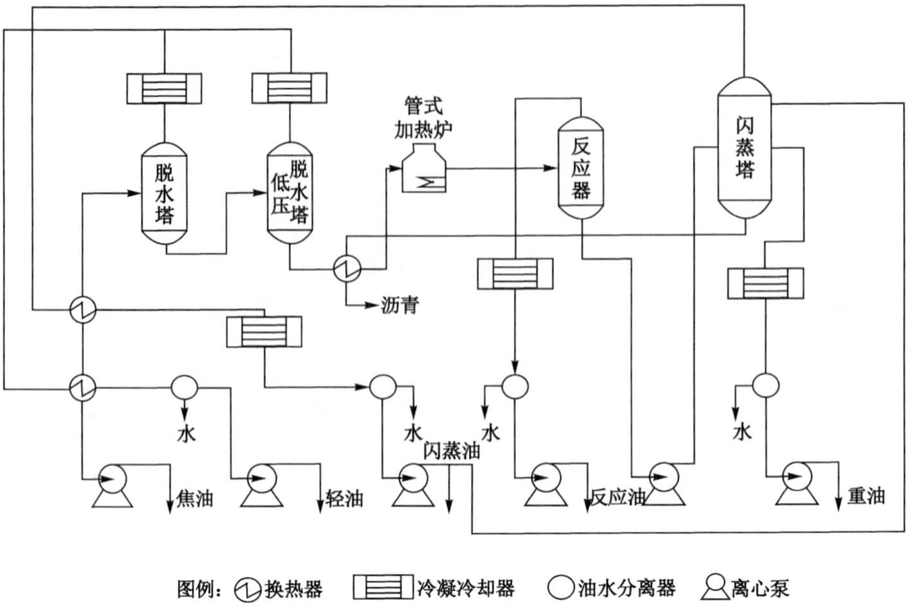

图 7-16　Cherry-T 法工艺流程图

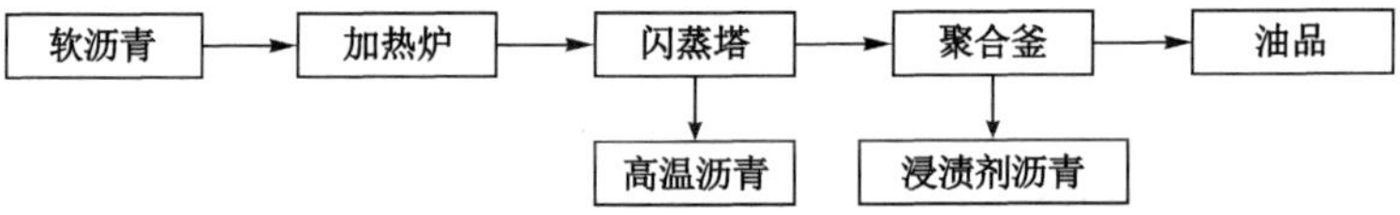

图 7-17　真空闪蒸法工艺流程图

程度小、β 树脂以及 QI 含量低于热聚法所得高软化点煤沥青。

(2) 化学交联法

化学交联法就是在催化剂的存在下，利用交联剂使沥青结构中烯键、官能团和芳环等发生交联作用，从而对煤沥青进行改性处理的方法。在交联反应中，煤沥青中的中、小分子相互聚合成大相对分子质量物质，可以有效地提高煤沥青的软化点，残炭率，并改善和调控煤沥青碳化产物的微观结构。由于分子间交联作用，煤沥青形成了微孔聚合物，广泛应用在储能电极材料和吸附材料中。化学交联法制备的改性煤沥青易于形成更优的骨架结构，且具有均匀连续性，只需使用少量的交联剂即可很大程度改善沥青整体性质，因此，化学交联法是今后煤沥青改性的重点发展方向。化学交联分为小分子交联和高分子交联。

① 小分子交联

小分子交联所使用的交联剂一般为双官能团或多官能团化合物，官能团的种类一般是能与芳烃分子发生亲电取代反应的官能团。常用的小分子交联剂为二苄醇、乙烯基苄氯、二甲氧基甲烷、二乙烯基苯等。

② 高分子交联

高分子聚合物通常作为煤沥青的改性剂，用来调整煤沥青的加工性能、碳化行为和碳化产物的微观结构，以满足不同炭材料的性能需要。高分子改性原理一是利用高分子中的活性基团，在加热过程中与煤沥青分子反应，形成共聚物；二是利用高分子的热不稳定性，在高温下分解产生具有活性基团的物质，与煤沥青进行反应，形成聚合物。高分子改性剂通常有聚乙烯醇、聚丙烯酸、酚醛树脂、聚丙烯腈和聚乙烯吡啶等。

(3) 混融法

混融法改性煤沥青机理是通过向煤沥青中加入改性剂，并对混合体系进行高温熔融、研磨等处理，以确保改性剂在煤沥青中混合均匀，从而改善煤沥青黏结力、连接强度等指标。该工艺以 SBS 或橡胶粉为改性剂，采用混融法制备 SBS 改性沥青、橡胶粉改性沥青以及高黏度改性沥青，所得特种改性沥青性能指标优良，主要用于高速公路中表面层的铺筑。其工艺流程如图 7-18 所示。

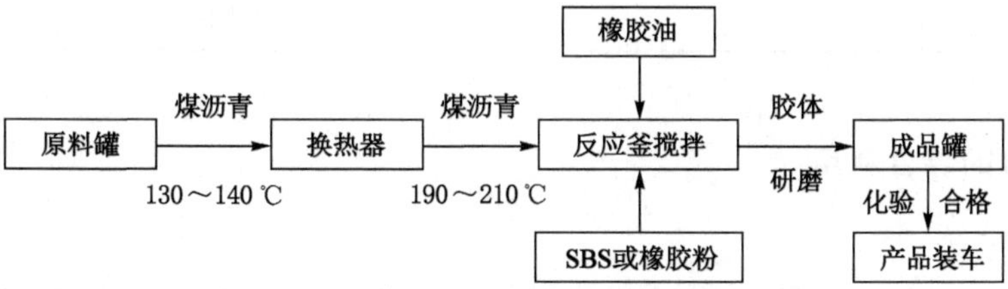

图 7-18　辽河油田 30 万 t 特种煤沥青生产工艺流程图

该工艺将原料罐内的煤沥青 1 次加热至 130～140 ℃后送至换热器中，煤沥青在换热器中进行 2 次加热至 190～210 ℃后送至反应釜与橡胶油、SBS 或橡胶粉进行搅拌熔融混合，混合后再经胶体研磨处理，待各项指标达标后，将成品装入罐中。该工艺目前已经形成自主研发技术，采用先进的油气两用炉技术并在操作中引入 DCS 操作系统，实现了煤沥青改性装置的自动化控制，达到了国际领先水平。

物理改性法可以有效脱除惰性组分，实现芳烃特定组分的富集，但并不能从根本上对煤沥青分子结构进行调控，化学改性法可以达到这一目的。煤沥青改性对其高附加值利用具有重要意义。常用的煤沥青改性方法的原理、优缺点如表 7-14 所示。

表 7-14　煤沥青改性方法的原理及优缺点

常用方法	原　　理	优 缺 点
氧化法	将煤沥青进行高温氧化，改变煤沥青流变性能	方法简单，但所得改性煤沥青软化点高，工艺落后，难以获得合格电极用沥青，已逐步被淘汰
热聚合法	高温高压处理之后对煤沥青进行闪蒸，去除煤沥青中低沸点物质	所得改性煤沥青的中组分 β 树脂含量明显上升，软化点低，品质好；需要高温高压环境
加压热聚处理法	高温高压条件下，煤沥青内部组分发生热聚合，内部组分比例发生变化	所得煤沥青软化点较高，质量指标好；需要高温高压环境
Cherry-T 法	高温高压条件下，将煤沥青中的重组分 α 树脂与低沸点组分聚合成沥青质	所得沥青软化点低，β 树脂含量高，产率高
真空闪蒸法	采用真空蒸馏技术对煤沥青进行减压蒸馏	过程中煤沥青组分缩合程度小，不经过改性中间相，但是 β 树脂含量等均低于热聚法

表 7-14(续)

常用方法	原理	优缺点
高分子聚合物或混合物改性	改性剂与煤沥青通过化学反应形成共价键或者离子键	降低煤沥青老化速率、硬度、致癌组分含量等
小分子有机物改性		改性煤沥青性能、产率等低于聚合物改性
聚合物+混合沥青复合改性		对煤沥青性能提升较大,改性效果好
其他材料改性(如氧化物、纳米材料等)		纳米材料在煤沥青中难以均匀分散,所得改性煤沥青性能提升有限

7.4.4 煤沥青的综合利用

1. 燃料沥青

煤沥青来源广泛、价格便宜,作为煤炭工业的副产品,可作为燃料使用,应用主要包括以下几个方面:① 部分代替重油,即将煤沥青添加到重油中以提高重油的燃烧性能;② 与相对黏度较小的焦油馏分混合可以制备成高黏度高热值煤沥青燃料油;③ 煤沥青和焦油副产品合成液体燃料,在合适的条件下,燃烧效果良好,污染少。

2. 涂料及道路沥青

煤沥青由于优良的防水、防潮、耐酸碱、耐微生物腐蚀性能,成为防腐涂料的首选材料之一。它主要应用于化工厂房、矿井金属建筑、游轮船底等各行各业的建筑设备。目前工业上主要采用的是环氧煤沥青涂料,该涂料是通过利用沥青改性环氧树脂制备而成的,它结合了煤沥青和环氧树脂的优点,可用于酸性药剂池内衬、水塔内衬、碱罐内衬以及大型曝气池内衬,耐腐蚀和持久效果良好。

煤沥青的热敏性高、延展性差、易老化开裂且对环境不友好,不能直接用作路面铺装沥青。但煤沥青有较好的润湿和黏附性能及抗油蚀性,这正好弥补了石油沥青对集料黏附性差的问题,而且煤沥青用作筑路材料的路面摩擦系数大。可将煤沥青与石油沥青按一定比例混用以制备黏附性较高、抗油蚀的改性沥青,这样既可提高基质沥青的性能,又减少石油沥青的使用,从而降低成本。但煤沥青含有多种易挥发的有毒物质,易污染环境,因此,煤沥青在用作筑路沥青时,要首先进行无毒化处理,以免危害环境和行人健康。

近年来,为推进煤沥青资源化利用,缓解国内道路沥青的供需矛盾,交通运输部公路科学研究院选择焦化工业密集、煤沥青资源丰富的山西省作为研究基地,通过与山西省多家大学和研究所合作,围绕煤沥青中苯并芘等致癌物的脱除,开展了大量的路用煤沥青改性材料的研究工作。2008—2011 年,依据该院阶段性研究成果,他们制备了重质改性煤沥青、温拌改性煤沥青、重载改性煤沥青等路用煤沥青系列改性材料,并在二广高速公路(G55)忻州段、山西高陵高速进行了铺筑应用试验。交通部公路工程检测中心对该院煤沥青系列材料路用性能的检测表明,其各项路用性能指标优良,能够满足高速公路施工相关要求。

3. 用作助剂特种沥青

(1) 黏结剂和浸渍剂沥青

煤沥青具有热稳定性好、黏结性好等优点,可用作固体炭材料成型工程中的黏结剂和浸渍剂。以煤沥青为主要原料生产高功率以及超高功率石墨电极可增加产品密度，降低炭制品孔隙率，使得产品机械强度、导电性及导热性得到大幅增强。煤沥青浸润各种骨料表面，可使其颗粒成分互相紧密黏合。

炭素制品制备过程中，一般需要骨料及粉料进行级配，而黏结剂沥青就是将不同粒度的骨料及粉料黏结到一起，经混捏后得到可塑性糊料。在适当温度下，糊料加压成型及冷却后硬化，成型后制得生坯；在高温焙烧过程中，黏结剂沥青热解反应后残留较多的焦炭并将炭质骨料及粉料结合成焙烧电极。浸渍剂沥青是炭素材料生产中一种常见的增密补强剂，主要用于高功率和超高功率石墨电极以及高科技炭素制品（如航天航空、军工用特种石墨等）的浸渍工艺。

用作黏结剂的沥青应具有软化温度高、结焦程度高、TI-QS 组分含量高、灰分较低、QI 含量控制在 5%～10%等特点。煤沥青也可在浸渍时渗透进入炭材料的孔隙中，提高碳化收率。浸渍剂沥青的特点是高温流动性良好，软化点适中，QI 含量低。

(2) 包覆剂沥青

锂离子电池的负极材料多为炭材料，其中，人造石墨仍然是主要选择之一。但人造石墨与电解液的相容性差、炭负极上发生有机溶剂的不可逆分解会对电极行为产生负面影响，使石墨层发生膨胀和收缩，导致其剥落，从而降低循环效率。为了改善人造石墨这些缺陷，需要添加包覆剂对其进行表面改性处理。包覆沥青作为一种石墨材料表面改性处理剂，经碳化后得到无定形碳包覆层，可以修饰石墨中的孔洞、沟槽、裂纹等缺陷，从而提高材料的电化学可逆容量和循环性能。在石墨负极材料的生产中，包覆剂一般用煤沥青或纯石油沥青，两者相比各有优缺点。煤沥青相对结焦值高，颗粒包覆层致密，但石墨化后电化学克容量低；石油沥青相对结焦值低，颗粒包覆层强度不高，但石墨化后电化学克容量较高。

4. 煤沥青基炭材料

煤沥青主要由三环及以上稠环芳烃组成，高碳含量、高芳香性使其成为炭材料的优质前驱体，具有来源广泛、炭收率高、成本低等优点，尤其适合制备石墨材料、多孔炭、炭纤维等产品。煤沥青在制备炭材料过程中易形成规整的层状结构，石墨化度较高，具有较好的机械性能和导电性能。

以中温煤沥青为原料，通过改变聚合催化剂无水 $AlCl_3$ 的添加量，可以调控所制备中间相炭微球的尺寸和球形度，而且引入的 Al 元素在后续的石墨化处理过程中易被脱除。利用 SiO_2 作为模板，以商品煤沥青为原料，通过 KOH 的活化作用可以合成介孔炭，其比表面积高达 1 366 m^2/g，介孔率为 69%。以煤焦油沥青为原料，在 973～1 273 K 的氩气氛围下共催化热解制备了多壁炭纳米管（MWCNTs）。根据密度泛函理论计算表明，Co 催化剂可以促进烷基结构中 C—C 键和 C—H 键的裂解，含有 0.75% Co 催化剂的 Al_2O_3 含炭耐火材料的冷破碎强度和断裂模量分别比无催化剂的 Al_2O_3 含炭耐火材料高 26%和 34%。煤焦油沥青催化合成高纵横比多壁炭纳米管可用于改善含炭耐火材料的力学性能。

当前，我国针对煤沥青的利用主要集中在将煤沥青制备成建材及路基材料等低附加值产品，而对于高附加值应用较少。煤沥青改性技术未能得到关键性突破，从而影响煤沥青的大规模资源化利用。加大对煤沥青改性技术的进一步研究，不仅有利于人体健康及环境保护，同时也能实现煤沥青大规模资源化利用，给国家及企业带来更多的经济利益。

第 8 章　脱硫石膏在建材中的资源化利用

8.1　脱硫石膏在建材中的应用

国内外对脱硫石膏资源化的传统利用途径主要是替代天然石膏生产建筑类材料，最常见的石膏类建筑材料有建筑石膏(β石膏)、石膏砌块和石膏板。此外，脱硫石膏还可以用于制备新型复合凝胶材料、硫酸钙晶须以及其他化合物等，这些利用途径在技术上是可行的，但由于经济或其他方面原因，还未大规模应用，相关产业尚有待开发。

进入 21 世纪后，随着国内火电机组脱硫装置的逐步启用，脱硫石膏产量快速上升，针对脱硫石膏资源化利用的相关鼓励政策也陆续出台。2009 年，上海市发布了《上海市脱硫石膏综合利用和安全处置实施方案》，对本市范围内的脱硫石膏利用途径做出规划，并对相关脱硫石膏加工利用企业进行经济补贴。2016 年，工业和信息化部在《建材工业发展规划(2016—2022 年)》中提出，要在建材类产品如水泥、砂浆、混凝土中更多地利用脱硫石膏等大宗工业固废，开发绿色环保建筑材料。2017 年，环境保护部发布《火电厂污染防治技术政策》，建议脱硫石膏宜优先用于石膏建材产品或水泥调凝剂的生产，并鼓励开发其他脱硫石膏高附加值产品制备技术。2019 年，国务院办公厅下发的《"无废城市"建设试点工作方案》中要求，以工业副产石膏等大宗工业固体废物为重点，完善资源化利用标准体系，分类别制定工业副产品、资源化利用产品等的技术标准。随着相关法规的制定，在经济政策的刺激和技术标准的引导下，未来国内脱硫石膏的资源化利用将进一步规范化，利用率将进一步提升。

8.1.1　建筑石膏

建筑石膏是指脱硫石膏($CaSO_4 \cdot 2H_2O$)经过热处理后形成的β型半水石膏。另外，脱硫石膏也可以转化为α型半水石膏，两者化学式均为 $CaSO_4 \cdot 1/2H_2O$，但结晶形态不同，性质不同。建筑石膏是制备其他石膏产品如石膏砌块、石膏板、石膏砂浆的原料，一般采用回转窑或炒锅对脱硫石膏进行煅烧得到。脱硫石膏原料质量和制备工艺对建筑石膏品质的影响较大。

1. 煅烧时间对建筑石膏性能的影响

表 8-1 为 185 ℃下不同煅烧时间得到的脱硫石膏的性能。脱硫石膏随着煅烧时间的增加，不断由二水石膏转换成为半水石膏。1.5 h 后完全转换成半水石膏，并且能够达到一般的建筑石膏粉自身所需要的力学性能。煅烧时间为 2.5 h 时得到的脱硫石膏力学性能较好，它的绝对抗压能力能够达到 13.1 MPa。

表 8-1　脱硫石膏在不同煅烧时间内的性能

煅烧时间	初凝	标稠	2 h 的抗压	2 h 的抗折	终凝	绝对抗压	绝对抗折
0.5 h	8 min 50 s	43%	—	—	—	0.31	0.23
1 h	3 min 20 s	64%	0.8	0.8	10 min 20 s	2.51	1.6
1.5 h	3 min 40 s	65%	2.6	2.6	6 min 54 s	7.6	3.71
2 h	4 min 10 s	66%	3.2	3.2	8 min 22 s	8.7	4
2.5 h	3 min 50 s	62%	2.7	2.7	7 min 42 s	13.1	5.52

2. 粉磨对建筑石膏性能的影响

由于脱硫石膏的颗粒相对较粗，自身的颗粒级配相对较差，这会导致生产出的建筑石膏性能较差。将这种石膏加水后一般会使得水分存入到分层内，并且会出现离析的现象。为了改善这种情况，应该合理改善脱硫石膏的颗粒级配。通过对脱硫石膏进行粉磨，可有效地促使脱硫石膏的粒径分布范围变宽，提高其在水中的流变性能，使颗粒级配更加合理，从而消除分层现象。

粉磨时间分别设定为 0 min、1 min、2 min、3 min、4 min、5 min 及 6 min。取不同粉磨时间的建筑石膏进行性能测试，结果见表 8-2。

表 8-2　粉磨时间对石膏性能的影响

编号	粉磨时间/min	标稠/%	2 h 强度/MPa		绝干强度/MPa		比表面积/(m^2/kg)
			抗折	抗压	抗折	抗压	
Q-0	0	88	1.03	2.91	2.80	4.83	145.1
Q-0	1	75	1.01	4.35	2.77	8.81	229.4
Q-0	2	70	1.95	3.97	3.41	7.43	297.8
Q-0	3	68	2.39	5.47	3.80	9.23	306.3
Q-0	4	70	2.33	5.46	3.70	9.20	349.0
Q-0	5	70	2.12	4.33	3.67	8.88	357.7
Q-0	6	76	2.07	4.01	3.60	7.87	362.2

3. 碱度对建筑石膏性能的影响

(1) pH 值对建筑石膏凝结时间的影响

表 8-3 为不同碱度的氢氧化钙和氢氧化钠溶液对建筑石膏凝结时间的影响。可以看出：拌和水 pH 值的提高对建筑石膏的初凝、终凝都有明显的促进作用。

表 8-3　溶液 pH 值对脱硫建筑石膏凝结时间的影响

pH 值	氢氧化钙体系		氢氧化钠体系	
	初凝时间/min	终凝时间/min	初凝时间/min	终凝时间/min
7.6	7.1	11.1	7.1	11.1
8.2	6.4	10.0	6.3	10.7
9.0	5.3	9.5	5.9	9.8

表 8-3(续)

pH 值	氢氧化钙体系		氢氧化钠体系	
	初凝时间/min	终凝时间/min	初凝时间/min	终凝时间/min
10.0	5.4	9.2	4.8	9.3
11.0	5.2	7.7	4.5	8.7
12.0	4.3	7.0	3.7	8.5

(2) pH 值对建筑石膏强度的影响

表 8-4 为不同碱度的氢氧化钙和氢氧化钠溶液对建筑石膏 2 h 强度性能的影响。可以看出:氢氧化钙对建筑石膏的抗折和抗压强度都起到提高作用;氢氧化钠对建筑石膏抗折强度具有增强作用,且随碱度提高对抗压强度起微弱降低作用;在拌和水 pH 值为 9.0 左右时,两种水化环境中建筑石膏的抗折、抗压强度都最佳。

表 8-4　溶液 pH 值对脱硫建筑石膏 2 h 强度的影响

pH 值	氢氧化钙体系		氢氧化钠体系	
	抗折强度/MPa	抗压强度/MPa	抗折强度/MPa	抗压强度/MPa
7.6	2.4	6.9	2.4	6.9
8.2	2.7	7.7	3.3	6.8
9.0	3.1	8.8	4.3	6.8
10.0	2.8	8.7	3.8	6.5
11.0	2.7	8.6	3.0	6.3
12.0	3.0	7.3	3.2	6.1

(3) pH 值对建筑石膏浆体水化温升的影响

半水石膏水化硬化形成二水石膏的过程伴随着水化放热和体系温度升高现象。因此,测试不同碱度氢氧化钙和氢氧化钠环境中石膏浆体温度的变化,可以反映出碱的种类和浓度对二水石膏形成的影响。碱性环境下建筑石膏浆体的水化温升测试结果见图 8-1。

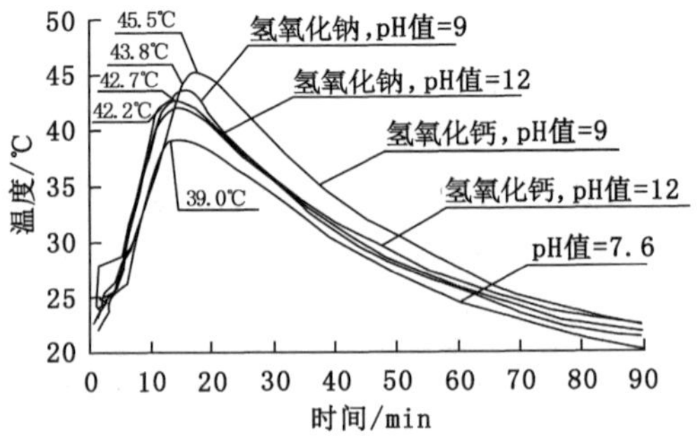

图 8-1　pH 值对建筑石膏浆体水化温升的影响

两种碱度环境均增大了二水石膏的结晶相变热,且 pH 值=9.0 的氢氧化钙溶液环境对二水石膏的凝聚结构形成和网状结构发展影响最为显著。

8.1.2　石膏砌块

石膏砌块作为一种新型内隔墙材料，以其质量轻便、强度高、不开裂和增加使用面积等诸多优点，被建筑界广泛认可。制备时以石膏、粉煤灰、水泥、水等为主要原料，按一定比例混合，加入少量泡沫颗粒、缓凝剂，通过混合搅拌、搅拌液浇筑入模、材料凝结成型、液压顶升、气动拿取、砌块运输与堆放等工序，最后得到成品砌块。当前该领域的主要研究热点在于结合市场需求，开发制备新型高性能以及差异化石膏砌块产品的工艺。

1. 增加强度的方法

提高石膏制品密度、增加强度的方法主要有以下三种。

(1) 添加减水剂

对于石膏制品而言，各种减水剂的掺入可以减少石膏水化所需的用水量，进而降低石膏硬化后的孔隙率，达到提高硬化体密度、改善晶体聚集体结构、提高制品强度的目的。

(2) 添加增强剂

常用的增强剂有胶粉、甲基纤维素等，它们通过参与石膏的水化反应，可提高硬化强度。也可以添加矿渣微粉、粉煤灰、水泥等复合激发剂来提高强度。

(3) 用蒸压法 α 型石膏作为原料

蒸压法 α 型石膏强度高、混水比低，适用于生产高密高强石膏砌块。但是蒸压法 α 型石膏成本比 β 型建筑石膏高。

2. 生产工艺

高密度高强度石膏砌块生产工艺流程如图 8-2 所示，其主要工序包括配料与成型、刮口与顶升、夹具与输送、分级打包等。

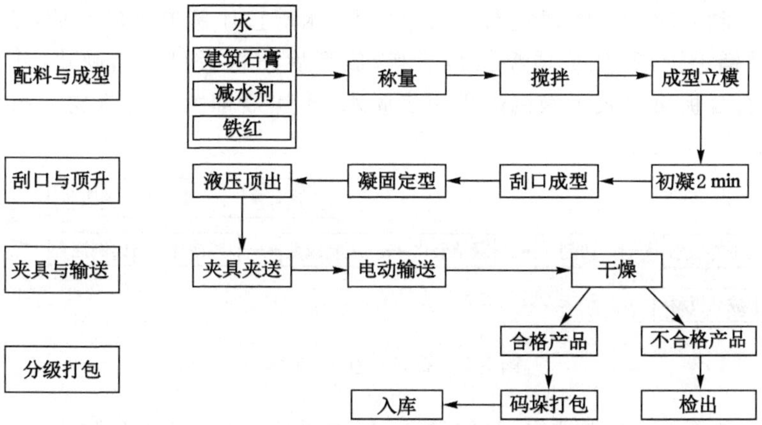

图 8-2　高密度高强度石膏砌块生产工艺流程图

(1) 配料与成型

配料系统通过电子称量系统控制。水经电子流量计流入搅拌机，当达到设定参数时阀门关闭。减水剂通过隔膜泵计量投入到搅拌机中。脱硫半水石膏粉经电子称量后由变频螺旋输送机输送到计量配料仓，当达到设定参数时停止称量。打开气动阀，让配比好的原料落入搅拌机中，形成均匀料浆后翻转倒入成型机立模。在实际生产过程中，配料比见表 8-5。

表 8-5　高密度石膏砌块配料比 单位:kg/模/次

项目	配料比
水	499
建筑石膏	756
减水剂	1.51
铁红	4

(2) 刮口与顶升

料浆在成型机模腔内先凝固,启动液压刮浆机往返两个行程,将石膏砌块上口刮出形状。已成型的石膏砌块再次凝固后,启动液压顶升机将石膏砌块顶出。

(3) 夹具与输送

用气动夹具将石膏砌块抓住、上升,沿固定轨道放到预定位置的电动输送车上,电动输送车拖运到干燥棚,由叉车自动抓取码垛。

(4) 分级打包

干燥的石膏砌块由卸车夹具将其卸下,将不合格产品检出,合格产品码垛打包,用钢带捆扎入库。

应用脱硫石膏掺加聚羧酸系高效减水剂生产的高密度高强度石膏砌块尺寸精确、强度高、隔音防火性能优良。经检测,各项性能指标符合欧洲标准 EN 12859:2011 要求。

8.1.3　石膏板

石膏板是以熟石膏为主要原料,掺入添加剂和纤维作为辅料,并在表面粘贴覆盖板纸制成的建筑材料。制备时首先将建筑石膏与添加剂、水等按比例混合成浆液,并流至预先铺好的下纸面上,再铺上上纸,压成成型板材形状,成型后再将板材凝结硬化,并切割成预定尺寸。切割好的石膏板再送入干燥机内进一步脱水,干燥后即为成品板材。石膏板生产工艺如图 8-3 所示。

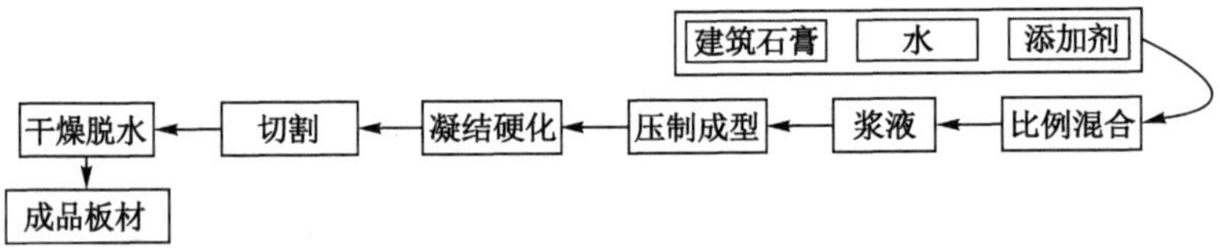

图 8-3　石膏板生产流程图

石膏板具有质量轻、强度较高、厚度较薄、加工方便、隔音绝热和防火等优良性能,广泛用于住宅、办公楼、商店、旅馆和工业厂房等各种建筑物的内隔墙、墙体覆面板(代替墙面抹灰层)、天花板、吸音板、地面基层板及各种装饰板等。作为成熟的工业产品,石膏板的研究热点在于开发更高性能的产品。

1. 纸面石膏板和纤维石膏板

目前应用较多的是纸面石膏板和纤维石膏板。纸面石膏板的面层纸容易脱落,影响其使用寿命;而纤维石膏板综合性能优越,除具有纸面石膏板的优点外,其内部结合牢固,具有较高的抗弯强度和内结合强度,同时在防火、防潮、保温、隔音等方面也优于纸面石膏板。纤维石膏板的增强纤维多以合成纤维为主。例如，以玻璃纤维增强石膏板，玻璃纤维经偶联剂和苯丙乳液共同处理后，两者界面得到改善，使复合材料的整体强度和耐水性能得到显著提高；以炭纤维增强石膏板，当炭纤维长度为 15 mm、掺加量为 1.5%时，增强效果最好；以硫酸钙晶须增强石膏板，当晶须的添加量为 1%时，自然养护的石膏板断裂强度为 7.04 MPa，比空白样提高约 20%。

随着环保意识的增强，石膏基复合材料的增强纤维逐渐由合成纤维向生物质纤维过渡。生物质纤维种类较多，有木纤维、麻纤维、麦秸、棉花秸秆、纤维素纸浆纤维等。通过对生物质纤维表面进行处理可以达到比复合材料更好的增强效果。有研究表明，蒸馏水可以去除麻纤维表面的水溶性化合物，提高麻纤维表面的粗糙度，麻纤维含量为 2%时，弯曲强度达到 2.95 MPa。

2. 相变储能石膏板

相变储能石膏板是一种将石膏板和相变材料相结合的新型材料，相比普通石膏板，相变储能石膏板可以通过自身的相变来完成与外界环境的热量交换，因此，有更好的储能和保温性能，能够有效降低建筑调温能耗。以 $LiNO_3 \cdot 3H_2$(82%)和 KNO(18%)作为相变材料，按照掺量为 15%与石膏粉混合制成的相变储能石膏板的综合性能最佳。以癸酸与棕榈酸的低共熔物为相变材料(CA-PA)制成的相变储能石膏板具有较大的潜热储热量，储热调温性能良好，能够长时间将温度控制在人体舒适温度范围内；经 250 次相变循环后，相变储能石膏墙板的质量损失率仅为 2.5%。

8.2　脱硫石膏在复合胶凝材料中的应用

把脱硫石膏和其他水硬性胶凝材料比如粉煤灰、水泥、矿渣等按一定比例混合，在激发剂作用下，形成强度高、耐水性好等性能优异的混合材料，该材料称为脱硫石膏基复合胶凝材料。生产 1 t 高耐水石膏复合胶凝材料相比 1 t 脱硫建筑石膏可节约标煤 55 kg，减少 CO_2 排放 135.3 kg，节能减排效果显著。

8.2.1　干法脱硫灰-脱硫石膏-氟石膏复合胶凝材料

利用干法脱硫灰激发脱硫石膏等工业副产石膏的活性，通过掺加水硬性矿物掺和料，开发低能耗高耐水石膏复合胶凝材料，能够降低石膏胶凝材料的生产能耗，并提高石膏建材的耐水性。工业副产石膏的活性激发机理是利用干法脱硫灰中含有的活性氧化钙吸收脱硫石膏、氟石膏中的吸附水，生成 $Ca(OH)_2$，同时放出热量，烘干脱硫石膏的吸附水及部分结晶水、氟石膏的吸附水，使脱硫石膏中的部分二水石膏转变为半水石膏，产生活性；并且利用生成的氢氧化钙作为碱性激发剂，激发氟石膏活性进一步提高其强度。

1. 材料配比

干法脱硫灰的大部分成分是无活性的，其比例较高会导致复合胶凝材料强度下降；而比例较低会使体系中激发剂(活性氧化钙)的含量降低，从而降低胶凝材料强度。干法脱硫灰的合适比例为 30%，表 8-6 是干法脱硫灰掺量 30%时，不同的脱硫石膏与氟石膏比例形成的干法脱硫灰-脱硫石膏-氟石膏复合胶凝材料体系的性能(细度控制在 0.08 m 筛余 10%～20%，L 表示干法脱硫灰、G 表示脱硫石膏、F 表示氟石膏)。从表 8-6 中可以看出，随着脱硫石膏掺量的增加，石膏复合胶凝材料的抗折强度及抗压强度基本都呈现下降趋势。当脱硫石膏掺量达到40%时，材料的7 d抗压强度为14.0 MPa，低于一般的脱硫建筑石膏强度。主要是因为干法脱硫灰激发脱硫石膏产生的半水石膏量有限，且随着脱硫石膏掺量增加，干法脱硫灰可激发的氟石膏量减少，石膏复合胶凝材料的整体强度下降。综合考虑脱硫石膏用量和胶凝材料性能，干法脱硫灰∶脱硫石膏∶氟石膏＝30∶30∶40的配比较为合适。

表8-6　干法脱硫灰-脱硫石膏-氟石膏复合胶凝材料基本性能

编号	脱硫石膏G∶氟石膏F	用水量/%	稠度/min	7 d抗折/MPa	7 d抗压/MPa	28 d抗折/MPa	28 d抗压/MPa
LGF-1	70∶00	27.0	29	1.2	3.6	3.5	13.5
LGF-2	60∶10	26.3	29	1.9	7.6	3.9	18.2
LGF-3	50∶20	27.3	30	2.6	10.5	5.0	24.2
LGF-4	40∶30	26.7	28	3.3	14.0	6.2	31.8
LGF-5	30∶40	25.3	28	3.5	18.9	6.0	33.5
LGF-6	20∶50	26.0	29	3.8	22.7	6.4	39.2
LGF-7	10∶60	25.1	28	4.8	26.8	6.7	43.0
LGF-8	00∶70	25.0	29	4.9	27.9	6.5	43.4

2. 石膏复合胶凝材料细度对性能的影响

干法脱硫灰为颗粒状物料，因此石膏复合胶凝材料在混合后，须球磨至一定细度，才能表现出良好的活性。从表8-7可知，当石膏复合胶凝材料的细度由0.08 mm筛余30%逐渐降为10%时，材料细度越细，活性越大，强度越高。但是随着球磨时间的继续增加，石膏复合胶凝材料基本力学性能并无明显提高，与0.08 mm筛余10%左右的强度持平。因此，复合胶凝材料体系材料细度控制为0.08 mm筛余10%～15%为宜。

表8-7　石膏复合胶凝材料细度对其基本性能的影响

球磨时间	0.08 mm筛余/%				凝结时间/min				标准稠度用水量/%	
	第一批		第二批		第一批		第二批		第一批	第二批
	测试1	测试2	测试1	测试2	初凝	终凝	初凝	终凝		
5 min	28.4		27.6		215	359	246	360	24.5	26.0
10 min	16.7	19.0	16.6	18.0	158	243	125	221	26.7	26.3
15 min	11.4	12.7	11.8	10.8	119	187	95	185	26.7	26.7
20 min		8.4		7.9	65	119			26.0	
25 min		5.3		4.5	57	98			26.3	
30 min		4.9		4.2						

球磨时间	7 d抗折/MPa		7 d抗压/MPa		28 d抗折/MPa		28 d抗压/MPa	
	第一批	第二批	第一批	第二批	第一批	第二批	第一批	第二批
5 min	3.2	3.4	13.9	14.2	4.7	5.0	21.3	19.7
10 min	4.2	4.5	18.6	19.4	5.7	6.1	35.7	34.9

表 8-7(续)

球磨时间	7 d 抗折/MPa		7 d 抗压/MPa		28 d 抗折/MPa		28 d 抗压/MPa	
	第一批	第二批	第一批	第二批	第一批	第二批	第一批	第二批
15 min	5.2	5.7	31.4	32.7	6.9	7.2	39.8	41.3
20 min	5.6	5.4	32.4	33.5	6.9	6.8	42.6	43.5
25 min	6.3	5.8	34.1	32.7	7.1	7.3	43.5	41.7

8.2.2　干法脱硫灰-脱硫石膏-氟石膏-矿粉/粉煤灰/钢渣体系材料

以干法脱硫灰、脱硫石膏、氟石膏组成的石膏复合胶凝材料体系，经水水化后，主要水化产物为二水硫酸钙，溶解度仍较大，耐水性较差，因此掺入如矿粉、粉煤灰、钢渣等具有火山灰活性的材料，能提高材料的后期强度，并且能有效改善石膏耐水性差的缺点。

用相同比例(20%)的矿粉/粉煤灰/钢渣等量取代干法脱硫灰-脱硫石膏-氟石膏体系(配比为干法脱硫灰∶脱硫石膏∶氟石膏=30∶30∶40)中的氟石膏，各复合胶凝材料体系的性能如表 8-8 所示(L 表示干法脱硫灰、G 表示脱硫石膏、F 表示氟石膏、S 表示矿粉、FA 表示粉煤灰、SS 表示钢渣粉)。其中，LGF-9 为基础配方的复合凝胶材料体系，LGFS-1 为掺入 20% 矿粉等量取代氟石膏的材料。

表 8-8　干法脱硫灰-脱硫石膏-氟石膏-矿粉/粉煤灰/钢渣复合胶凝材料性能

编号	配比	用水量/%	稠度/mm	28 d 抗折/MPa	28 d 抗压/MPa
LGF-9	L∶G∶F=30∶30∶40	26.3	30	6.6	31.6
LGFS-1	L∶G∶F∶S=30∶30∶20∶20	27.3	30	8.2	45.9
LGFFA-1	L∶G∶F∶FA=30∶30∶20∶20	34.0	29	5.1	22.5
LGFSS-1	L∶G∶F∶SS=30∶30∶20∶20	27.7	32	7.0	37.0

从表 8-8 中可以看出，矿粉的活性较粉煤灰和钢渣粉高，矿粉能有效提高复合胶凝材料的后期强度。在基础配方的复合胶凝材料体系中，掺入 20%的矿粉对材料的抗折和抗压强度影响都较大，28 d 抗折强度和 28 d 抗压强度分别提高了 24.2%和 45.2%，因此，矿粉是掺入干法脱硫灰-脱硫石膏-氟石膏复合胶凝材料体系等量取代氟石膏的理想选择。掺入相同比例粉煤灰的复合胶凝材料，其抗折、抗压强度远远小于基础配方，除了粉煤灰活性比矿粉差外，还有可能是因为养护方法不理想。钢渣的主要矿物组分包括硅酸二钙、硅酸三钙等，与水泥熟料组分相似，具有水硬胶凝性，掺入相同比例的钢渣粉能提高材料的抗折强度，但由于钢渣的活性较低，水化极慢，因此材料的抗压强度发展较慢。

8.3　脱硫石膏在水泥中的应用

水泥中掺入适量脱硫石膏，生成难溶于水的稳定针状晶体，对改善水泥凝结时间和后期强度的增强有辅助效果。

8.3.1 酸联产水泥

脱硫石膏因为自身的微观结构，所以水分经过蒸发后形成的孔洞比天然石膏要少，在力学上有一定优势。由于石膏分解生成 SO_2 和 CaO，前者用于制备硫酸，而后者则是水泥熟料中的重要成分，因此用化学石膏制酸联产水泥也是硫酸工作者和水泥工作者所关注的问题。酸联产水泥的制作工艺如图 8-4 所示。

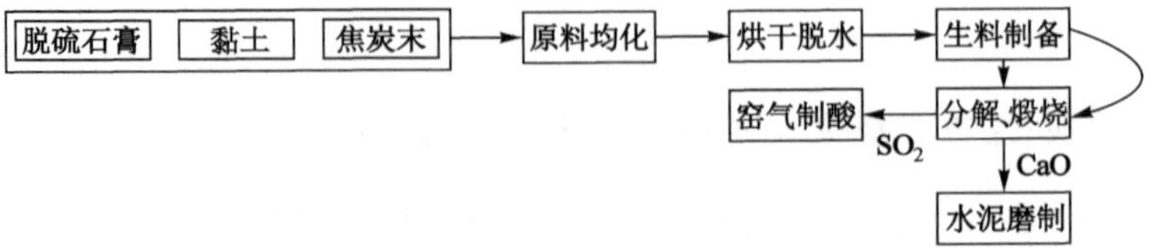

图 8-4 酸联产水泥制作工艺

1. 制作工艺

(1) 原料均化

来自电厂的废渣脱硫石膏，与符合工艺要求的焦炭、黏土等原料，按照批量要求在联合储库内进行均化，以确保原料组分的稳定性。

(2) 烘干脱水

脱硫石膏由皮带机喂入烘干机内，与来自沸腾炉的热烟气接触，在 120～160 ℃使水分蒸发，石膏得到干燥、脱水，成为含水 4%～6%的稳定半水石膏。出烘干机的半水石膏经链钩输送机、提升机送入石膏库储存。

(3) 生料制备

烘干后的石膏经储库库底喂料机计量后，由螺旋输送机、提升机、斜槽入旋风式选粉机。石膏经选粉后，粗粉与来自辅料储库、经计量后的焦炭、黏土等辅助材料一起入球磨机进行粉磨。

(4) 分解、煅烧

均化后的石膏生料经仓底喂料机计量后，由提升机、螺旋输送机送入回转窑窑尾旋风预热器系统的第二级旋风预热器的排气管内，经撒料板分散后被热气流携带到第一级预热器内进行气固分离，气体由出风管经引风机排出、经电收尘器除尘后进入硫酸系统，固体则进入第三级预热器的排气管内，经撒料板分散后被热气流携带到第二级预热器内。这样，物料依次经过各级旋风预热器，最后经第四级预热器预热到 600～700 ℃后，进入回转窑内分解、煅烧。

生成的 CaO 与物料中的 SiO_2、Al_2O_3 等进入烧成带，发生矿化反应，形成的水泥熟料经冷却机冷却后送水泥熟料库。

生成的含 SO_2(10%～11%)的窑气自窑尾(800～900 ℃)进入第四级旋风预热器，依次经第三、二、一级旋风预热器与加入的生料逆流接触，进行热交换后，自第一级旋风预热排出(350～400 ℃)，由热引风机送入电收尘器。

2. 社会效益

该项目不仅可综合利用电力行业烟气脱硫排放的脱硫石膏和粉煤灰渣，消除环境污染，节省堆存占地，开辟新的硫资源，还可缓解我国硫酸生产能力不足、高强低碱水泥短缺的局面，对促进我国电力、化工和建材行业的可持续发展，建立循环经济与节能减排产业化示范具有重大的现实意义。

8.3.2　水泥缓凝剂

将烟气脱硫石膏用作水泥缓凝剂，脱硫石膏中含有一定量的 $CaCO_3$，将其掺入水泥中可以使水泥凝结时间正常，并对水泥力学性能和稳定性产生积极作用，可以代替天然石膏用于水泥生产；另外经过适当热处理后的脱硫石膏掺入复合水泥和矿渣水泥后还能激发混合材料的活性，进一步提高水泥浆体结构强度。因此用脱硫石膏取代天然石膏不仅解决了脱硫石膏的处理问题，实现了废弃物的回收利用，符合环保要求，而且为厂家带来一定的经济效益。

1. 作用机理

由于水泥水化时水泥中的铝酸三钙迅速水化将会导致水泥的不正常急速凝结（即瞬凝），使水泥不能正常使用。因此在生产水泥的过程中，为保证水泥的凝结性能正常，都会在水泥中加入占水泥质量 3%～5% 的天然二水石膏作为水泥缓凝剂来调节水泥的凝结时间。

水泥单独研磨后与水相拌和时，铝酸三钙的初始反应最为迅速，生成水化铝酸钙的粗大晶体，导致水泥浆体发生瞬间凝结。在水泥生产中，水泥的水化主要有以下几个过程：

$$2(3CaO \cdot SiO_2) + 6H_2O \longrightarrow 3CaO \cdot 2SiO_2 \cdot 3H_2O + 3Ca(OH)_2 \tag{8-1}$$

$$2(2CaO \cdot SiO_2) + 4H_2O \longrightarrow 3CaO \cdot 2SiO_2 \cdot 3H_2O + Ca(OH)_2 \tag{8-2}$$

$$4CaO \cdot Al_2O_3 + 6H_2O \longrightarrow 3CaO \cdot Al_2O_3 \cdot 6H_2O \tag{8-3}$$

$$4CaO \cdot Al_2O_3 \cdot Fe_2O_3 + 7H_2O \longrightarrow 3CaO \cdot Al_2O_3 \cdot 6H_2O + CaO \cdot Fe_2O_3 \cdot H_2O \tag{8-4}$$

为调节和控制水泥的凝结时间，一般会选择掺入一定量的石膏作为缓凝剂，据研究，加入一定量的石膏调节水泥凝结时间的机理是：$CaSO_4 \cdot 2H_2O$ 同水泥熟料中的铝酸三钙化合生成难溶于水并较稳定的针状晶体高硫型水化硫铝酸钙（$3CaO \cdot Al_2O_3 \cdot CaSO_4 \cdot 3H_2O$），也称钙矾石，在水泥颗粒的表面形成一层薄膜，阻滞水分进入具有较大晶腔的铝酸三钙内部，从而使水泥的水化速度减缓，起到缓凝的目的。石膏对铝酸三钙缓凝的具体反应如下：

$$3CaO \cdot Al_2O_3 + Ca(OH)_2 + 12H_2O \longrightarrow 4CaO \cdot Al_2O_3 \cdot 13H_2O \tag{8-5}$$

$$4CaO \cdot Al_2O_3 \cdot 13H_2O + 3(CaSO_4 \cdot 2H_2O) + 14H_2O \longrightarrow 3CaO \cdot Al_2O_3 \cdot 3CaSO_4 \cdot 32H_2O + Ca(OH)_2 \tag{8-6}$$

$$3CaO \cdot Al_2O_3 \cdot 3CaSO_4 \cdot 32H_2O + 2(4CaO \cdot Al_2O_3 \cdot 13H_2O) \longrightarrow 3(3CaO \cdot Al_2O_3 \cdot CaSO_4 \cdot 12H_2O) + 2Ca(OH)_2 + 20H_2O \tag{8-7}$$

首先，当液相氧化钙浓度达到饱和时，铝酸三钙会依反应（8-5）进行水化，而生成的 $4CaO \cdot Al_2O_3 \cdot 13H_2O$ 在室温下是稳定存在的，当其数量逐渐增多，就会阻碍水泥颗粒的相对移动，使浆体产生瞬凝，因此在水泥粉磨时通常加入适量的石膏；其次，当石膏、氧化钙同时存在时，铝酸三钙也会迅速水化成 $4CaO \cdot Al_2O_3 \cdot 13H_2O$，接着会发生反应（8-6），形成钙矾石，常以 AFt 表示；最终，当铝酸三钙尚未完全水化而石膏已经耗尽时，则会发生反应（8-7），生成单硫型水化硫铝酸钙（$3CaO \cdot Al_2O_3 \cdot CaSO_4 \cdot 12H_2O$），常以 AFm 表示。

2. 效益

按 4％的缓凝剂添加量计算，一年石膏的消耗量可达 0.8 亿 t，若能完全用脱硫石膏取代天然石膏，那么天然资源的消耗将大量减少，同时也能有效地解决脱硫石膏的处置问题。若可采用脱硫石膏作为水泥缓凝剂生产水泥，仅进厂采购成本方面，脱硫石膏就比天然石膏便宜 60～80 元/t，再加之免破碎等其他优势，经济效益相当可观。

8.3.3 水泥矿化剂

脱硫石膏还可作为水泥矿化剂使用。在硅酸盐水泥燃烧时加入石膏作为矿化剂可以节省能耗，提高产品的质量和产量，脱硫石膏的主要成分是二水石膏，还含有少量的杂质，可认为它是一种天然的复合矿化剂。用天然石膏做复合矿化剂煅烧出来的熟料中的 C_3S 容易产生分解的现象，而加入脱硫石膏之后烧制出来的熟料基本不会存在这一问题。

8.3.4 低碱度水泥

脱硫石膏还可用于生产低碱度水泥。生产低碱度水泥是以脱硫石膏、石灰石、矾土作为原料，立窑煅烧生成硫铝酸盐水泥熟料，它的主要成分为无水硫铝酸钙和硅酸三钙，分别占 65％和 25％。然后将硫铝酸盐水泥熟料与石灰石和脱硫石膏一起研磨成粉磨状，就制备成了低碱度水泥。通过实践证明，这种水泥具有早期强度高、硬化快、微膨胀的特性，比硅酸盐水泥的成本要低。用这种水泥可以制造得到玻璃纤维增强水泥，这种水泥强度高、不弯曲、不变形、重量轻、耐火、耐水。

8.3.5 脱硫石膏特性对水泥性能的影响

1. 脱硫石膏热处理

石膏在 80.5 ℃时，附着水就已全部脱除；97 ℃以上，石膏因加热而部分脱水，首先发生反应(8-8)，生成半水石膏。尽管叫作半水石膏，但是有些水分吸附在内，最高可达 0.67 个 H_2O。对石膏继续加热，半水石膏会向着可溶性无水石膏转变，即成为脱水的半水石膏或 $\gamma\text{-}CaSO_4$。最后在 200～300 ℃以上变换成不溶性无水石膏即 $\beta\text{-}CaSO_4$。

$$CaSO_4 \cdot 2H_2O \longrightarrow CaSO_4 \cdot 0.5H_2O + 1.5H_2O \tag{8-8}$$

脱硫石膏的烘干温度应该控制在一个合理的范围之内，若温度过高，脱硫石膏中可能存在过多的半水石膏或硬石膏，影响水泥性能。

表 8-9 中，随着脱硫石膏处理温度的升高，相应水泥试样的初、终凝结时间均呈现出先减后增再减的趋势，在 380 ℃时，不同石膏掺加量制得水泥试样的初、终凝结时间均出现最大值，能够更有效地调节水泥水化进程。

表 8-9 石膏处理温度对水泥凝结时间的影响

处理温度/℃		50	160	270	380	490
初凝时间/min	2.5％	254	178	145	272	118
	4.5％	280	193	175	282	128
	6.5％	271	193	175	282	112
	8.5％	254	193	130	272	122

表 8-9(续)

处理温度/℃		50	160	270	380	490
终凝时间/min	2.5%	300	241	192	329	172
	4.5%	337	247	228	344	171
	6.5%	322	246	227	344	171
	8.5%	300	241	180	344	172

由表 8-10 可以看出,普通硅酸盐水泥 3 d 及 28 d 抗压强度值总体呈现出随脱硫石膏处理温度的升高而先升高后降低的趋势,也是在 380 ℃时抗压强度均达到最大。继续升温,水泥的力学性能变化不大,考虑能耗等因素,380 ℃为石膏的最佳处理温度。

表 8-10　石膏处理温度对普通硅酸盐水泥抗压强度的影响

处理温度/℃		50	160	270	380	490
3 d 抗压强度/MPa	2.5%	4.9	5.8	7.9	8.7	6.1
	4.5%	5.8	7.6	8.4	9.5	8.9
	6.5%	6.5	7.4	8.1	8.4	7.9
	8.5%	5.8	6.3	6.5	6.8	6.1
28 d 抗压强度/MPa	2.5%	8.0	8.1	8.1	8.3	8.4
	4.5%	8.0	7.9	8.1	8.6	8.5
	6.5%	7.8	7.8	7.9	8.3	8.4
	8.5%	8.0	8.1	8.2	8.4	8.3

2. 脱硫石膏掺量

脱硫石膏的最佳掺量为 4.5%。石膏的缓凝效果受到铝酸三钙含量和石膏掺量两方面的影响。石膏掺量不足会使得短时间内难以生成足够钙矾石(AFt),导致无法有效延缓水泥快凝;而石膏掺量过多,虽可保证缓凝时间延长,但过剩的 $CaSO_4 \cdot 2H_2O$ 会在水泥硬化后继续和铝酸三钙发生反应生成 AFt,使体积膨胀,引起硬化水泥浆体的体积安定性问题。

3. 脱硫石膏含水率

由于国内大部分电厂脱硫技术基本上是采用石灰-石膏湿法烟气脱硫技术,因此脱硫石膏一般都含有较多的游离水。实际工业生产中各企业根据自身实际情况对脱硫石膏所采取的预处理措施也不一样,有些企业是先烘干再使用,有些企业为简化流程及节省成本则是将湿脱硫石膏直接入磨,由此在生产中可能导致一系列问题,甚至会出现水泥质量问题。

随着脱硫石膏附着水含水率的增加,水泥的标准稠度用水量呈现逐渐降低的趋势,而相应的初凝、终凝时间则均有所延长;而水泥的 3 d 强度和 28 d 强度都呈现降低的趋势,尤其在抗压强度方面更为明显。脱硫石膏含水率对硅酸盐水泥的性能影响非常显著。

4. 亚硫酸钙

在实际的烟气脱硫工艺中,由于脱硫技术原理和装备的差异性以及具体脱硫操作水平的限制，脱硫产物并非都是稳定的 $CaSO_4 \cdot H_2O$，或多或少都会存在一部分亚硫酸钙（$CaSO_3 \cdot 0.5H_2O$）。亚硫酸钙作为脱硫石膏中的主要杂质组分，当其随脱硫石膏进入水泥体系后，必然会对水泥水化过程及物理力学性能产生影响，例如延长水泥的初凝、终凝时间，降低水泥的后期强度，以及对水泥混凝土结构稳定性构成威胁。

第 9 章　脱硫石膏在土壤中的资源化利用

2008 年，美国国家环境保护局发布了《烟气脱硫石膏的农业用途》文件，鼓励烟气脱硫石膏应用于农业领域，目前美国烟气脱硫石膏在农业和环境方面的利用率已经从总产量的 1%提高到 5%左右，循环利用效率大幅度提升。由于我国烟气脱硫技术和措施应用时间短，目前，烟气脱硫石膏在农业中的利用较少。

9.1　脱硫石膏对土壤的改良与修复

9.1.1　盐碱化土壤改良

盐碱化土壤通常是指各种类型的盐土和碱土，以及一定盐化程度和碱化程度的各类土壤的统称。盐碱化土壤的盐碱成分导致土壤理化性质变差，土壤板结，肥力下降，农作物不能正常吸收养分以至于生长受阻，严重制约着作物生产和生态环境的改善。目前，世界上大约有 9.56 亿 hm^2 土地具有不同程度的盐碱化，约占可耕地面积的 10%，并且大约以每年 100 万至 150 万 hm^2 的速度快速增长，我国的盐碱化土壤约有 9 900 万 hm^2。盐碱化土壤通过自然降雨淋洗和植被演替脱盐往往需要几十年时间，即便是通过围垦形成的盐碱地，自然脱盐过程也至少需要 10 年。土壤盐碱化带来的耕地缩减、粮食产量下降等问题势必会影响粮食安全，同时带来其他环境问题，严重影响农业可持续发展，因此，盐碱化土壤改良势在必行。

盐碱化土壤改良既可以改善土壤的理化性质，降低土壤碱化度，也可以选用与培育耐盐品种。根据改良措施的性质，盐碱化土壤改良方法可分为化学、物理、生物和综合四大方面。其中，化学改良是通过提供可交换性离子，如 Al^{3+}、H^+、Ca^{2+} 和 Fe^{2+} 等，与附着在土壤胶体表面的 Na^+ 进行交换，使 Na^+ 含量下降，从而降低土壤的 pH 值，土壤的结构性和通透性也一起得到改善。用于盐碱化土壤的化学改良物质有两类：一类是含钙物质，通过 Ca^{2+} 来置换出土壤胶体表面吸附的 Na^+；另一类是酸性物质，添加 H^+ 置换 Na^+，以中和土壤碱性。常用的化学改良物质有过磷酸钙、石膏、磷石膏、腐殖酸类和硫酸亚铁等。

因其结构障碍、投资费用过高，用天然石膏改良盐碱化土壤至今没有得到实际应用。脱硫石膏是一种成本低、修复速率快、环境效益良好的盐碱土改良剂，可以显著提高盐碱地的植物发芽率、成活率和生物量，增加粮食产量，促进农业可持续发展，而且可以实现脱硫石膏的资源化。

脱硫石膏改良盐碱化土壤的机理是其主要成分 $CaSO_4 \cdot 2H_2O$ 中的 Ca^{2+} 和土壤中游离的 Na_2CO_3 和 $NaHCO_3$ 作用，生成 $Ca(HCO_3)_2$、$CaCO_3$ 和 Na_2SO_4，Na_2SO_4 可以通过灌水洗盐而冲洗掉，从而减少了土壤中的 Na^+。同时，土层中掺入脱硫石膏后，因 Ca^{2+} 比 Na^+ 对土壤中胶体粒的吸附能力强，原已吸附的 Na^{+} 会和土壤溶液中的 Ca^{2+} 发生离子交换，达到降低土壤碱化度的目的。化学反应方程式如下：

$$Na_2CO_3 + CaSO_4 \longrightarrow CaCO_3 + Na_2SO_4 \tag{9-1}$$

$$2NaHCO_3 + CaSO_4 \longrightarrow Ca(HCO_3)_2 + Na_2SO_4 \tag{9-2}$$

烟气脱硫石膏对土壤的不同改善效果见图 9-1。施用脱硫石膏可显著降低土壤的 pH 值、碱化度、全盐量，明显提高国槐的成活率，紫苜蓿、黑麦草的生物量，枸杞、沙枣、玉米、番茄、水稻等农作物产量。例如，利用脱硫石膏改良碱化土壤，可以使枸杞根系土壤的 pH 值由 10.51 下降到 7.71，碱化度由 32.3%下降到 18.1%。Na^{+}、K^{+}、Mg^{2+}、Cl^{-}、HCO_3^{-} 等离子含量明显降低，而 Ca^{2+} 和 SO_4^{2-} 离子含量逐步上升。

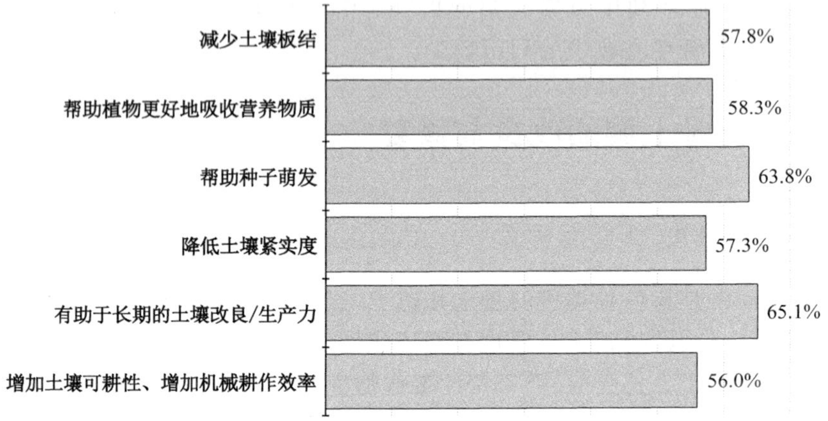

图 9-1　长期施用烟气脱硫石膏后的不同土壤改善效果

另外，脱硫石膏中含有丰富的矿质元素，如 Ca、S、Si 等是植物生长所必需的微量元素。短期施用烟气脱硫石膏对植物地上部分的正面影响并不显著，但对农作物表层（0～10 cm）根系的生长有明显的促进作用，例如萝卜、苜蓿等，并且能够增强作物的抗旱能力。烟气脱硫石膏可以将磷和钾等营养元素滞留在土壤中，提高营养元素施用效率，长期施用脱硫石膏可以减少 4.0%～4.8%的肥料施用量。烟气脱硫石膏中含有的大量 SO_4 可以补充土壤中的硫，而充足的硫可以促进作物对氮的吸收，减少农田氮肥施用量，提高氮肥的效率，还能减少氮肥向环境的流失，降低河流水系富营养化发生的概率。

9.1.2　酸化土壤改良

土壤酸化是指土壤吸收性复合体接受了一定数量交换性的 H^{+} 或 Al^{3+}，使土壤中碱性离子淋失的过程。酸化是土壤风化成土过程的重要方面，导致 pH 值降低，形成酸性土壤，促使土壤中的 Al、Mn、Pb、Cr、Ni、Cd 等有毒金属活化，溶解度增加，影响土壤中生物的活性，改变土壤中养分的形态，降低养分的有效性，游离的 Mn、Al 离子溶入土壤溶液中，对作物产生毒害作用。农田生产过程中大量生理酸性肥料的施用，如 KCl、K_2SO_4、NH_4Cl、$(NH_4)_2SO_4$ 等，加之棚内温湿度高，受雨水淋溶极少，随着栽培年限的增加，耕层土壤酸根离子积累越来越严重，导致了土壤的酸化。施肥比例失调也可导致土壤酸化，高浓度的 N、P、K 肥料投入过多，而 Ca、Mg 等中微量元素投入相对不足，造成土壤养分失调，土壤胶粒中的 Ca、Mg 等元素很容易被 H^+ 置换。由于工业污染矿物开采产生的矿山土壤、废弃物和废岩堆产生大量沉积物，以及煤炭分选过程中排放 pH 值很低的渗滤液，这些均对土壤造成严重影响，从而危害植物生长及人体健康。脱硫石膏中富含大多数酸性土壤缺乏的 Si、S、Ca、Mo 等元素，这些元素可提高农产品品质。因此烟气脱硫石膏可以对受损的矿山环境进行修复治理，使用烟气脱硫石膏修复酸性表面的矿山能够达到长期有效的修复效果。

在我国，将脱硫石膏应用于改良酸性土壤的报道较少，而美国则在酸性土壤改良方面的研究较多。2004 年，美国在 Conesville AML Highwall 露天煤矿复垦项目中，使用烟气脱硫石膏回填一个采矿造成的危险“峡谷”，并在烟气脱硫石膏上面覆盖 12 英寸厚的土壤种植牧草和豆科植物。场地调查结果显示 30 hm^2 的废弃矿坑有 60％左右已经部分恢复，3～4 hm^2 的面积已经被全部恢复，且在恢复区域没有侵蚀现象，全部混合覆盖牧草和豆科植物。美国国家环境保护局已将烟气脱硫石膏列为此类土地修复、复垦的土壤改良剂。

施加脱硫石膏能够增加甜高粱等作物根部的 Ca^{2+} 含量，改善土壤理化性质，对酸性土壤有明显的修复效果，促进植物良好生长。脱硫石膏中含有 Ca、Mg、P、S 等营养元素，同时通过调节 pH 值，能够促进橡树、饲草等在酸性土壤中的生长。脱硫石膏对酸性土壤中铝的释放具有抑制作用，可以有效缓解土壤铝中毒问题。同时，短期脱硫石膏的使用并没有造成土壤溶液重金属(Cr、As、Zn、Ni 和 Cu)浓度明显增加，但使用量增加可能引起重金属在土壤中富集，存在潜在的环境风险，需进一步开展长期观测。

9.1.3　重金属污染土壤修复

重金属在土壤中积累到一定限度不仅会导致土壤退化、农作物产量和品质降低，而且会通过径流和淋洗作用污染地表水和地下水，恶化水文环境，甚至通过直接接触、食物链等途径危及人类的生命和健康。目前我国受镉、砷、铬、铅等重金属污染的耕地面积近 2.0×10^4 km^2，约占总耕地面积的 1/5，其中工业“三废”污染耕地 1.0×10^4 km^2，污水灌溉的农田面积已达 3.3×10^3 km^2。

调查结果显示，仅 2003 年、2004 年就分别有 8 293 t 和 5 844 t 重金属经由珠江进入大海。河口地区在海水盐分作用下，水体中悬浮颗粒物发生絮凝沉降，水中溶解态重金属也随之累积在沉积物中。而珠江河口滩涂湿地围垦，以重金属含量较高的河口滩涂沉积物为母质，采用抛石筑围促淤的方法进行。同时由于河口地区特殊的地理和水文环境，重金属容易在此处发生沉积和吸附，导致大量外源重金属在河口湿地沉积物中累积，因此珠江河口湿地土壤重金属污染十分严重。几十年来已围垦的农田表层土壤重金属平均含量分别为 Zn 286.4 mg/kg、Cr 143.1 mg/kg、Cu 61.3 mg/kg、Ni 51.5 mg/kg、Pb 74.8 mg/kg、Cd 0.72 mg/kg。按国家农业土壤环境质量标准，土壤样品中 Cu、Cd、Ni 和 Zn 的超标率分别为73.7％、88.6％、59.6％和 28.9％。珠江河口地区农田土壤中重金属含量远高于广东省土壤背景值。河口湿地沉积物处于较高盐度和水位升降频繁的河口地区，围垦土壤受围垦前海水浸泡的影响，盐分含量普遍较高，一般为 0.1％～0.3％，土壤中含有大量的各种阴阳离子如 Cl^-、Na^+、Ca^{2+} 等，这些离子的存在都会导致土壤中重金属的生物有效性很高。对该区围垦农田主要作物香蕉、莲藕、木瓜及部分蔬菜的 114 个样品调查显示，Pb、Cd 等元素含量的样品超标率达 1/4 以上，给消费者带来了较大的健康风险。土壤中重金属较难迁移，不易随水淋滤，也不能够被微生物所降解，会大量累积在土壤中，也会随食物链进入到生物体中，从而威胁人类的健康与其他动物的繁衍生息。

土壤中的重金属一般可分为可交换态、碳酸盐结合态、铁锰氧化物态、有机质结合态和残渣态，而不同形态的重金属活性可能有很大的差异。脱硫石膏可以通过 Ca^{2+} 的交换作用以及改变土壤环境的酸碱性来影响土壤中重金属的形态转化，从而降低土壤中重金属的吸附能力。将脱硫石膏施用于重金属污染的土壤中，通过对重金属离子的吸附或沉淀作用，改变重金属离子的存在状态，减少植物所吸收的重金属，降低其危害性。经过施加脱离石膏后，土壤表层 0～10 cm 中、可交换态和碳酸盐结合态 As、Cd、Hg 的含量明显降低，并且能够有效降低它们的生物有效性。

脱硫石膏在珠江河口地区的围垦滩涂土壤中，主要起到淋洗重金属的作用。它主要作用于土壤中可交换态和碳酸盐结合态的重金属，通过离子置换反应和土壤的降解作用，将这两种形态的重金属转化为易于迁移的可溶态。通过脱硫石膏的淋洗作用，土壤中铁锰氧化物态的镉、铬和铅含量都得到降低，而铜和锌的残渣态含量也有所减少。因此，利用脱硫石膏作为土壤重金属淋洗剂，从土壤中重金属形态的角度研究土壤重金属污染的修复效果，将土壤脱硫石膏淋洗与重金属的化学形态、迁移特性和生物有效性联系起来，对于实现重金属污染滩涂的修复和土壤的安全利用具有重要的实际意义。

9.2 脱硫石膏对土壤磷流失的改良与修复

农业面源和农田径流是引起水体富营养化的重要原因。磷是水体产生富营养化的限制因素，因此，控制土壤磷流失到周边水体是防止水体富营养化的关键措施之一。

9.2.1 农田土壤中磷流失的机理

农田土壤中磷的流失主要包括地表流失和土壤体内的渗透流失，其中，地表流失与地表径流有关，是土壤中磷流失的主要途径。土壤体内的渗透流失则与土壤层次、质地、结构等条件关系密切。两种流失方式都是磷在水力作用下的迁移过程。

农田土壤流失的磷主要以可溶性活性磷和颗粒态磷的形式存在，其中颗粒态磷是土壤中磷吸收、迁移和积累的最活跃形式，占土壤磷流失的绝大部分。伴随着地表径流而发生的土壤侵蚀会使土壤中积累的磷随水流发生迁移，被地表径流等运输至较远的地区。新西兰坡地土壤磷流失研究表明，通过控制土壤侵蚀，土壤中的颗粒态磷流失量可以减少 85%左右。土壤中可溶性活性磷的流失主要是通过淋溶渗透移动作用发生的，磷在土壤水分、质地、温度等作用下会通过扩散作用而移动，水体可溶性活性磷的含量对水体中的藻类生物量爆发有着更加直接的作用。

土壤磷流失受生物量、温度、植被类型等生物成分，降雨及流量等水力成分以及施肥量及耕作方式等人为干扰成分的影响。水力作用是磷迁移流失的最主要动力，特别是对浅层排水中磷流失的影响较大。农田灌溉和暴雨冲刷等浅层排水引起的表面流失是磷向水体迁移的主要原因。因此，控制磷颗粒进入水体是防止磷流失的重要方式。

9.2.2 脱硫石膏对土壤中磷的控制作用

烟气脱硫石膏控制农田径流磷流失的作用主要体现在两个方面：一是烟气脱硫石膏可

以增加农田土壤的渗透能力，减少由于径流产生的磷流失；二是烟气脱硫石膏可以增加土壤对磷的吸持能力，固定土壤可溶性活性磷，减少全磷和可溶性活性磷的流失。

1. 改善土壤结构，增加土壤渗透能力，减少农田径流

当土壤的 pH 值为中性时，脱硫石膏的溶解度比石灰石高出近 200 倍，较高的溶解度使石膏中的 Ca 和 S 从土壤表面向植物根部区域移动，从而改善土壤的理化性质，促使土壤团粒的聚合，增加土壤渗透性和水分在土壤中的运动，如图 9-2 所示。

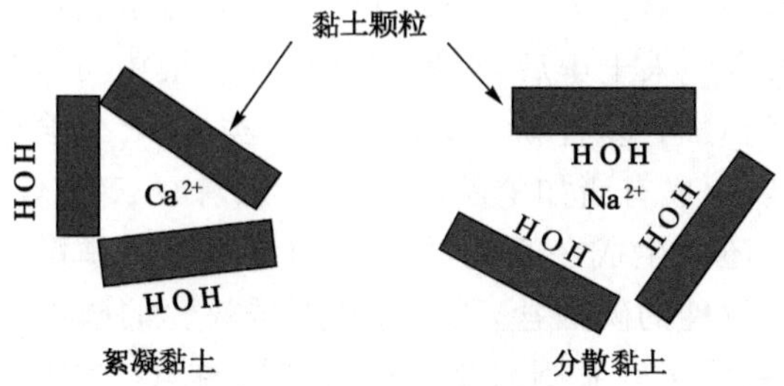

图 9-2　石膏改变土壤特性示意图

Ca^{2+} 具有比 Na^{+} 更强的吸附土壤胶体粒的能力，土壤中掺入烟气脱硫石膏后，原来吸附在土壤胶体中的 Na^{+} 被土壤溶液中的 Ca^{2+} 交换。由于含 Ca^{2+} 的土壤胶体微粒外层不易吸附水分子，土壤胶体微粒自己能互相靠近而形成团粒结构，通过土壤胀缩形成颗粒间通道，从而增强土壤的渗透性和通气性，减少土壤侵蚀和水土流失，降低土壤中磷随着地表径流流失的可能性。

2. 增加土壤对磷的吸持能力，减少磷的流失

土壤中磷的固定是指土壤中各种磷化合物从可溶性或速效状态磷转变为不溶性或缓效性状态磷酸盐的过程。磷的固定方式主要包括吸附固定和化学固定。其中，化学固定是磷肥施入土壤后最常发生的固定作用，即在中性和石灰性土壤中，可溶性磷酸根离子可与钙离子生成难溶性磷酸钙盐。例如，在 $CaCl_2$ 介质中，当 pH 值大于 6 时，可能有 $CaHPO_4$ 和 $CaH(PO_4) \cdot 2H_2O$ 等硫酸钙类盐沉淀生成，因此，土壤对磷的吸持量显著增加。高钙质的土壤磷吸附主要取决于土壤中 Ca^{2+} 含量的多少，沉淀作用是非钙质的碱性土壤保持磷的主要机制。如果在农田土壤施用较多的磷肥，磷对植物的有效性与土壤中添加的 Ca^{2+} 含量之间呈现显著负相关。

磷的固定作用包括吸附和吸收两个难以截然区分的反应，一般统称为吸持。吸附作用一般指土壤固相上 PO_4^{3-} 浓度高于溶液中 PO_4^{3-} 浓度，即 PO_4^{3-} 被保持在土壤固相表面的过程，这是一个可逆的过程。吸收作用则是指吸附在土壤固相表面的 PO_4^{3-} 部分、均匀地渗入土壤固相内部的现象，是不可逆的化学吸附。磷的吸附主体是土壤中的 $CaCO_3$、无定形 Fe_2O_3 和 Al_2O_3 以及土壤黏粒等。在高能吸附位点中，土壤中的磷主要以 $CaCO_3$ 的吸附为主，但在低能吸附位点中，土壤中的磷主要以游离 Fe_2O_3 的吸附为主。土壤的酸碱环境可影响土壤中无机磷的存在形态与生物有效性。在酸性土壤中磷与土壤中的铁铝矿物会发生化学固定。酸性的 PO_4^{3-} 溶解土壤中的铁铝矿物，并与 Fe^{3+} 和 Al^{3+} 反应生成无定形的磷酸铁（$FePO_4 \cdot nH_2O$）和磷酸铝（$AlPO_4 \cdot nH_2O$）。$FePO_4 \cdot nH_2O$、$AlPO_4 \cdot nH_2O$ 类化合物溶解度较低，Fe、Al 和 H_2PO_4 组分可随 pH 值变化而变化。

石灰性土壤由于风化程度低，土壤中含有大量钙，土壤中磷与钙发生化学反应并固定为难溶性磷酸盐。磷与钙离子发生反应生成微溶于水的磷酸二钙（$CaHPO_4 \cdot 2H_2O$，Ca_2P）。磷酸二钙（Ca_2P）缓慢地向溶解度更小的磷酸八钙（$Ca_8H_2(PO_4)_6 \cdot 5H_2O$，$Ca_8P$）转变，然后磷酸八钙（$Ca_8P$）缓慢地转化为更为稳定的、难溶性的磷酸十钙（即羟基磷灰石，$Ca_{10}(PO_4)_6(OH)_2$，或氟磷石灰，$2Ca_5(PO_4)_3F$，$Ca_{10}P$）。

磷酸钙盐的转化过程在初期进行得很快，但是再由磷酸二钙（Ca_2P）转变为磷酸八钙（Ca_8P）的过程较为缓慢，而从磷酸八钙（Ca_8P）转变为磷酸十钙（$Ca_{10}P$）则需要更长的一段时间。因此，烟气脱硫石膏施入土壤后，大量的钙会与土壤中可溶性活性磷发生反应，形成一系列难溶性或不可溶的Ca-P复合物。除以上的三类Ca-P复合物外，烟气脱硫石膏还可与土壤中的可溶性活性磷生成有诸如磷酸一钙（CaP）、磷酸三钙（Ca_3P）等其他多种Ca-P化合物，同时在反应过程中还会生成一系列的水化和含羟基的磷酸钙。对于植物生长而言，CaP、Ca_2P是具有较高有效性的磷酸盐，而Ca_8P为缓效性的磷源，在土壤中的磷素水平较低时也可以被植物吸收利用，$Ca_{10}P$则只是一种潜在性磷源，特别是氟磷灰石的磷有效性最低，一般很难被溶解吸收。

9.2.3 烟气脱硫石膏对土壤全磷和有效磷的影响

增加烟气脱硫石膏的施用量可以降低土壤中的有效磷含量。在施用量为30 t/hm^2和45 t/hm^2的情况下，土壤中有效磷的下降趋势和百分比变化尤为显著。与对照相比，45 t/hm^2处理的土壤有效磷含量下降了近20%。这是因为烟气脱硫石膏中含有大量的钙离子，与土壤胶体上的钠离子等发生交换反应。这降低了盐碱土壤的pH值和碱化度。即使在降低了土壤的pH值和碱化度后，仍有大量的钙离子以交换性态的形式留在土壤中。这些钙离子与土壤中的可溶性活性磷以及较易溶解的磷酸钙盐发生反应，形成沉淀性和难溶性的酸钙盐。

土壤的理化性质会影响磷的吸收和形态分布，土壤中磷的有效性主要受土壤溶液中游离铁、活性碳酸钙含量、pH值等众多因素的影响，其中在碱性土壤中难溶性磷酸钙盐的沉淀和溶解是控制可溶性活性磷含量的主要机制之一。

9.2.4 烟气脱硫石膏对土壤渗滤液中可溶性磷的影响

施用烟气脱硫石膏可以显著降低土壤渗滤液中的可溶性磷含量，说明烟气脱硫石膏施入土壤一段时间后，对土壤中磷的固定作用开始逐渐显现。同时，烟气脱硫石膏的使用可以减少土壤磷通过径流作用向水体迁移的风险。因此，在施用烟气脱硫石膏后土壤中有效磷和渗滤中可溶性磷含量均呈现出下降趋势，土壤中过量积累的磷，通过地表径流、淋溶作用向水体迁移的概率明显降低，在一定程度上会减轻对河流和湖泊水体水质恶化的影响。

9.2.5 烟气脱硫石膏对土壤渗滤液中土壤无机磷形态变化的影响

烟气脱硫石膏施入土壤后，土壤有效磷和渗滤液中可溶性磷降低的同时，土壤无机磷含量则显著增加，特别是无机磷组分中难溶性的磷酸钙盐增加尤为明显。土壤中Ca_8P的含量增加是磷酸钙盐增加的主要部分，但随着时间的推移，土壤中的$Ca_{10}P$含量也有较大程度的增加，说明土壤中的Ca_8P开始逐渐向$Ca_{10}P$转化，土壤中的无机磷变得更为稳定。

9.2.6　脱硫石膏在农田土壤磷流失防控中的应用

农田土壤磷流失治理必须从减少磷源和控制磷流失两个途径入手。磷的长期高量输入使土壤中的积累量远远超出了农作物的需求量，即使世界各国都在采取措施减少磷的施用，但土壤中的磷含量在相当长的时间内仍保持很高的水平，而且每年对磷的稳定投入还会使土壤中的磷含量继续增加。因此，探索富磷农田磷流失的新方法和技术手段，切断农田中磷的输出途径逐渐成为防控磷大量流失的重点。如采用保持表土植被和覆盖地膜以减少径流产生量和泥沙流失量，改进肥水管理方式以降低径流和泥沙全磷浓度，保持表土植被覆盖率等。

烟气脱硫石膏作为农田土壤控磷的技术手段也开始受到国外研究者的广泛关注。烟气脱硫石膏增加了土壤的孔隙度和透水性，土壤中可溶性磷随着烟气脱硫石膏施用量的增加而显著减少，且对作物产量没有明显影响。在土壤中添加烟气脱硫石膏后，农业径流和渗滤液中的可溶性活性磷含量有非常显著的降低，施用足够数量的烟气脱硫石膏可为高磷土壤不断提供可溶性 Ca^{2+}，可溶性磷含量随着烟气脱硫石膏施用量的增加而显著减少，能减少 14%～56%可溶性活性磷酸盐和 10%～53%的有机磷，同时土壤肥力增加。2014 年，美国俄亥俄州立大学和 Greenleaf 咨询公司对俄亥俄州的 Maumee 河流域进行了研究，评估了烟气脱硫石膏对农业径流可溶性磷的影响，结果表明，每英亩施用 1 t 烟气脱硫石膏可使试验地农业径流流失的可溶性活性磷平均减少 55%。随着烟气脱硫石膏添加量的增加，土壤渗滤液中可溶性活性磷含量会逐渐降低；在粉砂壤土表面施用烟气脱硫石膏也会显著地减少土壤渗滤液中可溶性活性磷的含量。由于美国俄亥俄州西北部农田多采用地下暗管排水（即农田渗滤液），施用烟气脱硫石膏可以减少农业渗滤液中的可溶性活性磷，从而有助于控制进入伊利湖的磷负荷。

烟气脱硫石膏与家禽粪便混合使用能够减少家禽废弃物中可能被溶解的形态磷，从而降低施加到土壤后可溶性磷损失的风险。在家禽废弃物堆肥过程中，增加烟气脱硫石膏的施用量可以减少土壤中水溶部分的全磷和无机磷含量。将烟气脱硫石膏用作肉鸡饲养中的铺垫基料，能够显著降低初始径流中的可溶性活性磷含量，达到降低家禽粪便中磷流失的目的。美国的一些州和水污染控制区域已经开始要求在畜禽粪便处理过程中添加烟气脱硫石膏，以减少磷的流失。

参考文献

[1] 毕银丽,全文智.微生物对煤系固体废弃物资源化利用技术[M].北京:煤炭工业出版社,2007.

[2] 边炳鑫,李哲,解强.煤系固体废物资源化技术[M].2版.北京:化学工业出版社,2019.

[3] 陈刚,黄相国,邵春岩.煤化工残渣处置利用与环境风险控制技术[M].北京:化学工业出版社,2017.

[4] 陈彦文,王宁,潘文浩,等.煤矸石陶粒制备工艺的优化实验[J].硅酸盐通报,2015,34(3):841-845.

[5] 程芳琴.煤矸石资源化利用技术[M].北京:冶金工业出版社,2022.

[6] 程芳琴.煤基固废资源化利用技术原理及工艺[M].北京:科学出版社,2016.

[7]方景光. 粉磨工艺及设备[M]. 武汉:武汉理工大学出版社,2002.

[8] 贾敏,杨磊.煤矸石煅烧活化提取氧化铝技术研究[J].矿产综合利用,2020(2):140-144.

[9] 李颖.固体废物资源化利用技术[M].北京:机械工业出版社,2013.

[10] 聂轶苗,刘颖.粉煤灰在矿物聚合材料中的应用[M].北京:化学工业出版社,2015.

[11] 唐敬麟.破碎与筛分机械设计选用手册[M].北京:化学工业出版社,2001.

[12] 陶珍东,郑少华.粉体工程与设备[M].2版.北京:化学工业出版社,2010.

[13] 王栋民,房奎圳. 煤矸石资源化利用技术[M]. 北京:中国建材工业出版社,2021.

[14] 王绍文,梁富智,王纪曾.固体废弃物资源化技术与应用[M].北京:冶金工业出版社,2003.

[15] 姚嵘,张玉波,王栋民.粉煤灰在自诊断压敏水泥基材料中的应用[M].北京:冶金工业出版社,2009.

[16] 尹娜.煤矸石合成沸石及其在印染废水中的应用研究[D].西安:陕西师范大学,2016.

[17] 袁帅.煤矸石悬浮煅烧活化制备煅烧高岭土基础研究[D].沈阳:东北大学,2018.

[18] 张长森.煤矸石资源再生利用技术[M].北京:化学工业出版社,2018.

[19] 张殿印,高华东,肖春,等.冶炼废渣再生利用技术[M].北京:化学工业出版社,2018.

[20] 张夫道.固废资源化与农业再利用[M].北京:中国农业出版社,2012.

[21] 张国旺.现代选矿技术手册:第1册　破碎筛分与磨矿分级[M].北京:冶金工业出版社,2016.

[22] 卓锦德.粉煤灰资源化利用[M].北京:中国建材工业出版社,2021.